장미선 저

일진사

며칠 전 고등학교 메이커 수업에서 책 속에 있는 '이모티콘' 3D모델링 수업을 했습니다.

이모티콘 만드는 방법을 설명해주고, 학생들은 배운 것을 토대로 자신이 원하는 이모티콘 모양을 3D모델링으로 만들어보는 시간이었습니다. 그런데 학생들이 너무 조용해서 컴퓨터를 보니 좋아하는 캐릭터를 적용하거나, 재밌는 표정과 다양한 모양으로 이모티콘 3D모델링을 하고 있었습니다.

상상하고 생각하는 모양을 만들기 위해 질문도 적극적으로 하고 스스로 생각하며 구현하고 문제를 해결하는 자기주도적인 메이커 수업을 학생들은 매우 즐거워하였습니다.

메이커 교육은 유연한 상상과 사고력 속에서 구체적인 발상이 구현되도록 하는 교육입니다. 그리고 시각적이고 기능적인 요소들이 만들어질 수 있도록 해야 합니다. 그러면 학생 스스로 보고, 만지고, 수정하고, 보완하여 학생들의 발상이 발전적으로 다듬어지게 됩니다.

이 책은 쉽고 재미있는 주제로 메이커 활동을 할 수 있도록 구성하였습니다.

- 일상생활에서 사용할 수 있는 제품 만들기, 코로나19를 반영한 제품과 3D모델링을 활용할 수 있는 다양한 방법을 아주 쉽게 설명하였습니다.
- 현장 강의에서 가장 인기가 좋은 핸드폰 거치대는 실제 사용할 수 있는 크기를 적용하였습니다.
- 호랑이 캐릭터는 모델링 과정을 상세하게 설명하여 누구나 호랑이 캐릭터를 완성하고 응용할 수 있도록 하였습니다.

많은 독자들이 이 책을 통해서 생각과 아이디어를 직접 만져볼 수 있는 경험을 하시길 바랍니다.

끝으로, 집필하는 데 항상 응원해주시는 부모님과 가족에게 감사드리며, 도서출판 **일진사** 여러분께도 감사드립니다.

저자 **장미선**

차 례

1차 틴커캐드 가입하기

태그 #틴커캐드 #tinkercad #팅커링 #구글 크롬

1 틴커캐드 시작하기

- 누구나 간단하게 3D디자인을 할 수 있는 틴커캐드(Tinkercad)를 소개합니다.
- 사이트에 접속하여 웹에서 무료로 사용할 수 있습니다.
- 틴커캐드에서 3D모델링을 하면 3D프린팅을 할 수 있는 파일을 만들 수 있습니다.

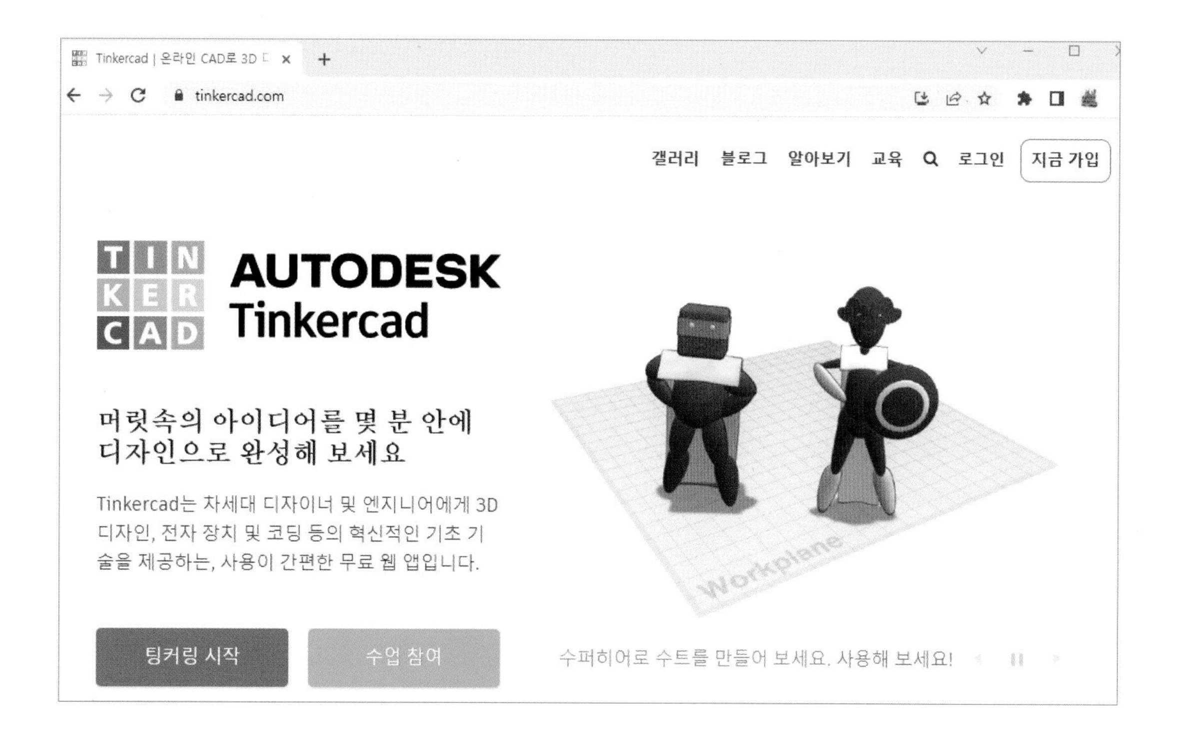

2 틴커캐드 가입하기

- 크롬 구글에서 틴커캐드 홈페이지에 접속합니다.
  홈페이지 : https://www.tinkercad.com
  구글 검색어 : tinkercad

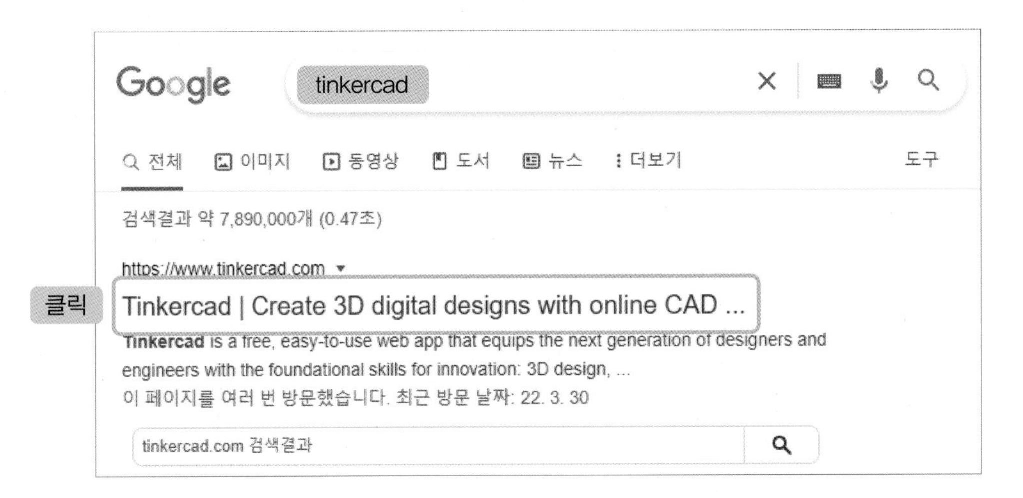

- [지금 가입]을 클릭합니다.
  [팅커링 시작]을 클릭해도 가입하기 창이 나옵니다.

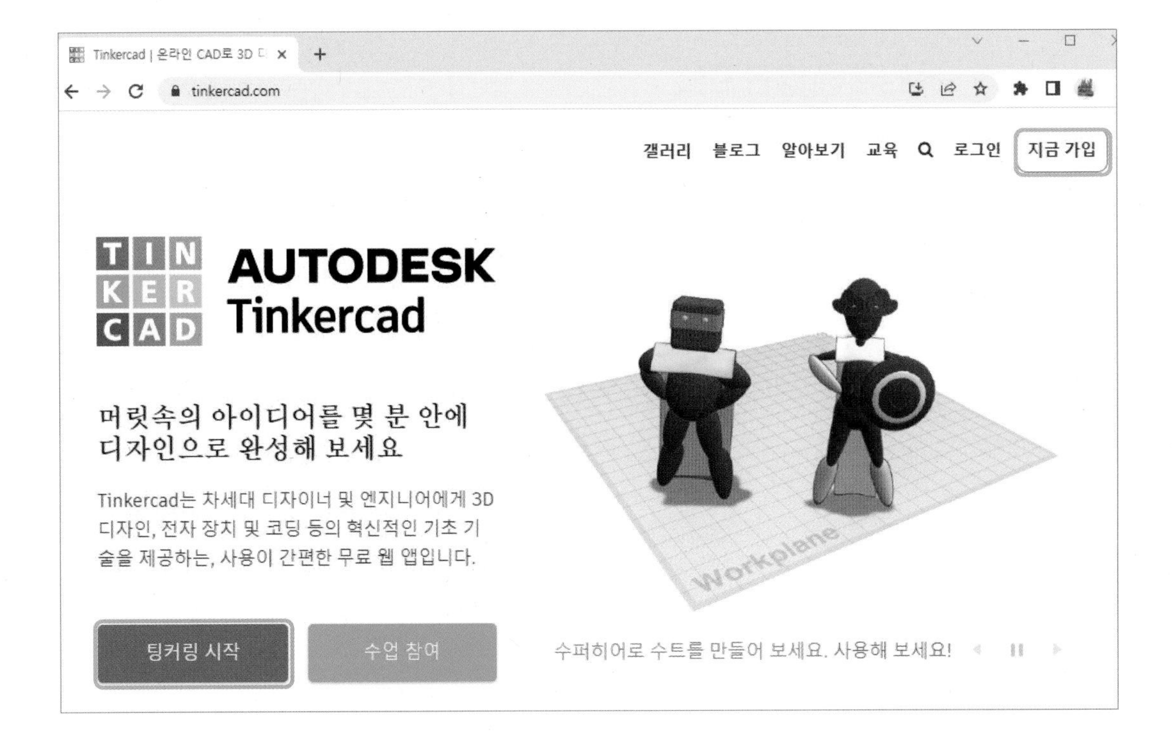

- **[개인 계정 생성]**을 클릭합니다.
- **[이메일로 등록]**을 클릭합니다.
- **[국가]**와 **[생일]**을 입력한 후 **[다음]**을 클릭합니다.

※ 만13세 미만인 경우 부모님의 메일 주소로 계정을 만들 수 있습니다.

- 로그인이 된 화면입니다.

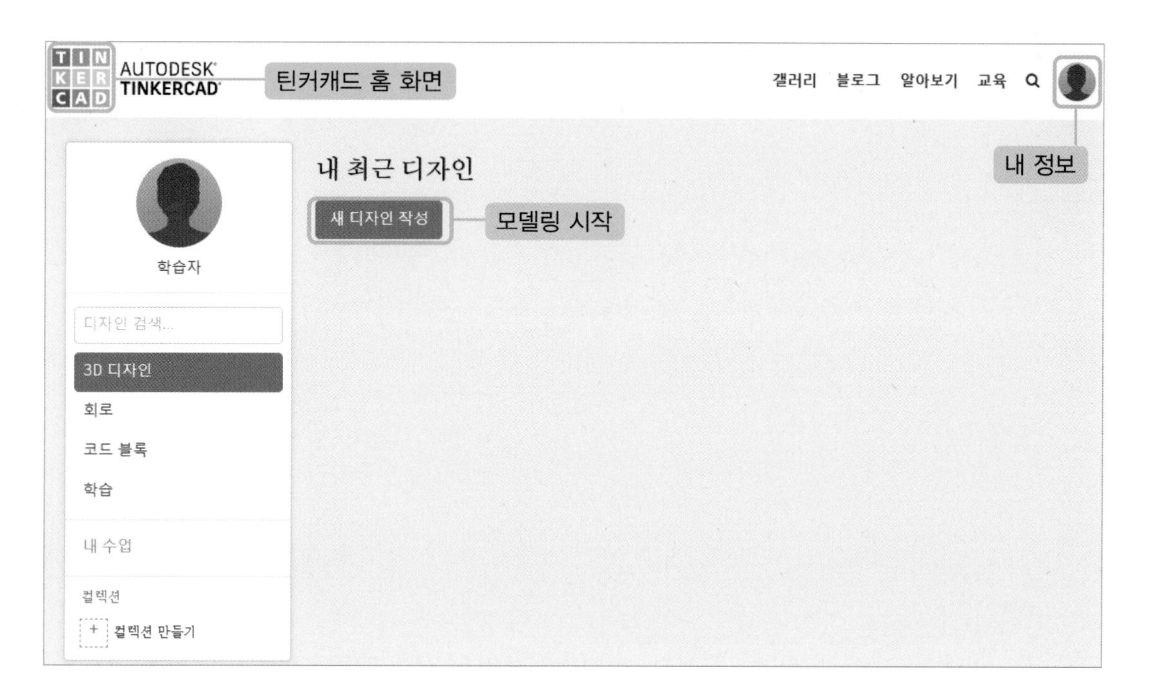

2차 틴커캐드 메뉴와 사용법

태그 #뷰 큐브 #화면 제어 #평면 뷰 #직교 뷰 #작업 평면 #쉐이프 #그리드

1 틴커캐드 작업 화면

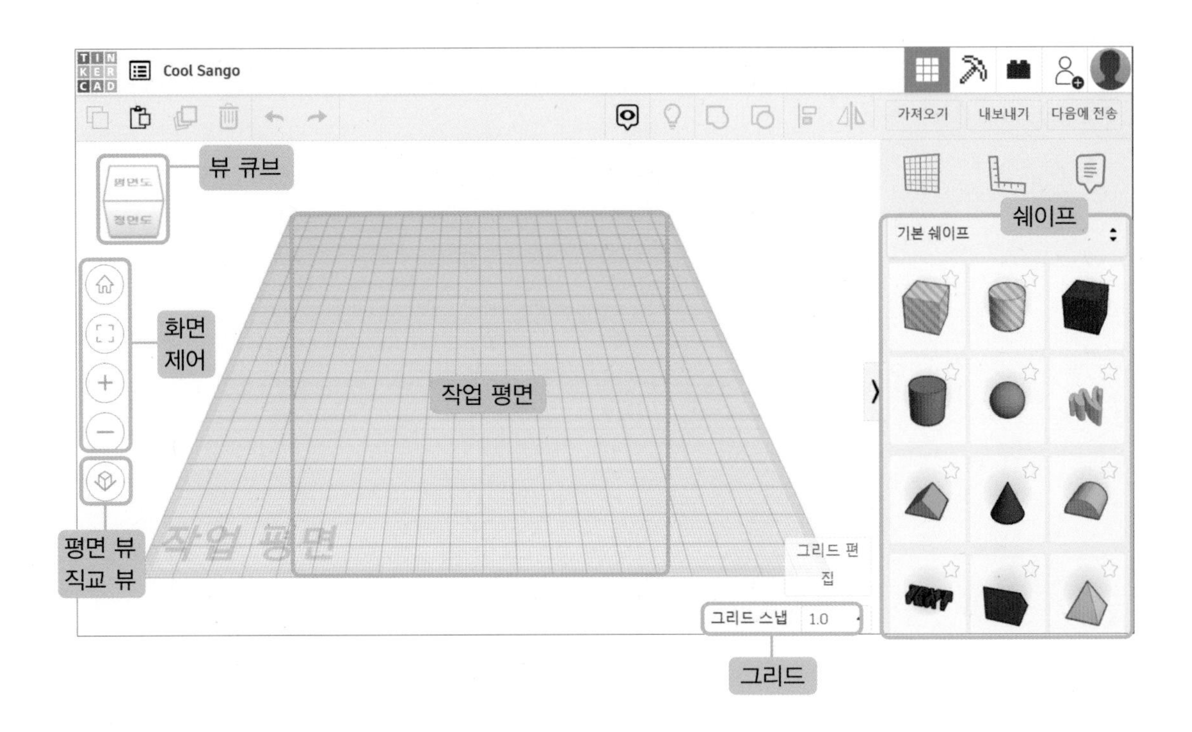

뷰 큐브		화면 회전, 시점 조절
화면 제어		[홈 뷰] 시작했을 때의 시점
		클릭한 쉐이프를 보여주는 시점

화면 제어	+	화면 확대
	−	화면 축소
평면 뷰 / 직교 뷰		원근 시점 / 좀 더 반듯하게 보이는 시점
작업 평면		모델링을 하는 작업 공간
쉐이프	기본 쉐이프	모델링을 하는 도형
그리드	그리드 스냅 1.0	도형을 이동하는 거리 설정

2 틴커캐드 마우스 조작

화면 회전	우클릭 + 드래그
확대 / 축소	마우스 휠 + 굴리기
화면 이동	마우스 휠 + 드래그

3 쉐이프 조작

크기 조절	가로 세로 크기 조절	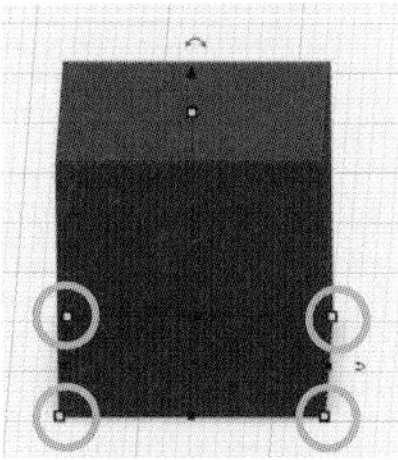	모서리 흰색 점 클릭 또는 드래그
	높이 조절	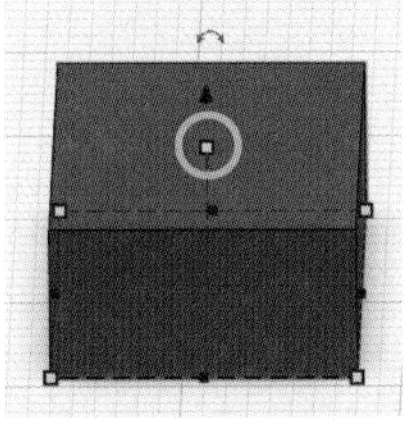	위 흰색 점 클릭 또는 드래그
	세로 조절	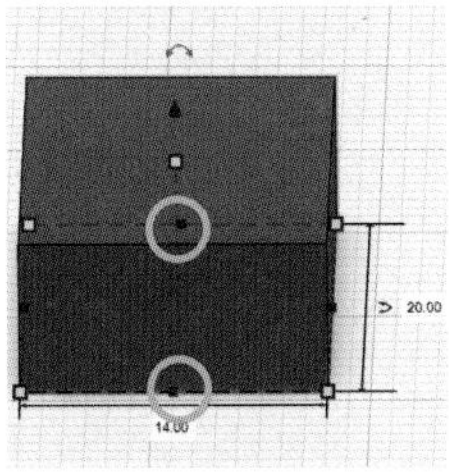 20.00 14.00	검은색 점 클릭 또는 드래그
	가로 조절	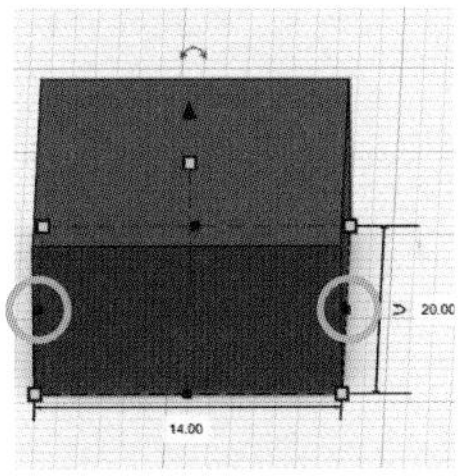 20.00 14.00	검은색 점 클릭 또는 드래그
회전	회전 조절	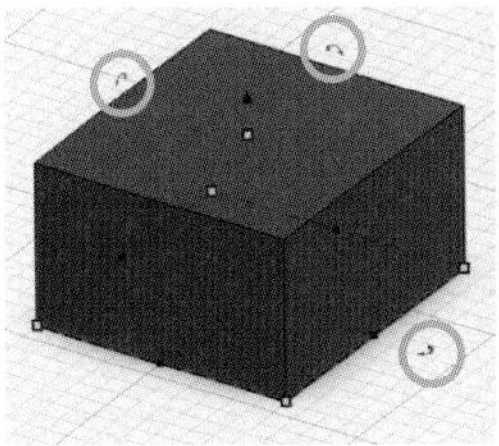 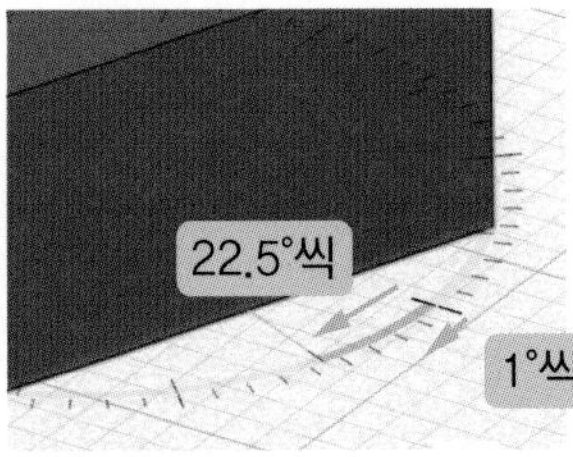 22.5°씩 1°씩	회전 화살표 드래그

3차 이모티콘 열쇠고리

태그 #그룹화 #정렬 #복사 #Ctrl+C #붙여넣기 #Ctrl+V #모서리 흰색 점

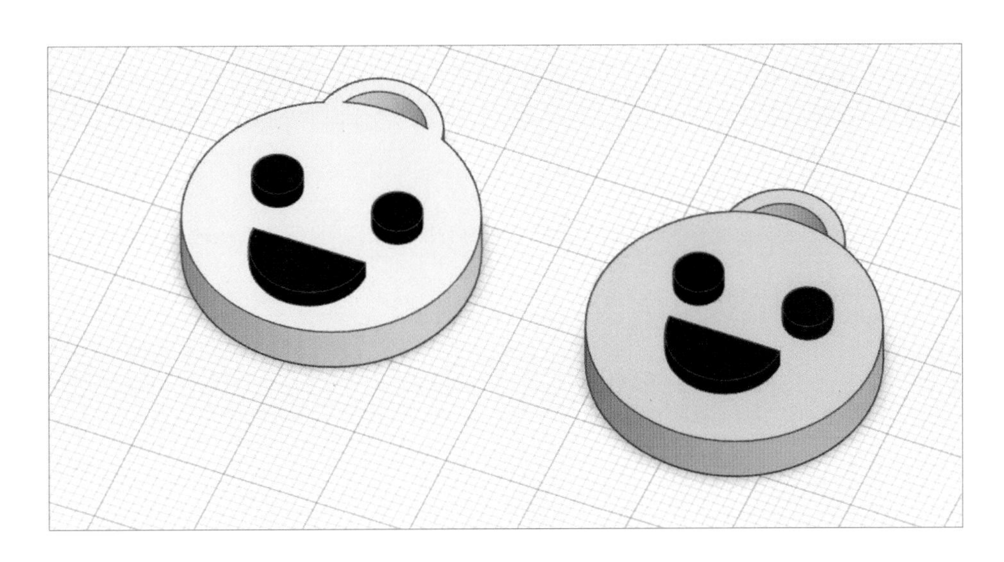

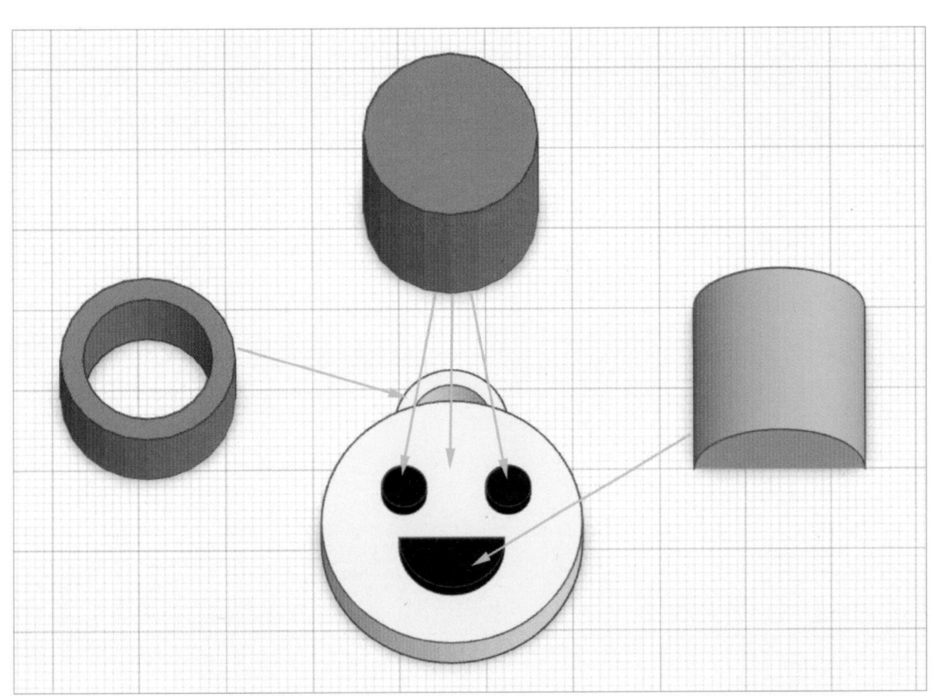

1 쉐이프 준비하기

- **[새 디자인 작성]**을 클릭하여 모델링을 시작합니다.

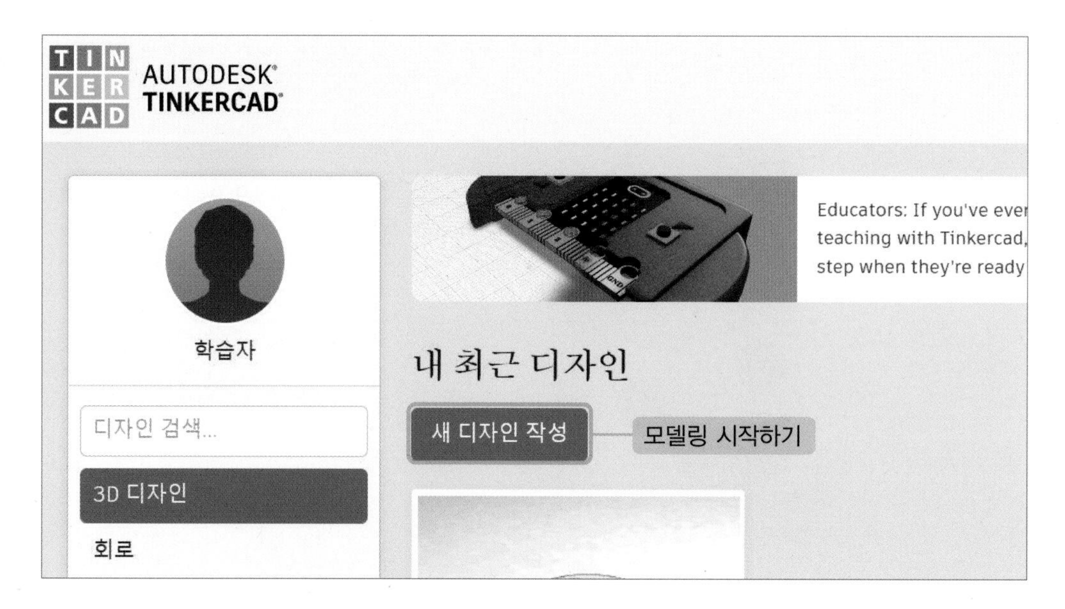

- 기본 쉐이프에서 **[원통]**, **[원형 지붕]**, **[튜브]**를 드래그하여 작업 평면에 놓아줍니다.

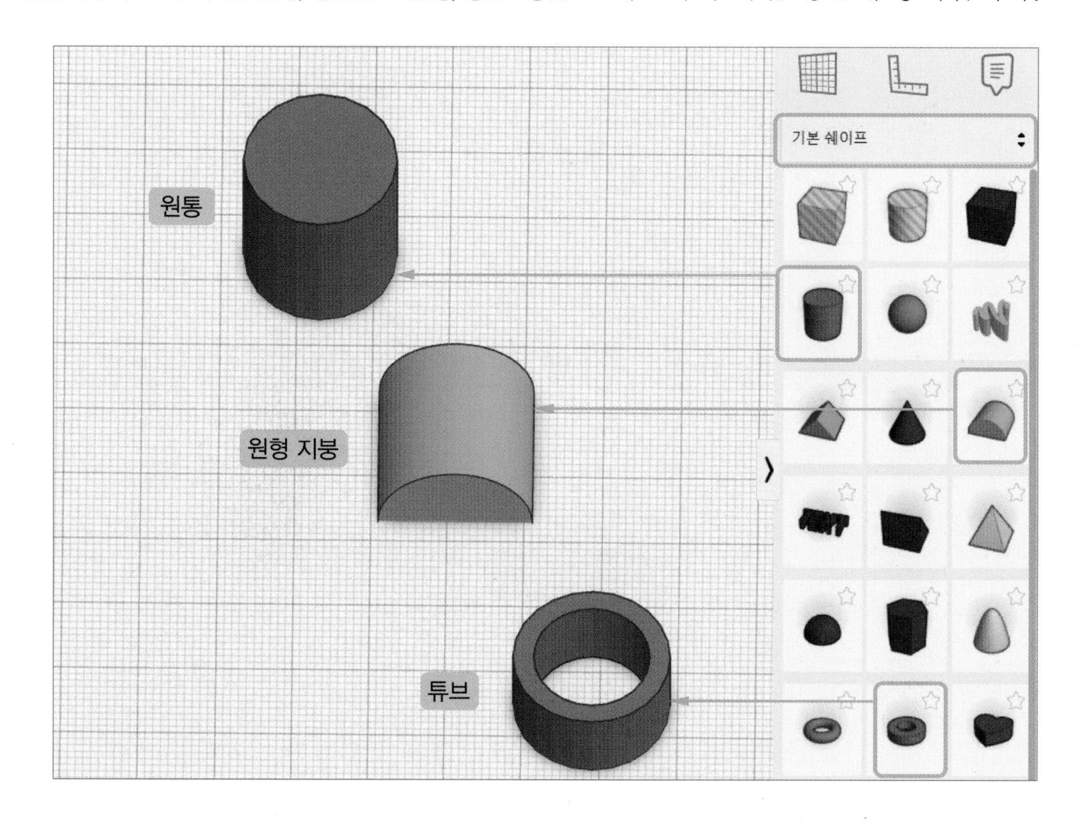

2 이모티콘 얼굴 만들기

- 원통을 클릭한 후 쉐이프 창에서 **[측면]**을 64로 조절합니다.

(원통 곡면의 부드러운 정도는 측면 숫자에 따라서 달라져요!)

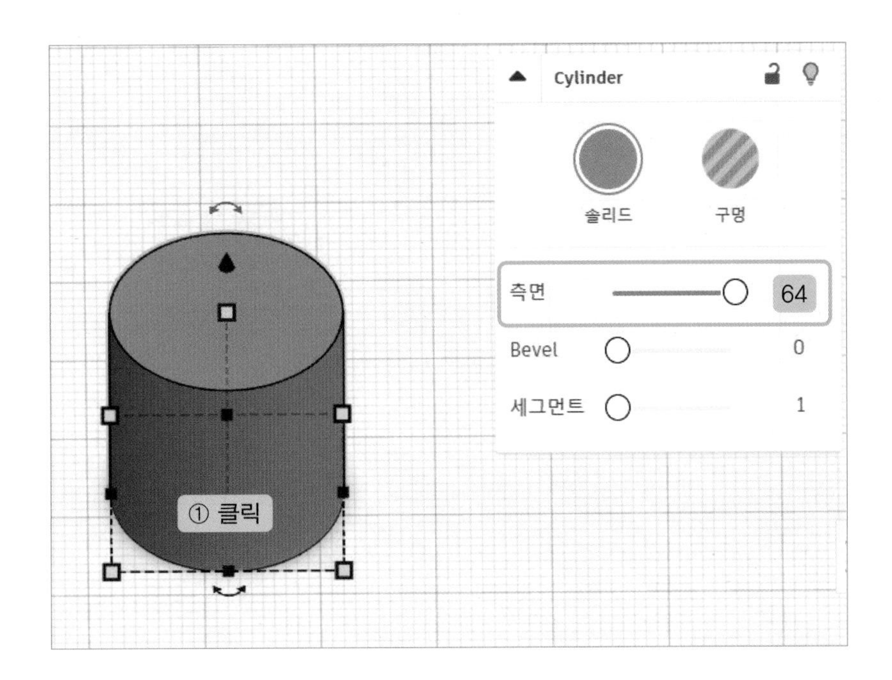

- 원통을 클릭한 후 **[모서리의 흰색 점]**을 클릭하여 크기를 조절합니다.

(가로 30, 세로 30)

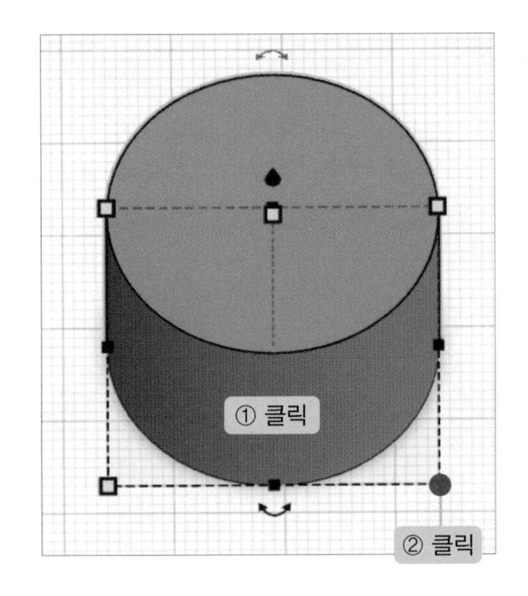

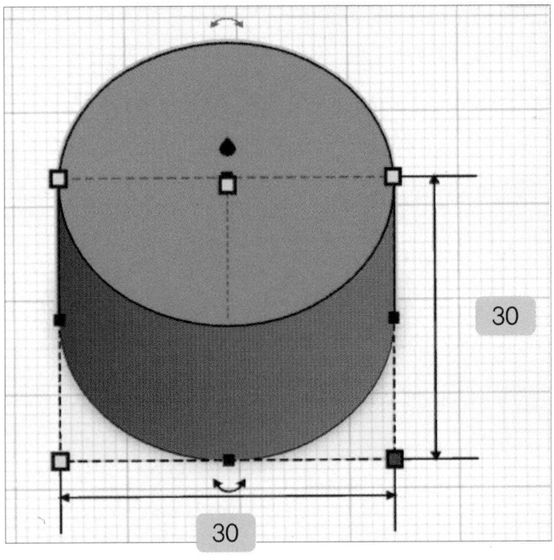

- 원통을 클릭한 후 **[위 흰색 점]**을 클릭하여 높이를 조절합니다. (높이 5)

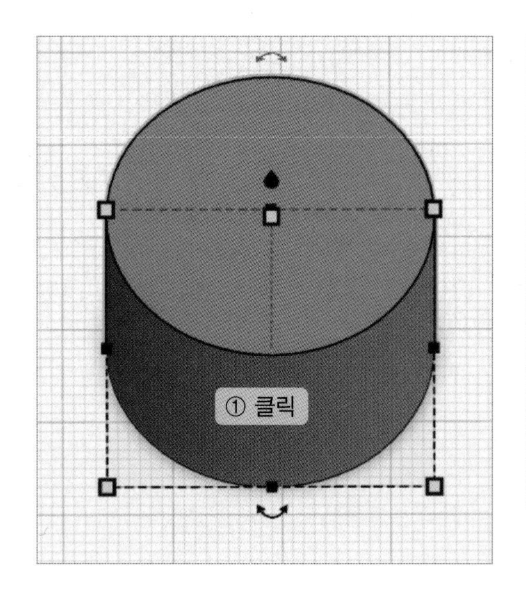

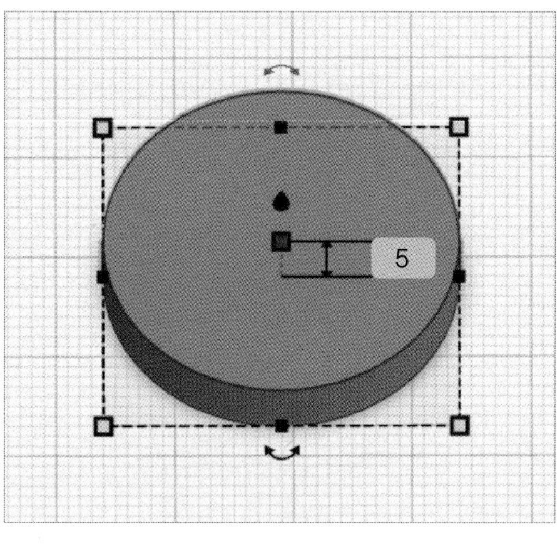

3 이모티콘 눈 만들기

- 원통을 클릭한 후 **[복사]**를 클릭하고, **[붙여넣기]**를 클릭합니다.

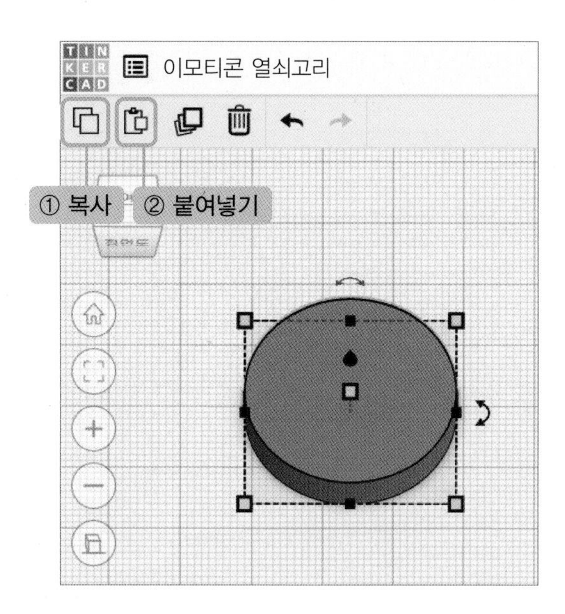

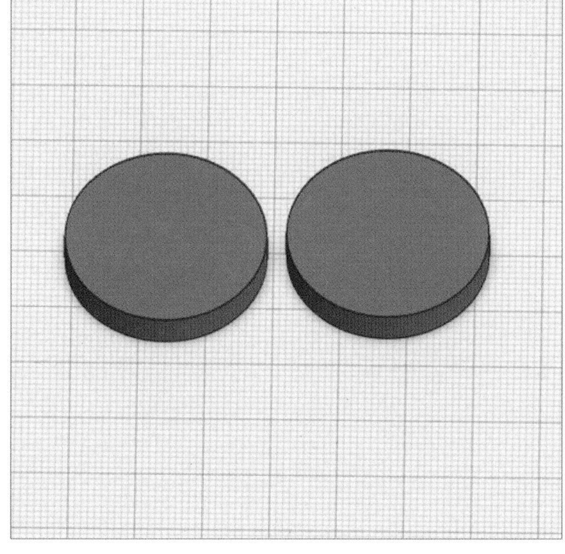

- 복사한 원통을 클릭한 후 **[모서리 흰색 점]**을 클릭하여 크기를 조절합니다.
  (가로 4, 세로 4)
- **[위 흰색 점]**을 클릭하여 높이를 조절합니다. (높이 7)

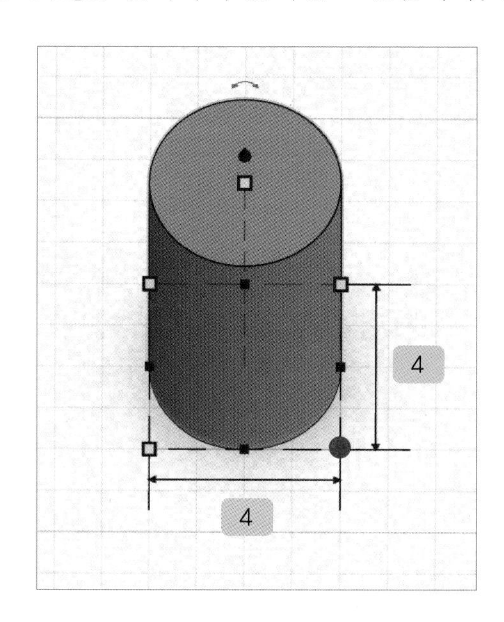

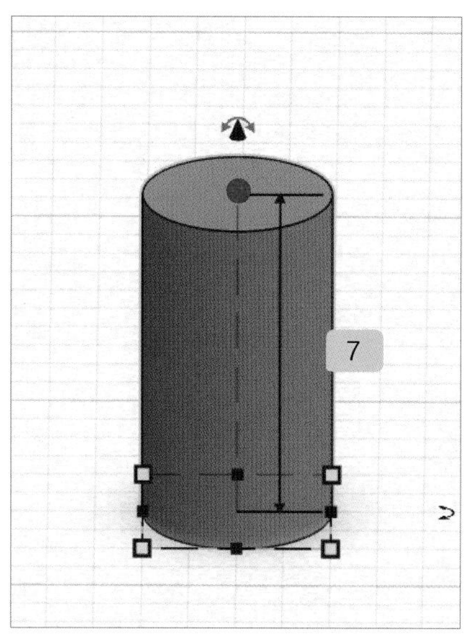

- 눈 원통을 클릭한 후 **[복사]**를 클릭하고, **[붙여넣기]**를 클릭합니다.
  얼굴 원통 1개, 눈 원통 2개를 준비합니다.

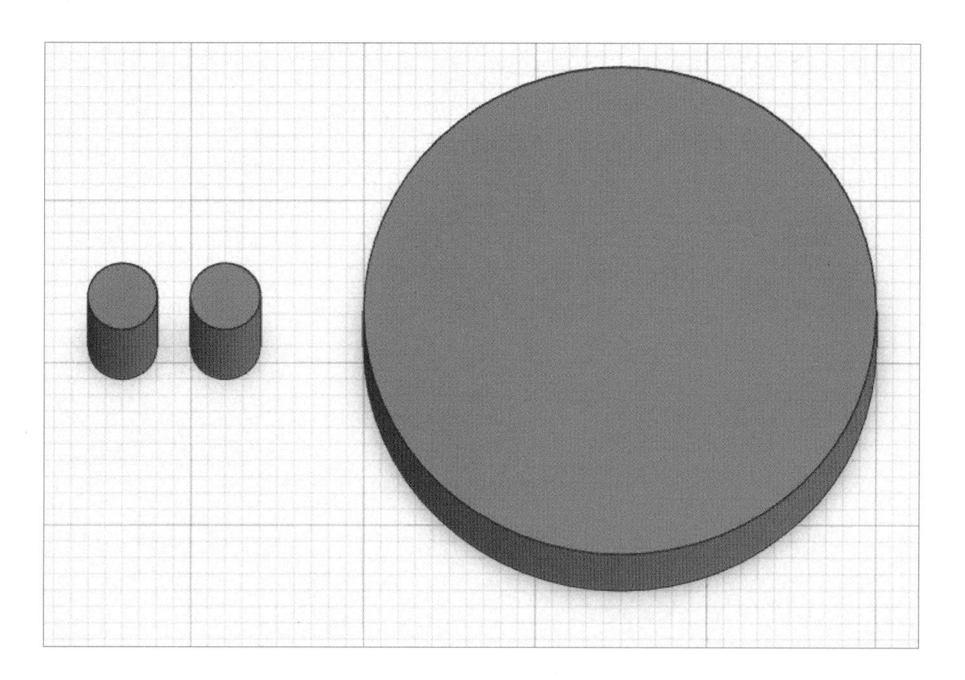

4 이모티콘 입 만들기

- 원형 지붕을 클릭한 후 **[회전 화살표]**를 드래그하여 90° 회전을 합니다.
  원형 지붕의 크기를 조절합니다. (가로 12, 세로 6, 높이 7)
  키보드 D를 눌러 쉐이프를 작업 평면에 붙여줍니다.

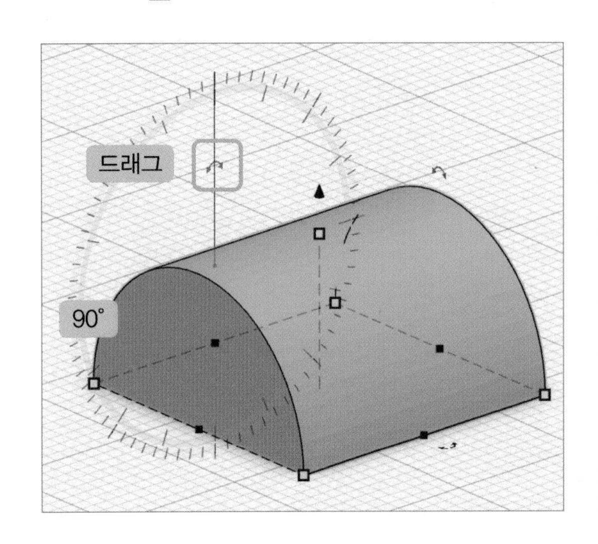

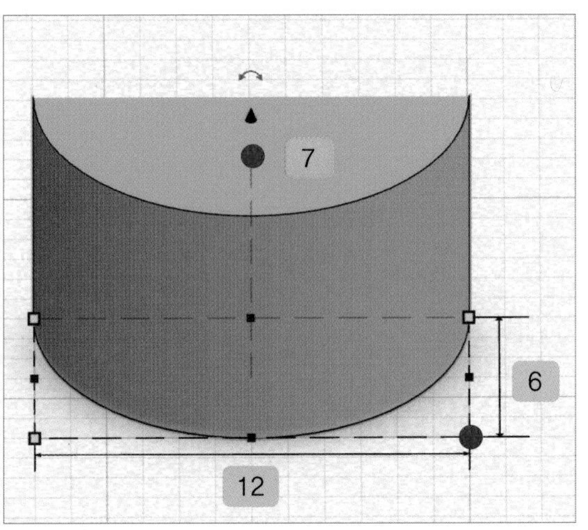

Tip 쉐이프 작업 평면에 붙이기

키보드 D를 누르면 쉐이프가 작업 평면에 붙어요.

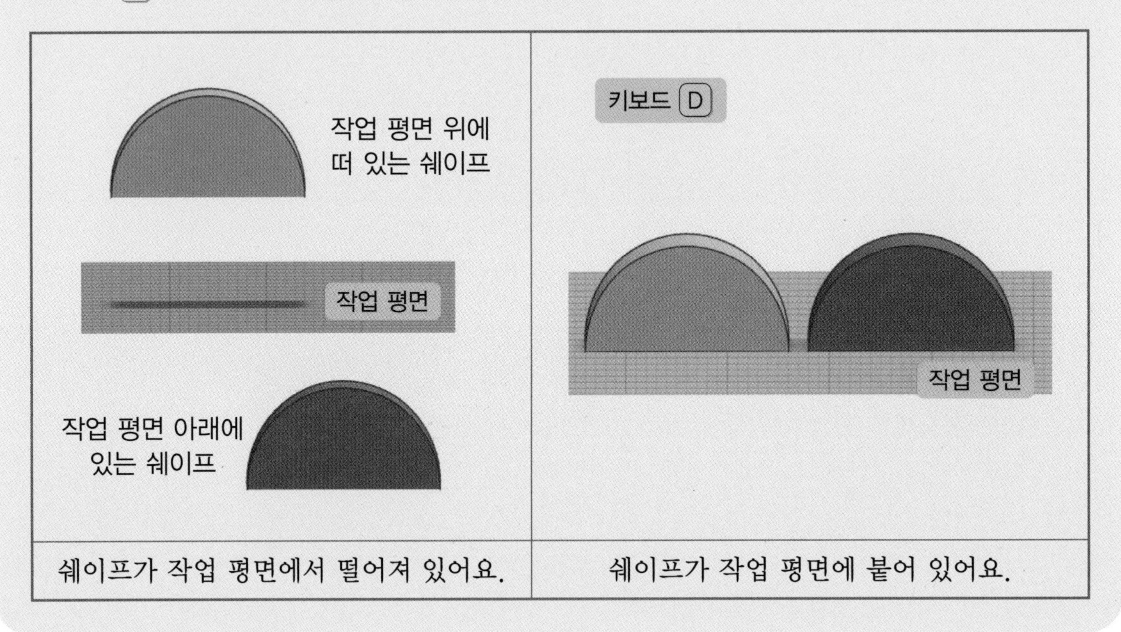

쉐이프가 작업 평면에서 떨어져 있어요.	쉐이프가 작업 평면에 붙어 있어요.

5 이모티콘 열쇠고리 만들기

- 튜브를 클릭하여 쉐이프 창에서 **[측면]**을 64로 조절합니다.
  튜브의 크기를 조절합니다. (가로 13, 세로 13, 높이 5)

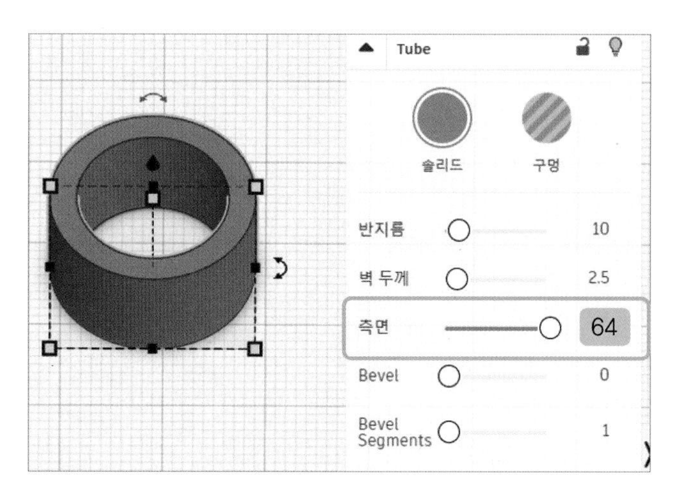

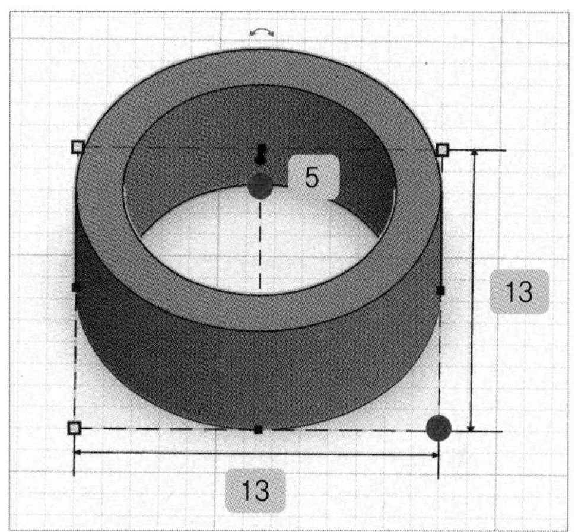

- 얼굴 원통을 클릭한 후 **[솔리드]**를 클릭합니다.
  원하는 색상을 클릭하고, 다른 쉐이프도 원하는 색상으로 바꿔줍니다.

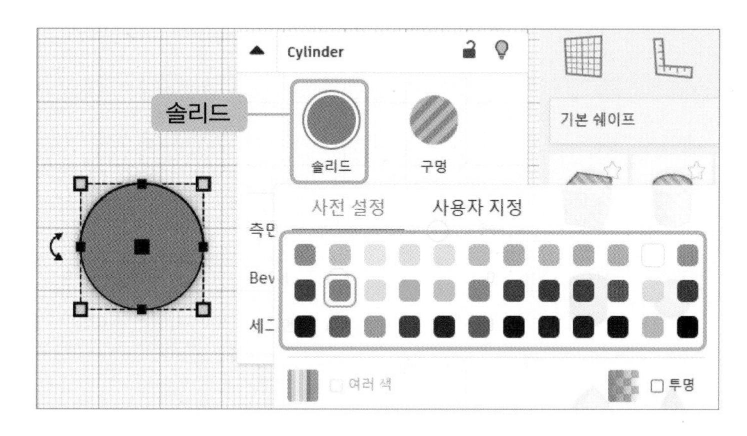

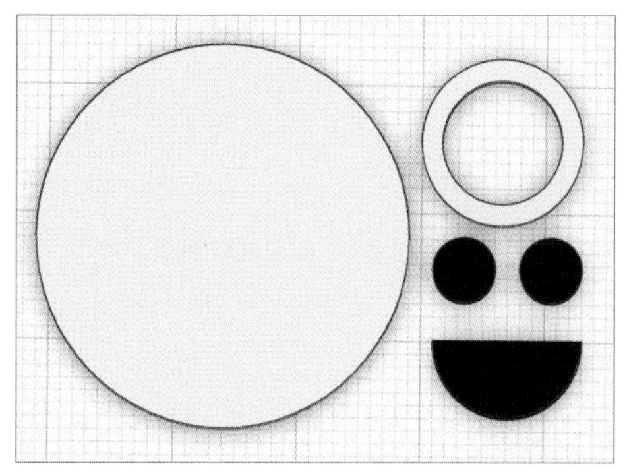

6 이모티콘 눈 그룹화하기

- 작은 원통 2개를 모두 선택하기 위해 쉐이프 바깥 부분에서 드래그하여 전체 지정을 합니다.
  [그룹화]를 클릭합니다.

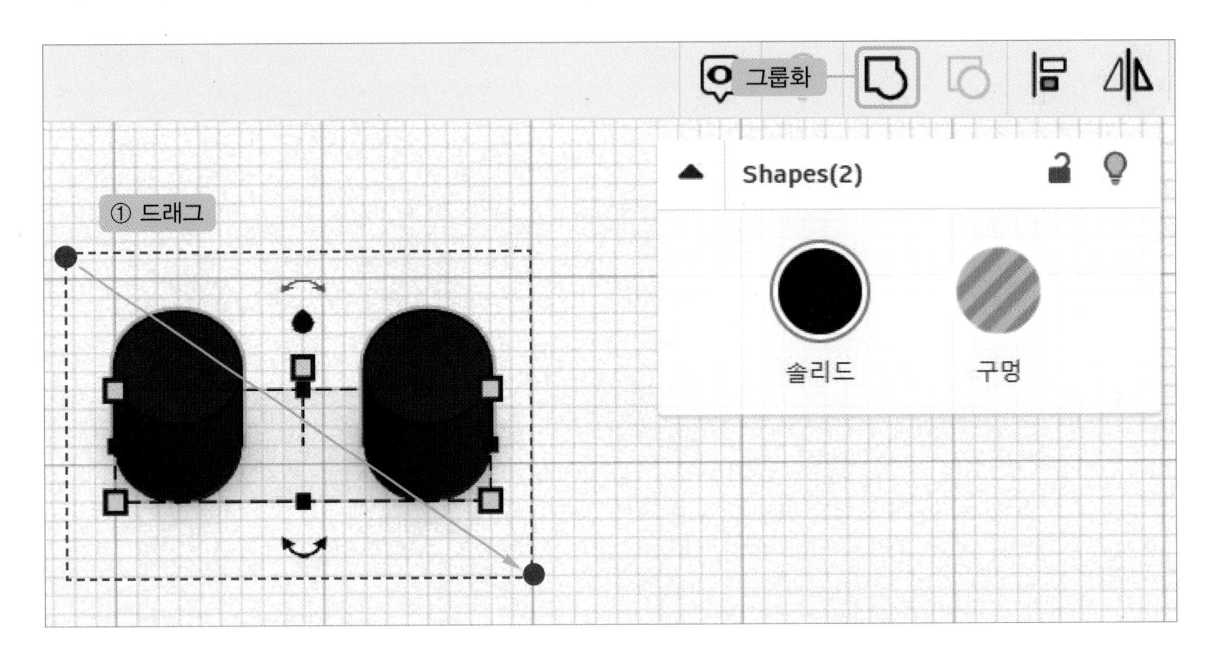

Tip 그룹화 / 그룹 해제

[그룹화] : 여러 개의 쉐이프를 하나로 만들 수 있어요.
[그룹 해제] : 그룹화를 해제할 수 있어요.

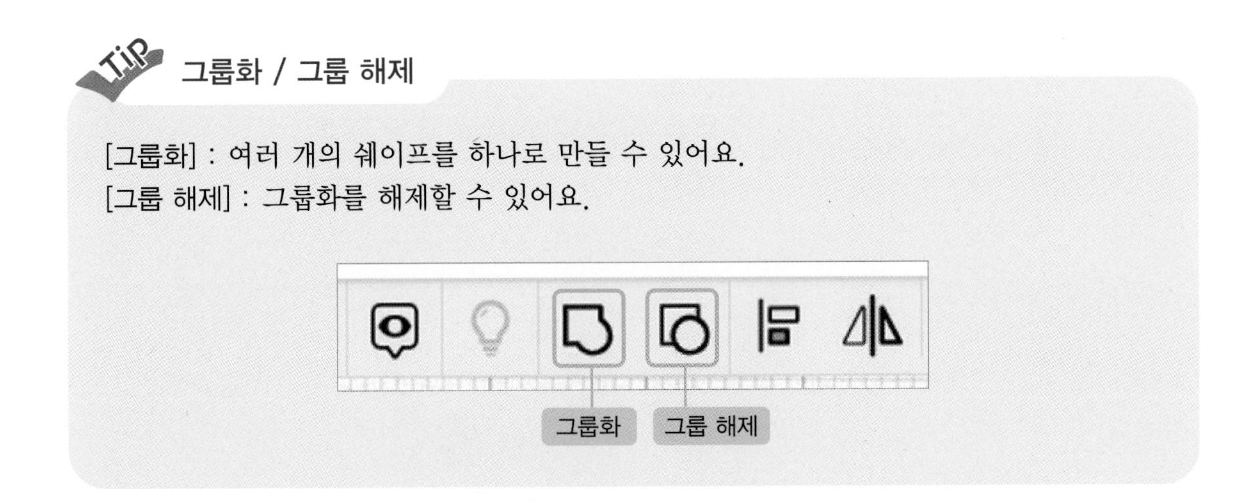

- 쉐이프 전체를 선택하기 위해 쉐이프 바깥 부분에서 드래그하여 전체 지정을 합니다. **[정렬]**을 클릭합니다.

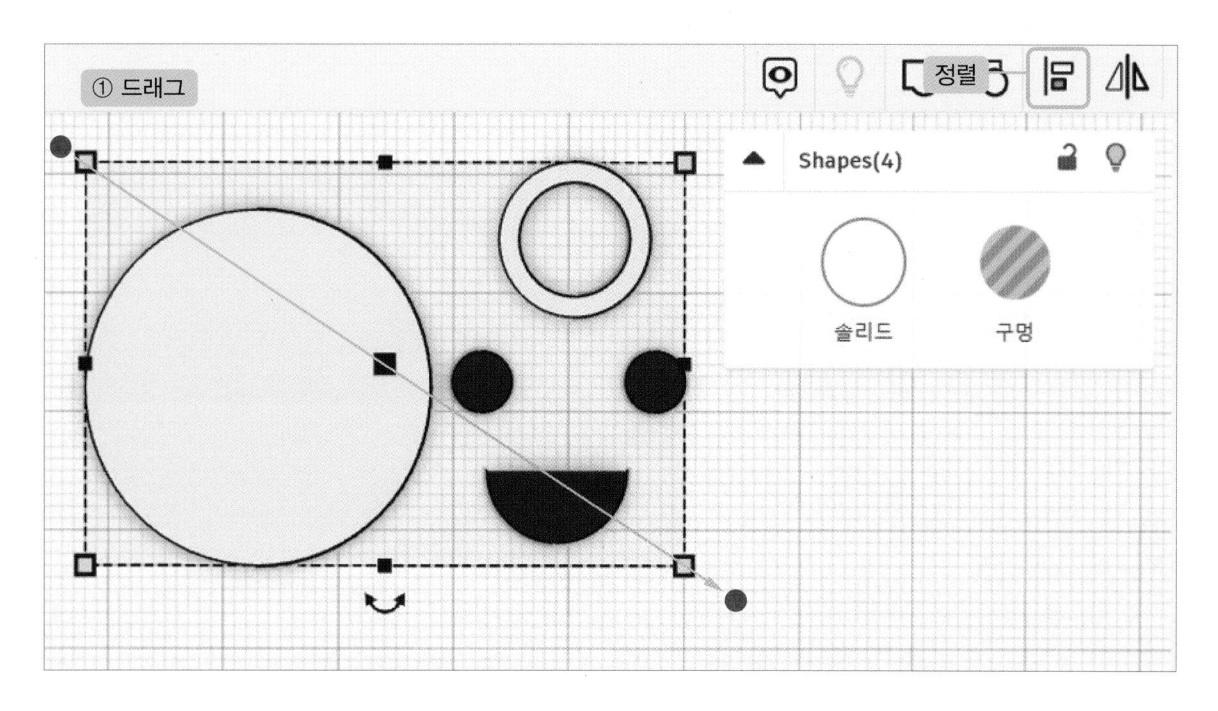

- **[가로 가운뎃점]**을 클릭합니다.
  쉐이프들의 위치를 조절하여 배치합니다.

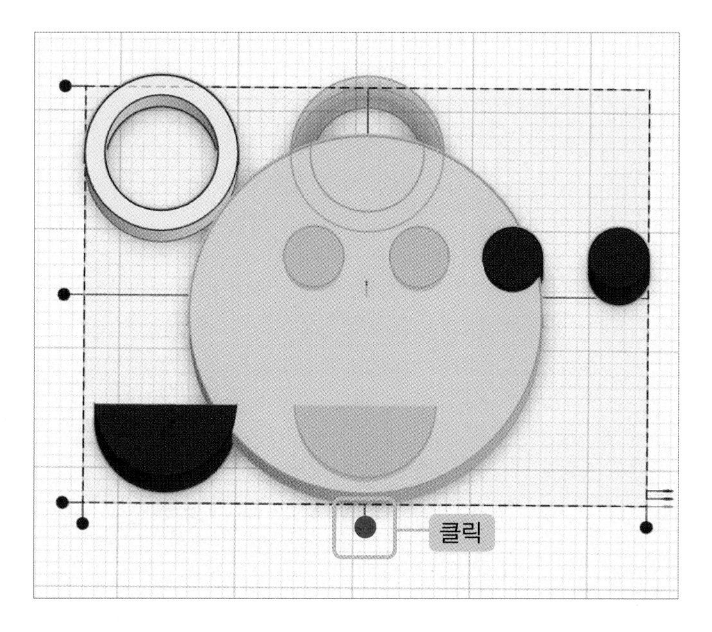

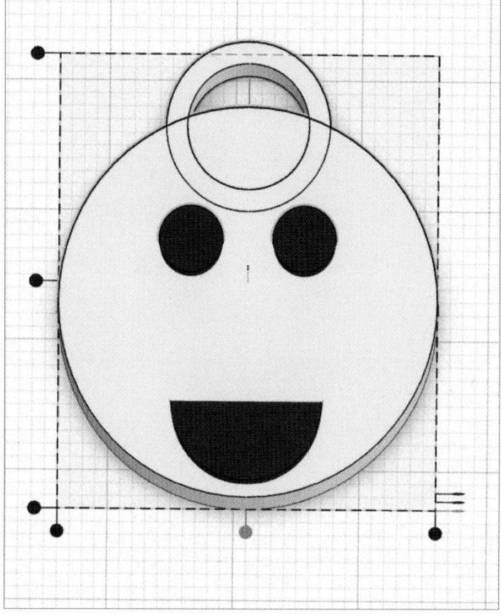

- 쉐이프를 전체 지정한 후 **[그룹화]**를 클릭합니다.

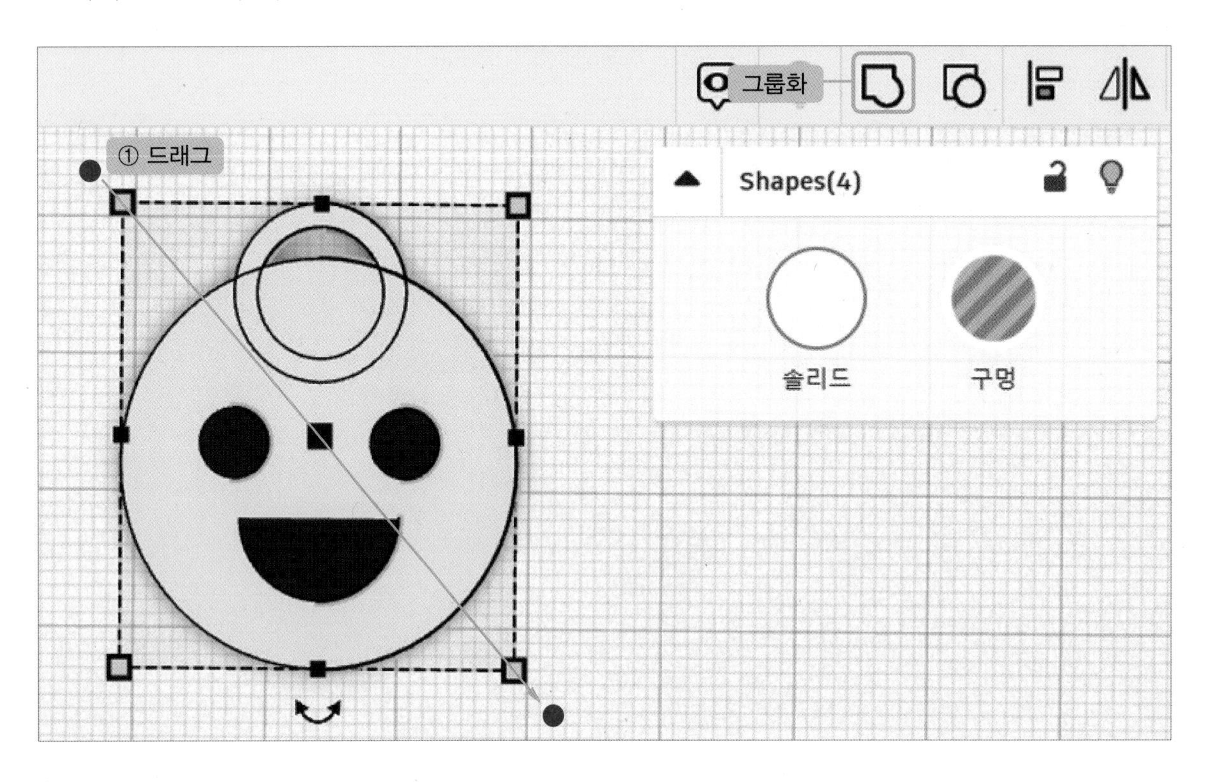

- **[그룹화]**를 하면 하나의 색상으로 변해요.
  이럴 땐 **[솔리드]**를 클릭한 후 **[여러 색]**을 체크합니다.

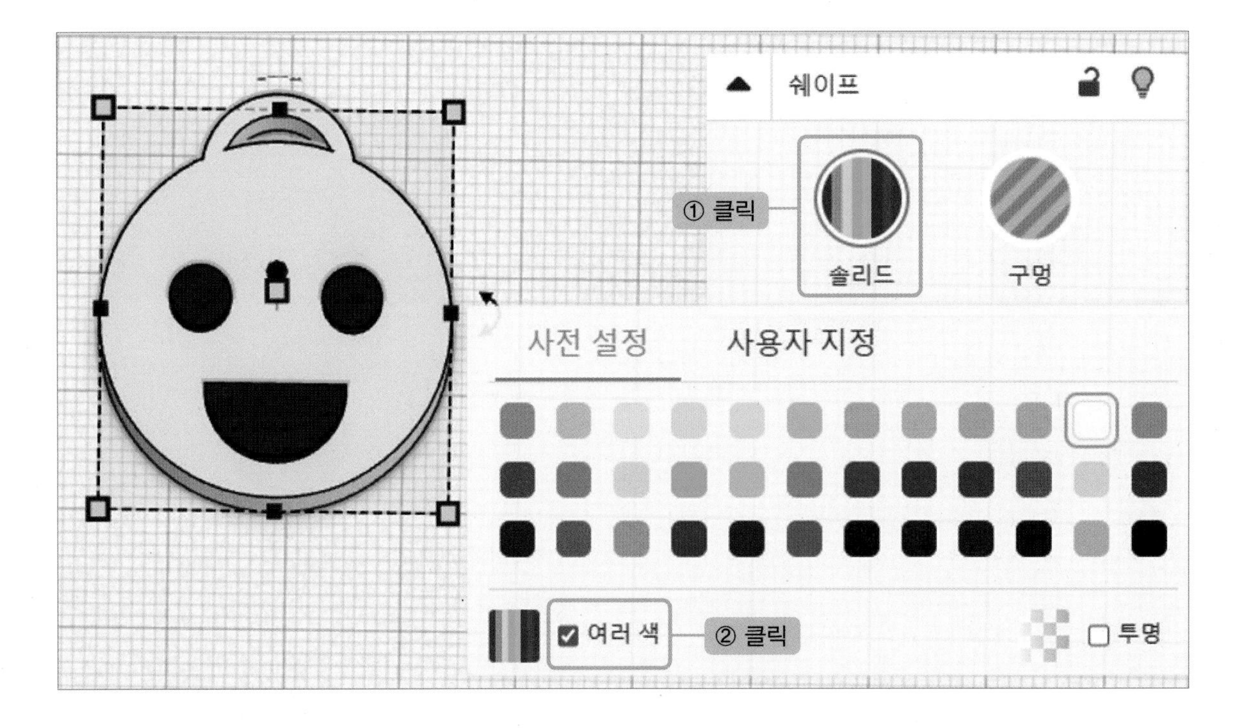

- 귀여운 이모티콘 열쇠고리가 완성되었어요!

다양한 표정의 이모티콘을 만들어 보세요.

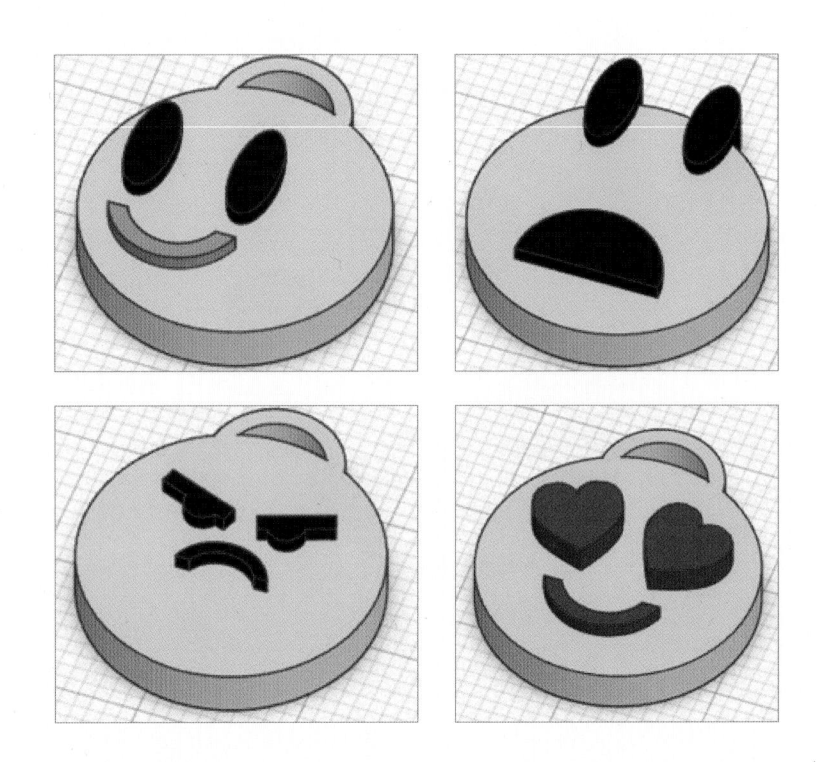

사용한 쉐이프 – 하트, 구멍 상자

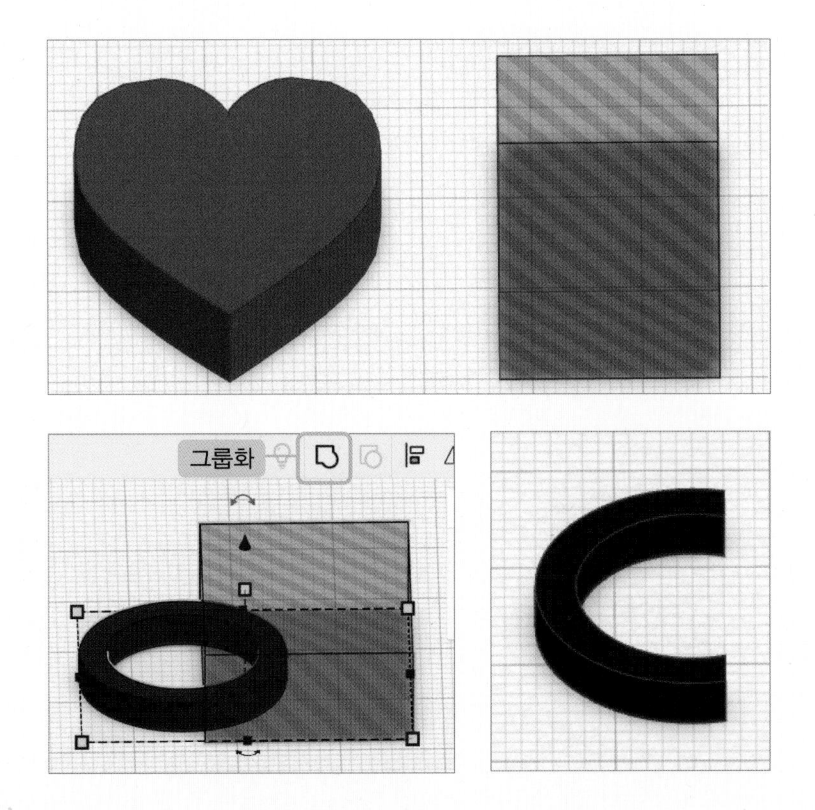

4차 선 정리 클립

태그 #구멍 상자 #구멍 원통 #솔리드 #측면 #단계 # 회전 화살표

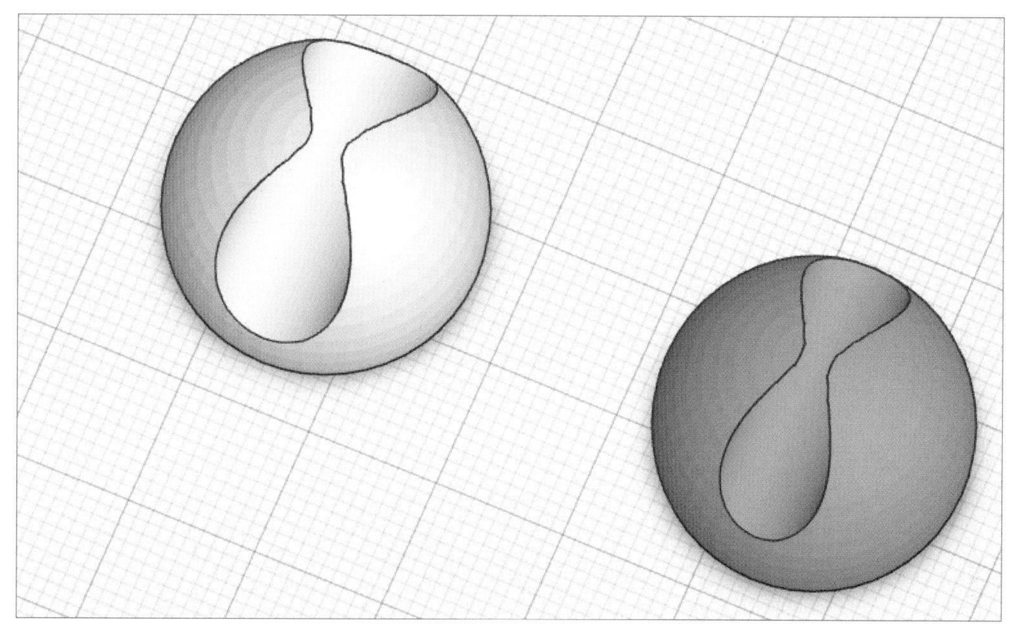

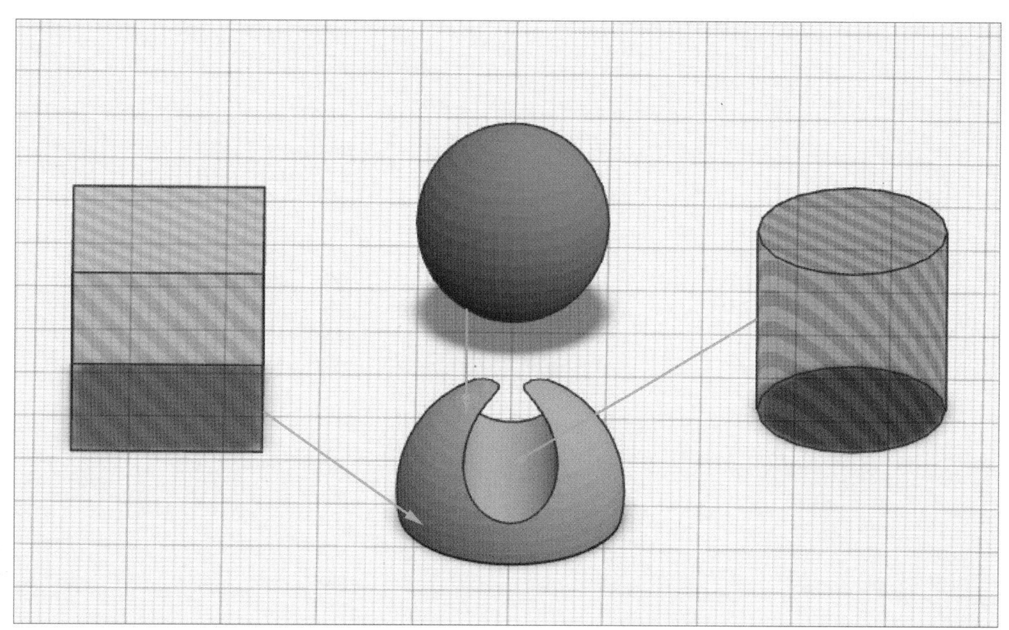

1 쉐이프 준비하기

● **[새 디자인 작성]**을 클릭하여 모델링을 시작합니다.

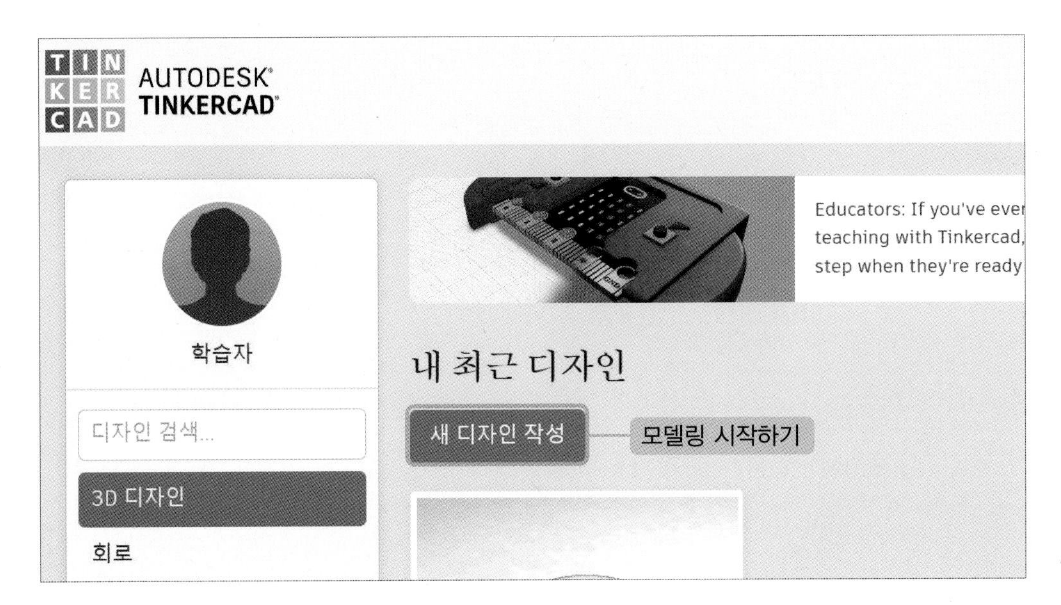

● 기본 쉐이프에서 **[구멍 상자]**, **[구멍 원통]**, **[구]**를 드래그하여 작업 평면에 놓아줍니다.

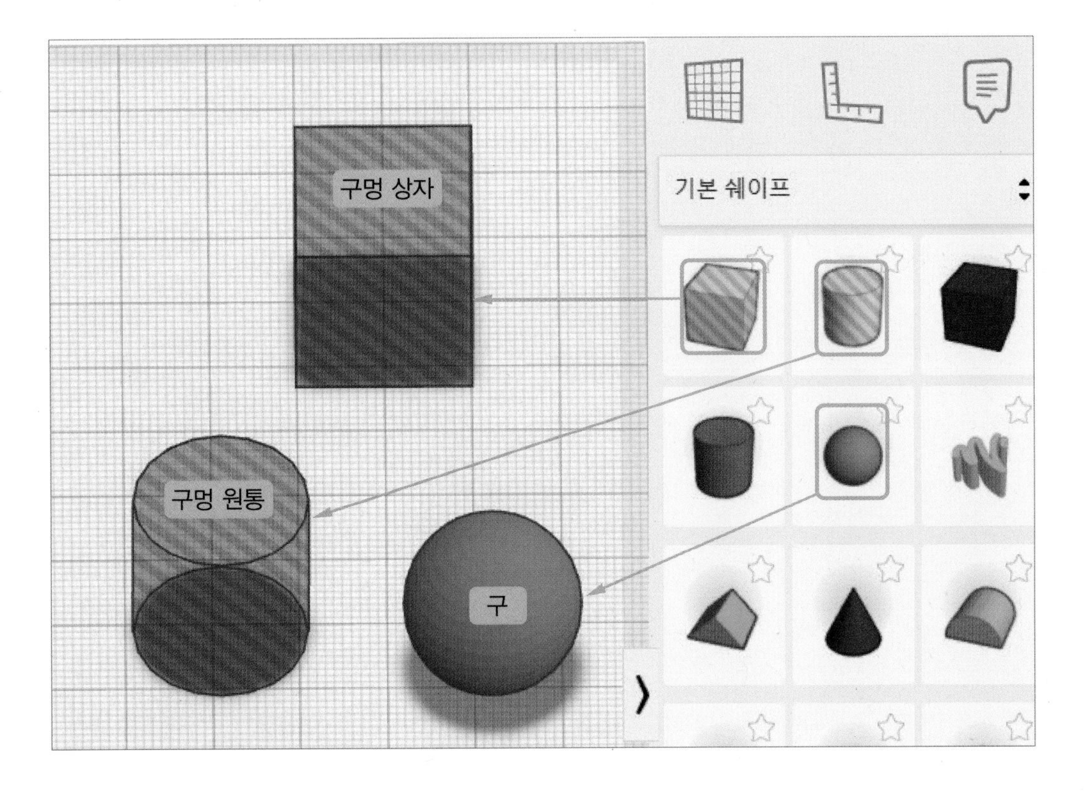

2 선 정리 클립 원형 만들기

- 구를 클릭한 후 쉐이프 창에서 **[단계]**를 24로 조절합니다.
  (구 곡면의 부드러운 정도는 **[단계]** 숫자에 따라서 달라져요!)

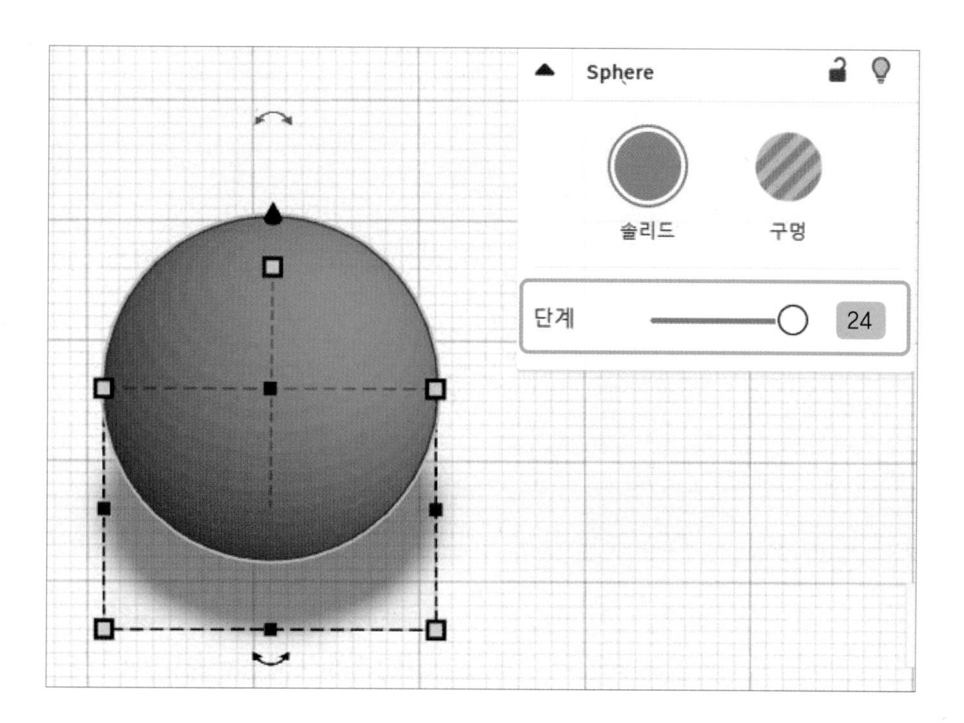

- 구를 클릭한 후 쉐이프 창의 **[솔리드]**를 클릭합니다.
  원하는 색상을 클릭합니다.

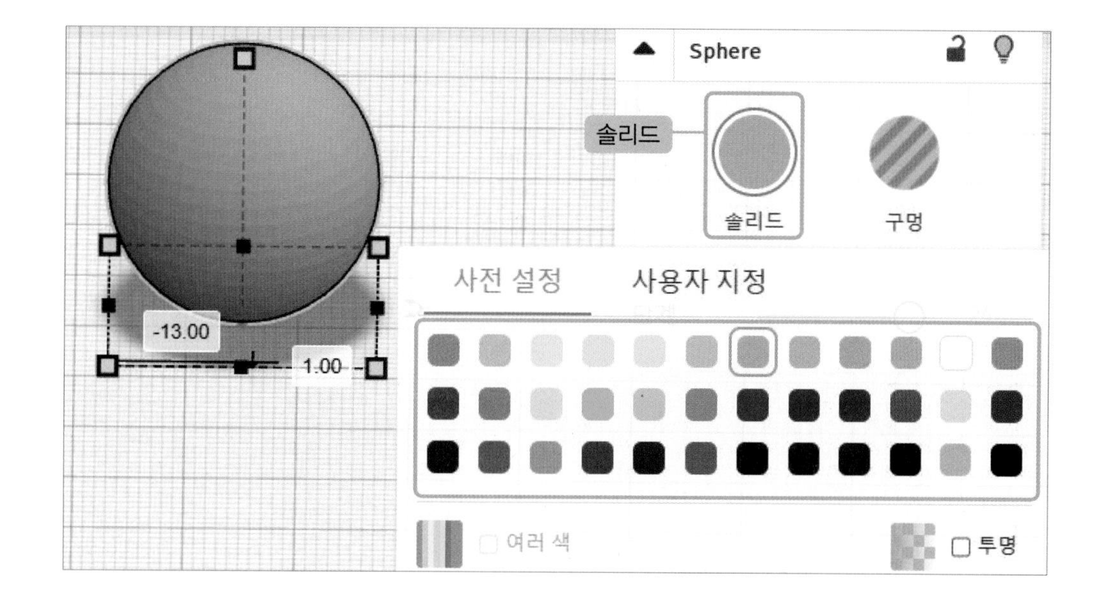

- 구를 클릭한 후 크기를 조절합니다. (가로 24, 세로 24, 높이 24)

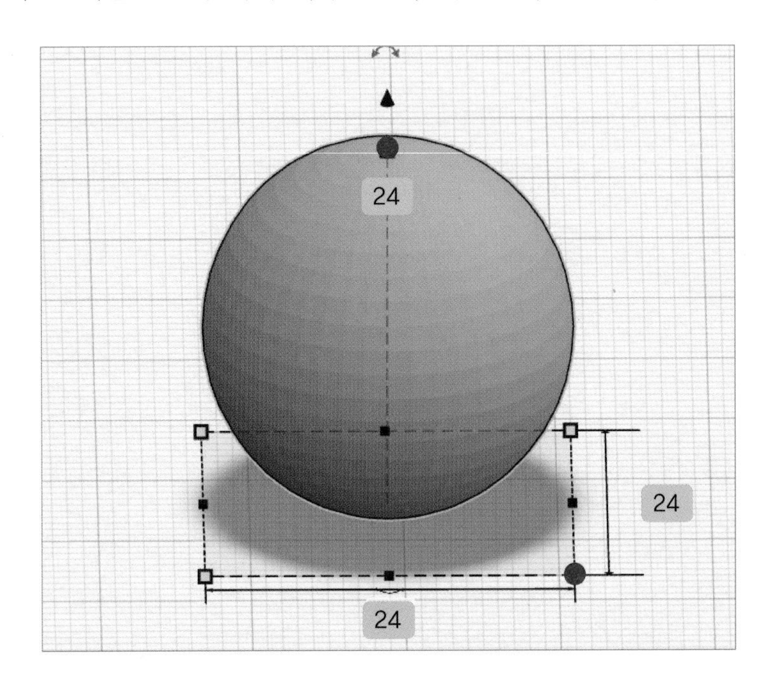

3 선 꽃을 구멍 만들기

- 구멍 원통을 클릭한 후 쉐이프 창에서 **[측면]**을 64로 조절합니다.

  (측면의 숫자가 높을수록 곡면이 부드러워져요!)

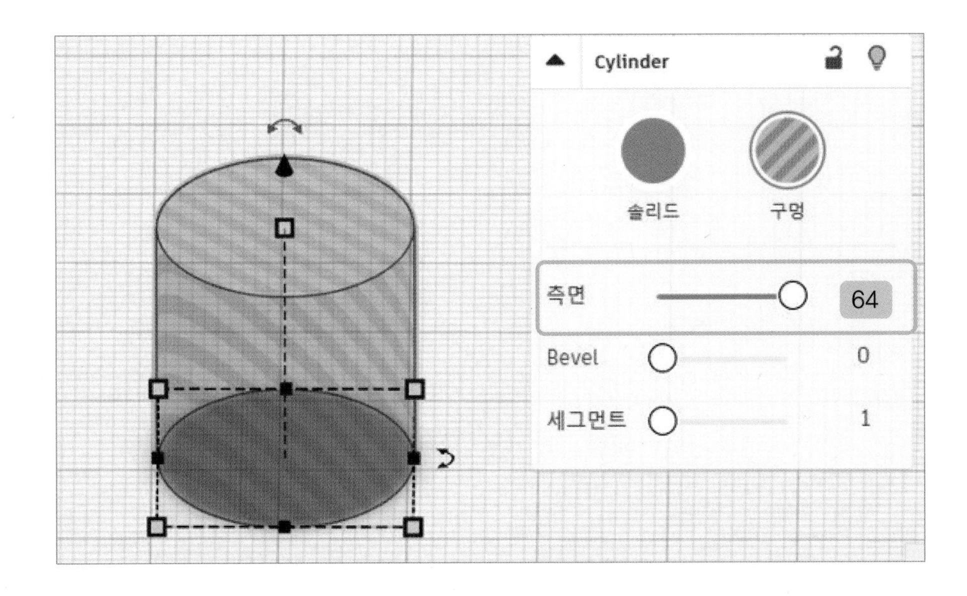

- 구멍 원통을 클릭한 후 **[모서리 흰색 점]**을 클릭하여 크기를 조절합니다.
  (가로 10, 세로 10, 높이는 구보다 높게 조절합니다.)

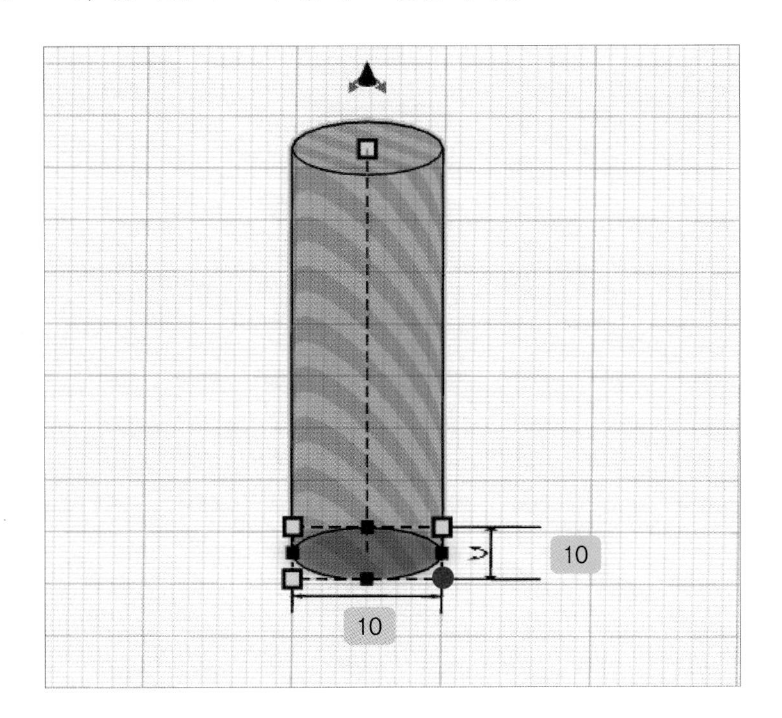

- 구멍 원통을 클릭한 후 **[회전 화살표]**를 드래그하여 90° 회전을 합니다.

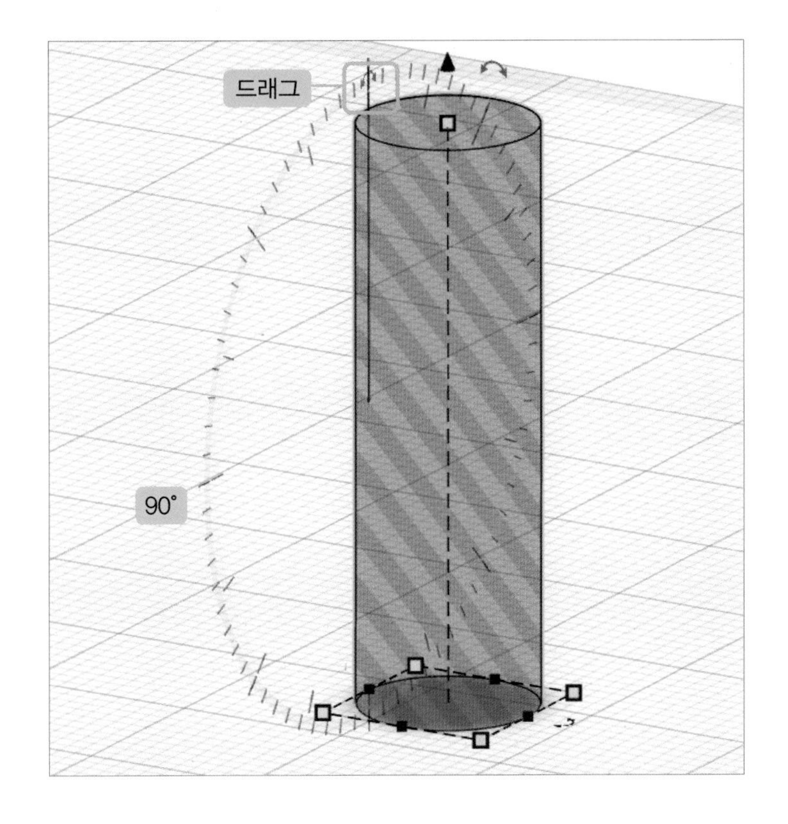

- 키보드 D를 눌러 쉐이프를 작업 평면에 붙여줍니다.

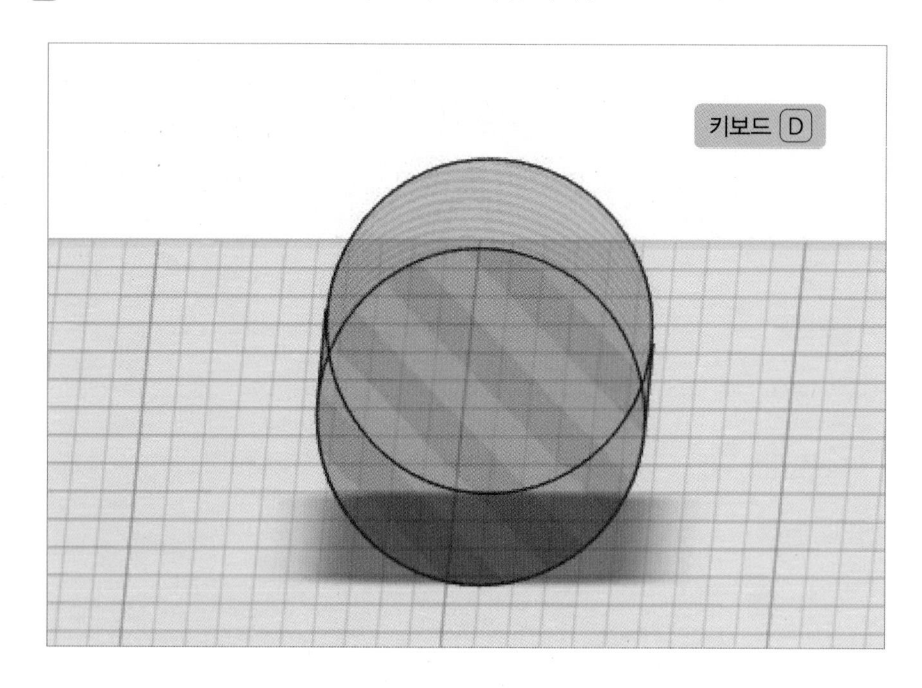

- 구멍 원통의 **[화살표]**를 드래그하여 위쪽으로 14.2 만큼 올려줍니다.

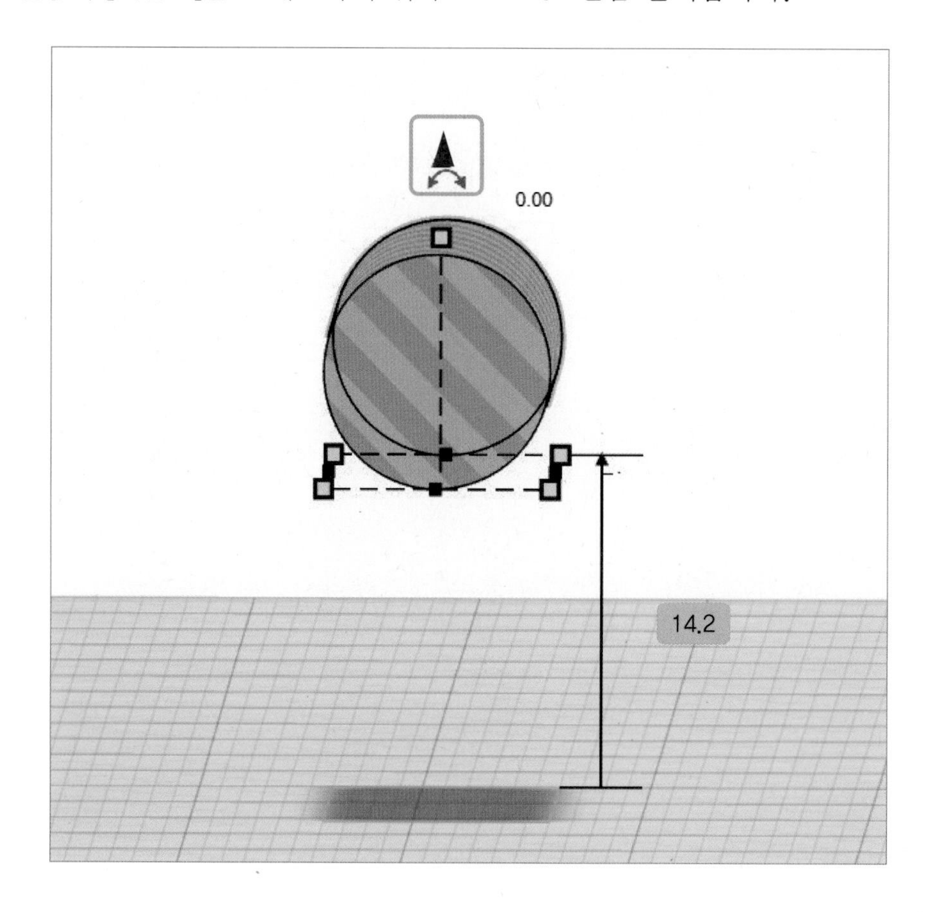

4 선 정리 구멍 적용하기

- 구멍 상자를 클릭한 후 크기를 조절합니다. (가로 35, 세로 35, 높이 8)

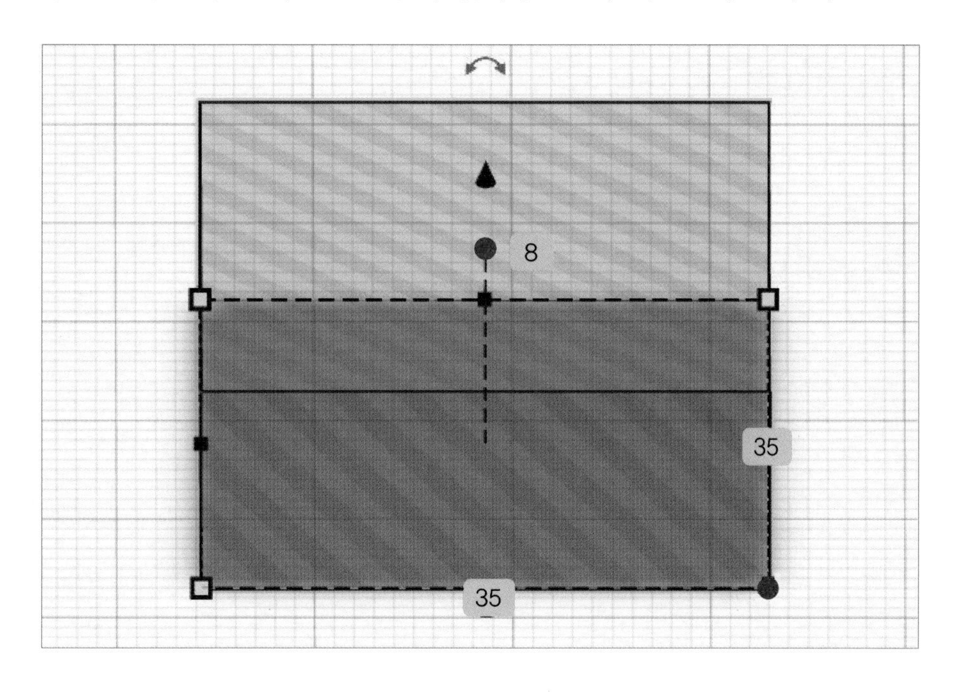

- 쉐이프를 전체 지정한 후 **[정렬]**을 클릭합니다.
  [가로 가운뎃점], **[세로 가운뎃점]**을 클릭합니다.

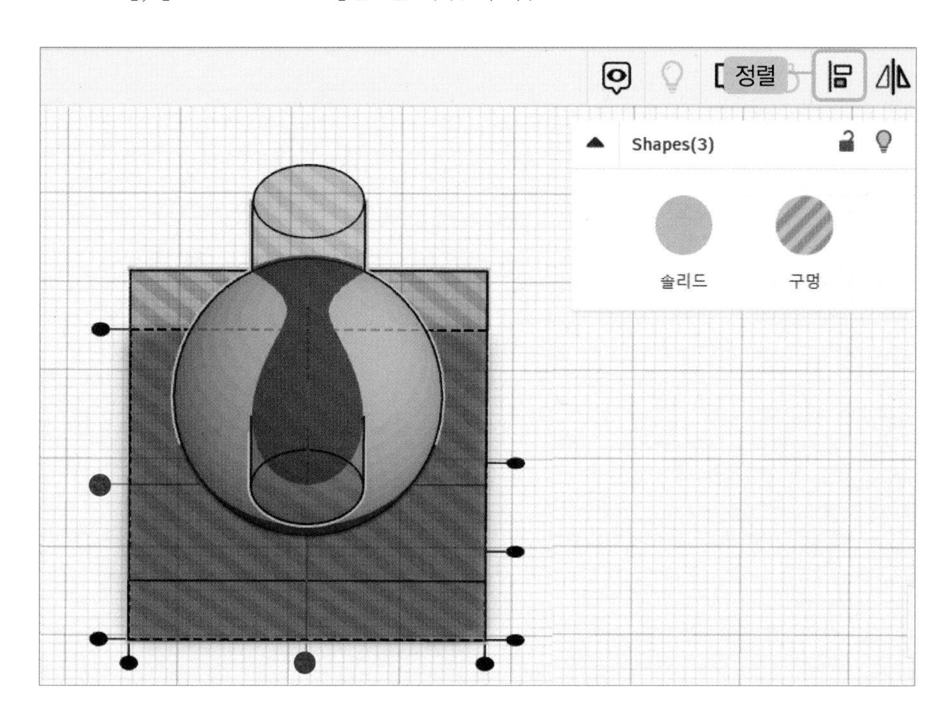

- 쉐이프 전체를 선택하기 위해 쉐이프 바깥 부분에서 드래그하여 전체 지정을 합니다. **[그룹화]**를 클릭합니다.

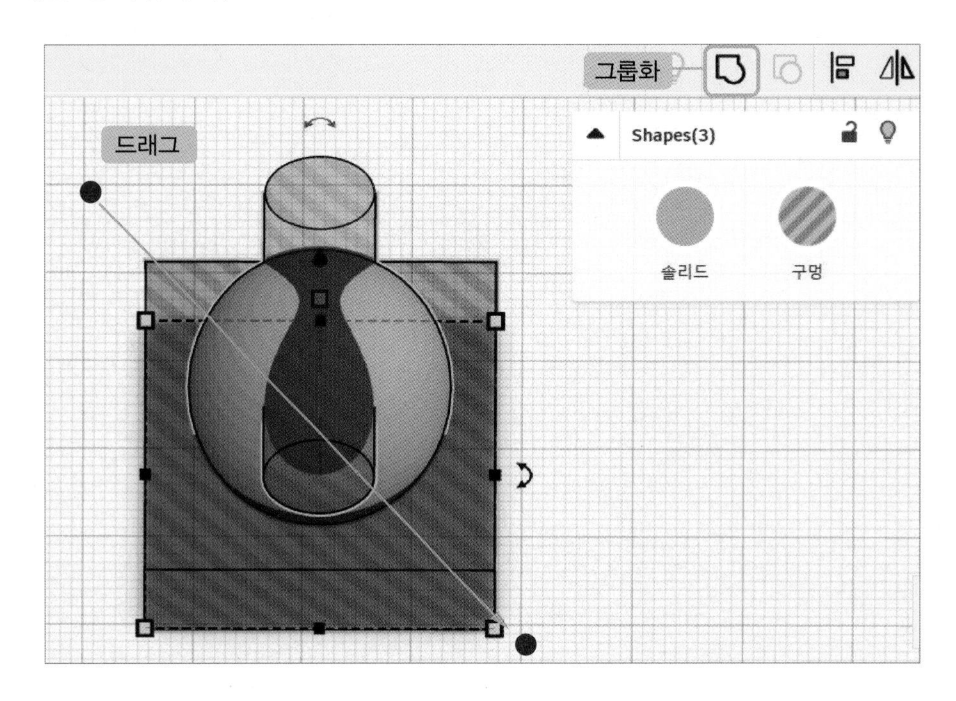

- 선 정리 클립이 완성되었어요!

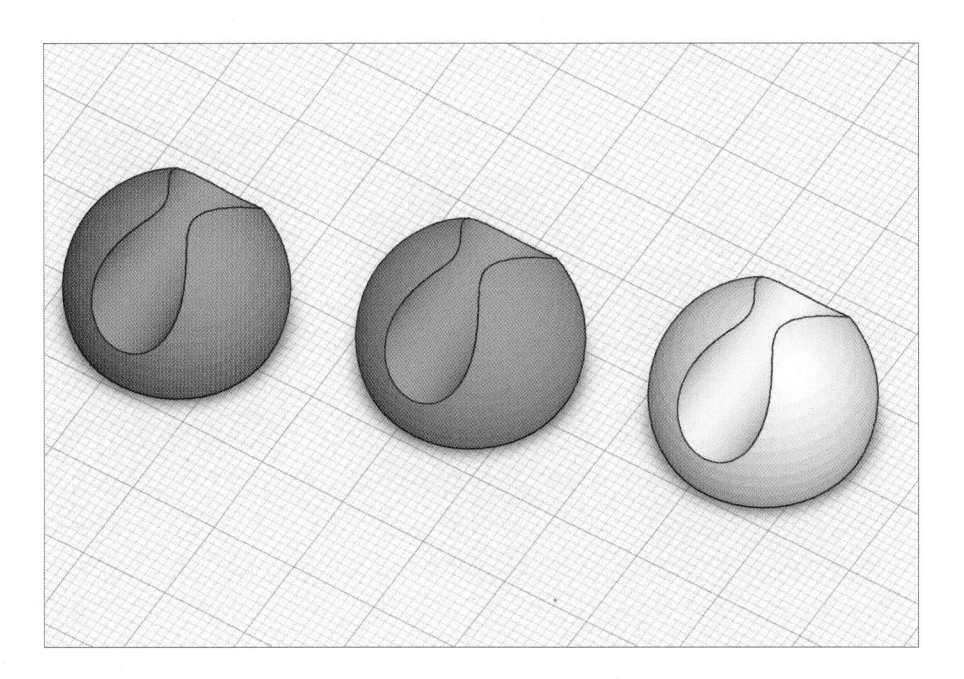

Tip 쉐이프를 구멍으로 만들기

쉐이프 창에서 [구멍]을 클릭하면 [구멍 쉐이프]로 만들 수 있어요.

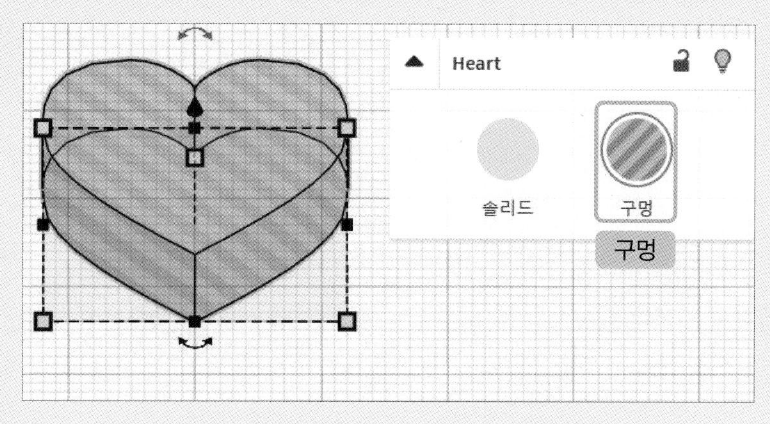

쉐이프 창에서 [구멍 쉐이프] 만들기

쉐이프 + 구멍 = 남은 쉐이프

여러 개의 선을 정리할 수 있는 클립을 만들어 보세요.

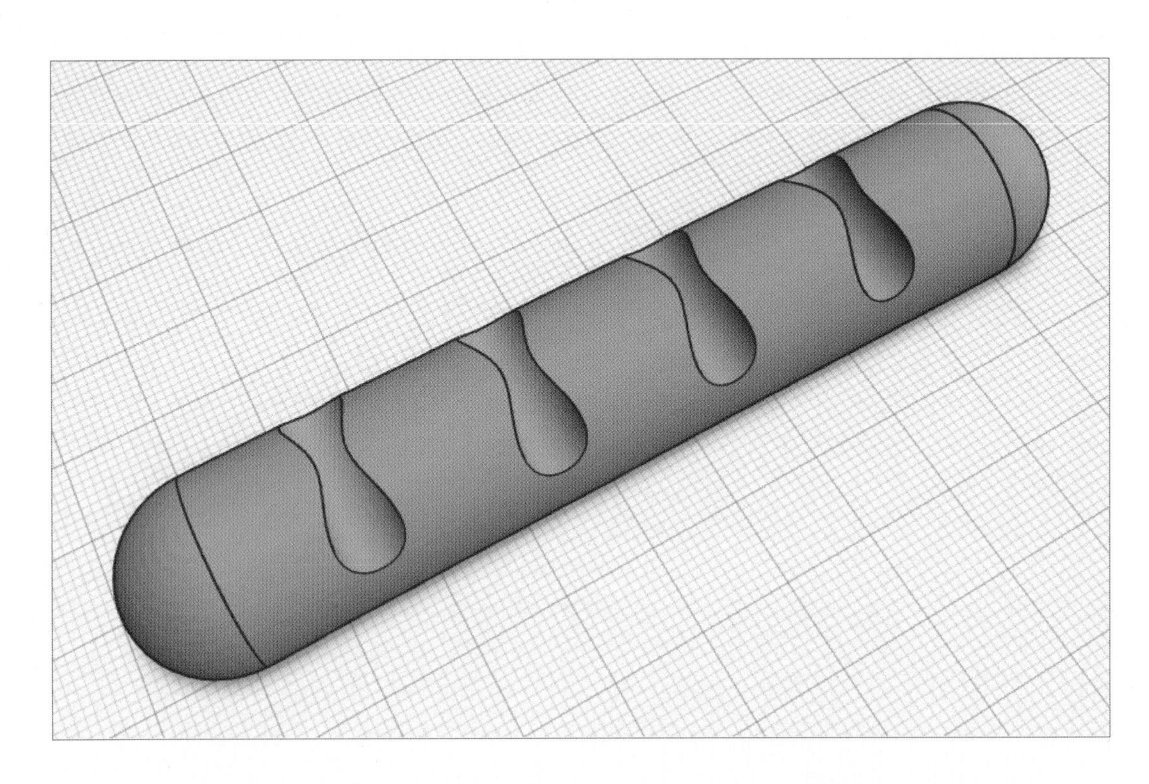

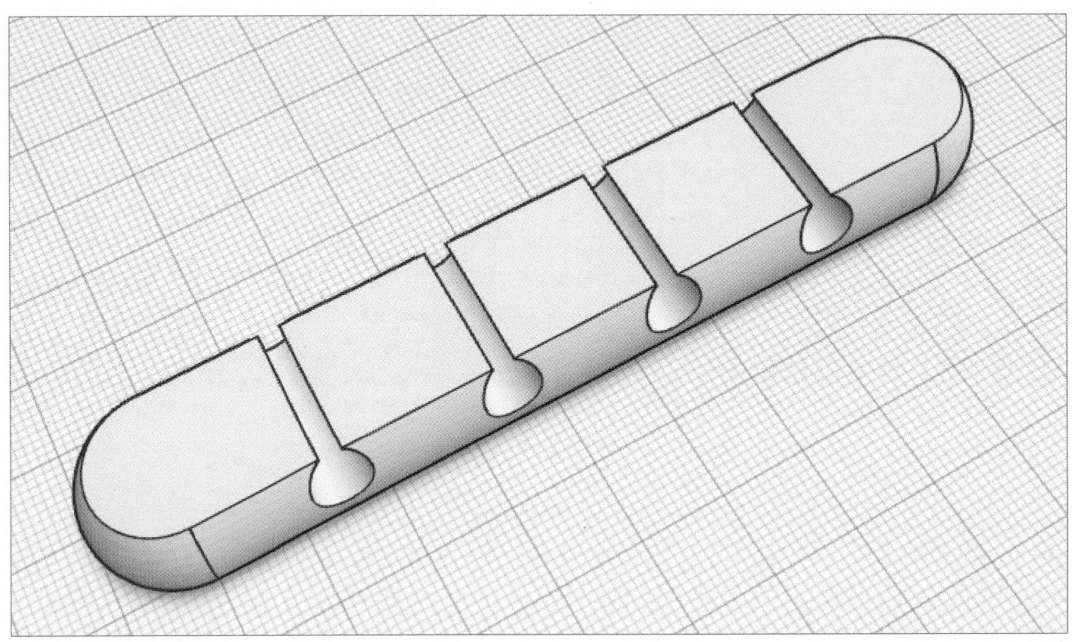

5차 마스크 스크랩

태그 #솔리드 #뷰 박스 #직교 #쉐이프 패턴 복사 #대칭

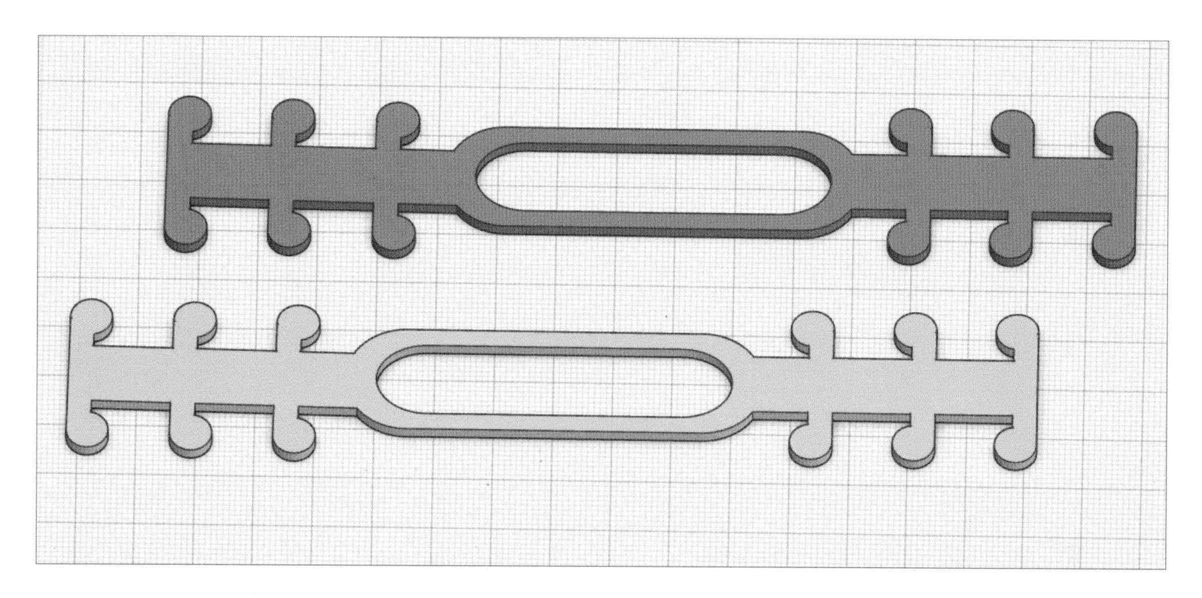

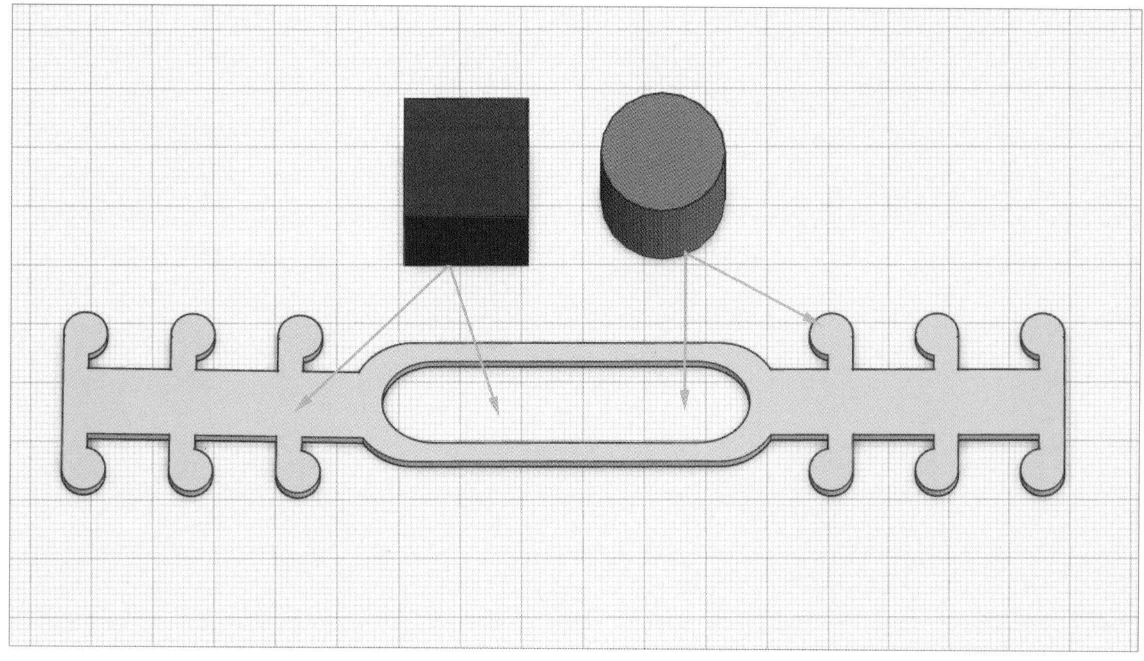

1 쉐이프 준비하기

- **[새 디자인 작성]**을 클릭하여 모델링을 시작합니다.

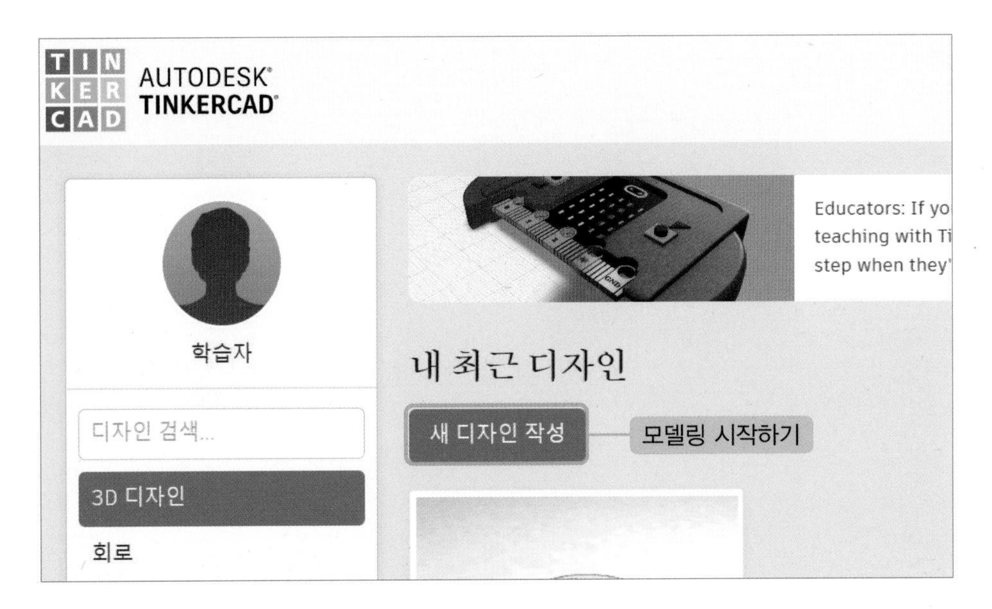

- 기본 쉐이프에서 **[상자]**, **[원통]**을 드래그하여 작업 평면에 놓아줍니다.

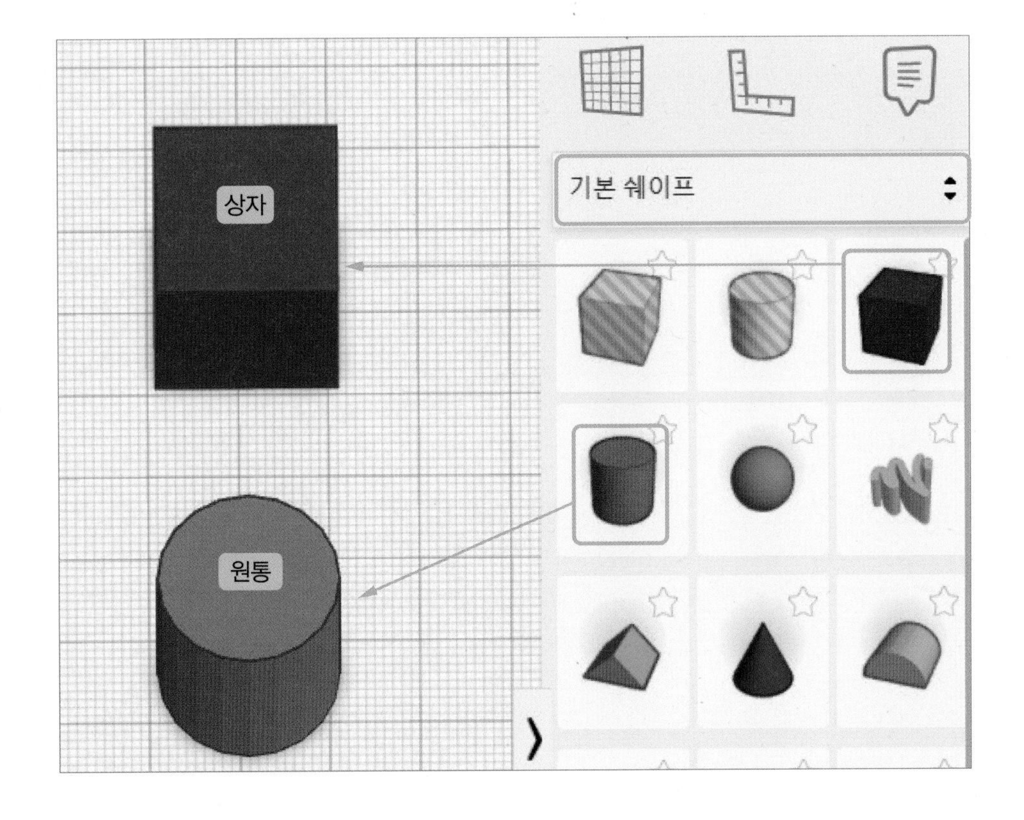

2 마스크 스트랩 가운데 부분 만들기

- 상자를 클릭한 후 크기를 조절합니다. (가로 50, 세로 20, 높이 2)

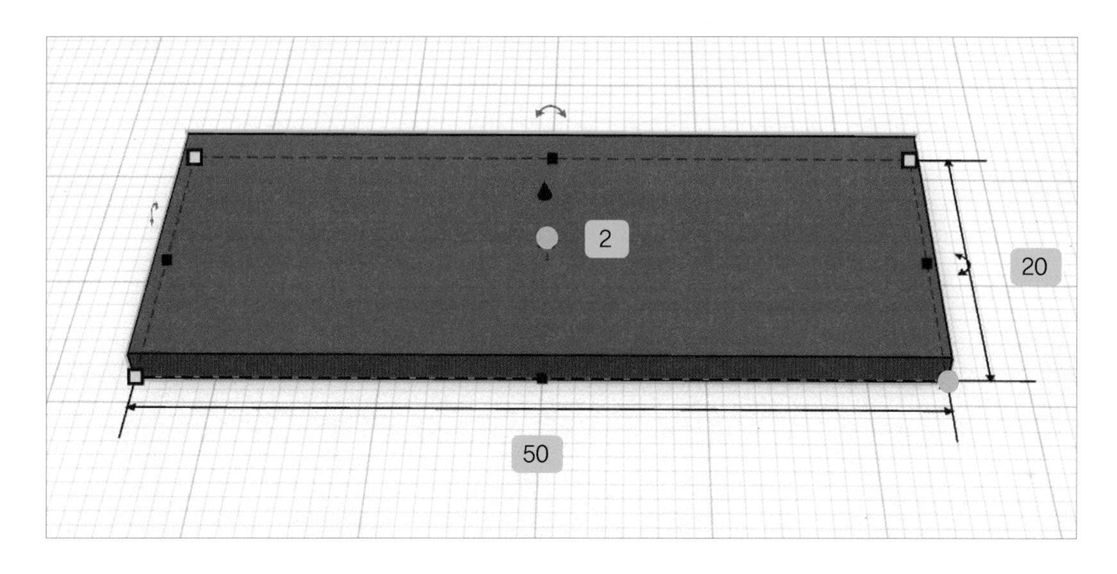

- 원통을 클릭한 후 쉐이프 창에서 **[측면]**을 64로 조절합니다.

(측면의 숫자가 높을수록 곡면이 부드러워져요!)

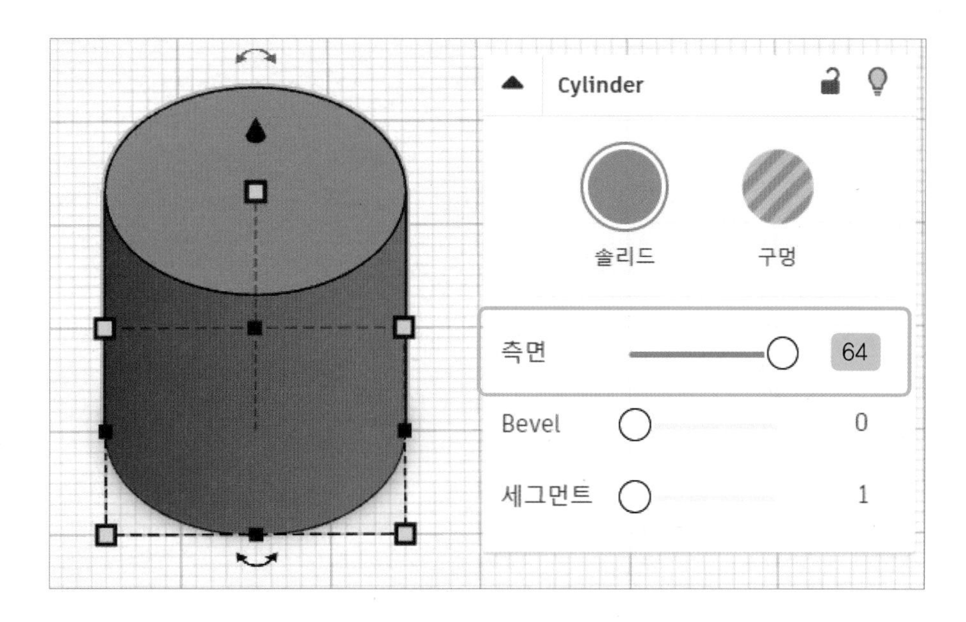

- 원통을 클릭한 후 크기를 조절합니다. (가로 20, 세로 20, 높이 2)

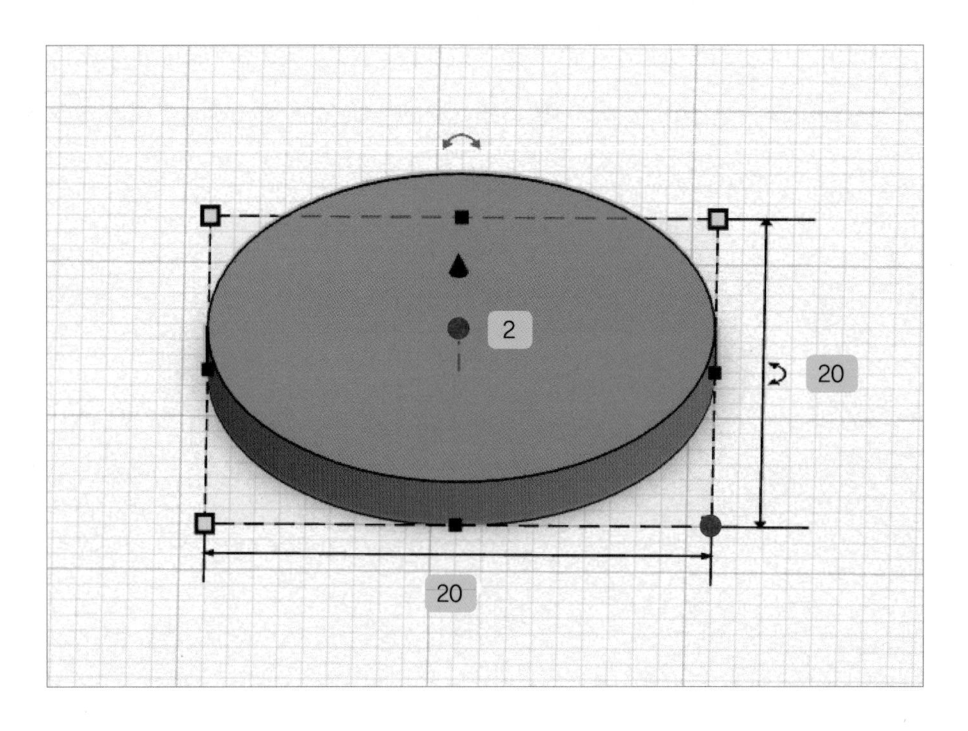

- 원통을 클릭한 후 복사(Ctrl+C), 붙여넣기(Ctrl+V)를 합니다.

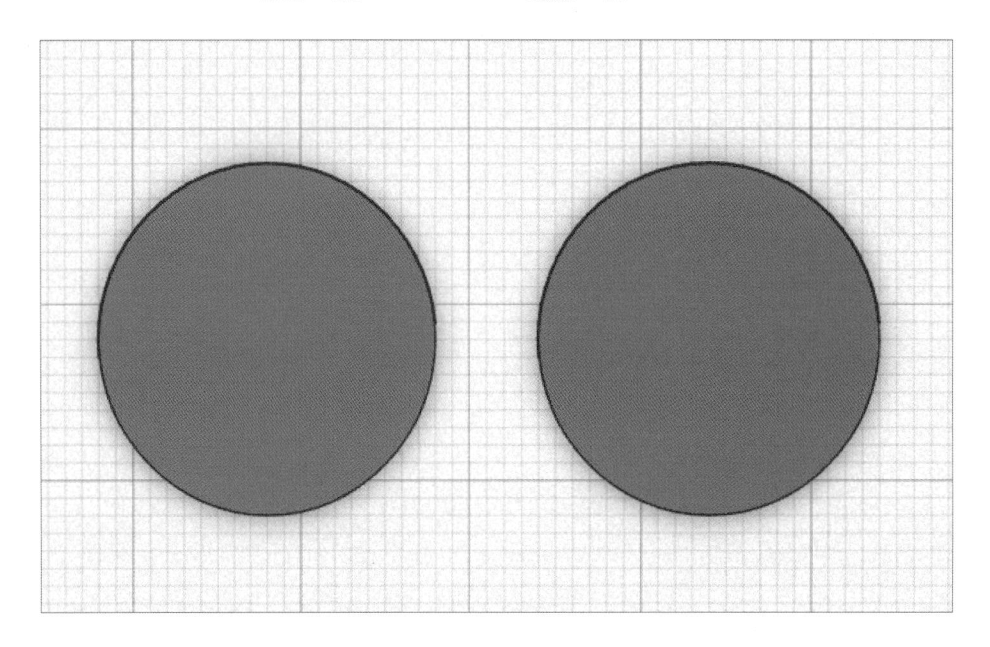

- **[직교]**를 클릭합니다. (쉐이프가 반듯하게 보여요!)
  [뷰 박스]의 평면도를 클릭하여 위에서 바라보는 시점으로 만듭니다.

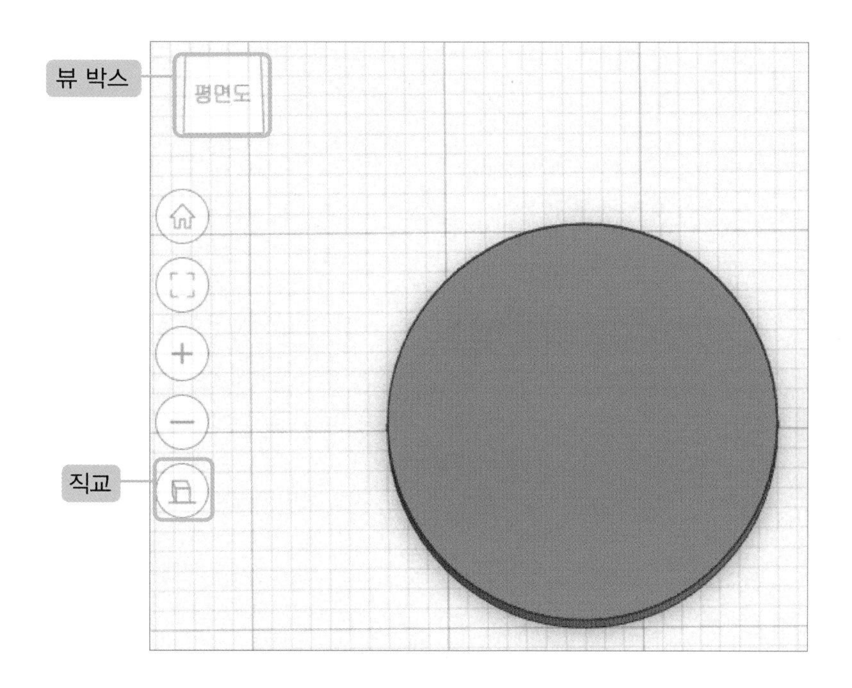

- 원통의 모서리와 상자의 모서리를 맞추어 배치합니다.
  키보드의 방향키를 이용하거나, Shift+드래그를 하면 수직/수평으로 이동할 수 있어요.

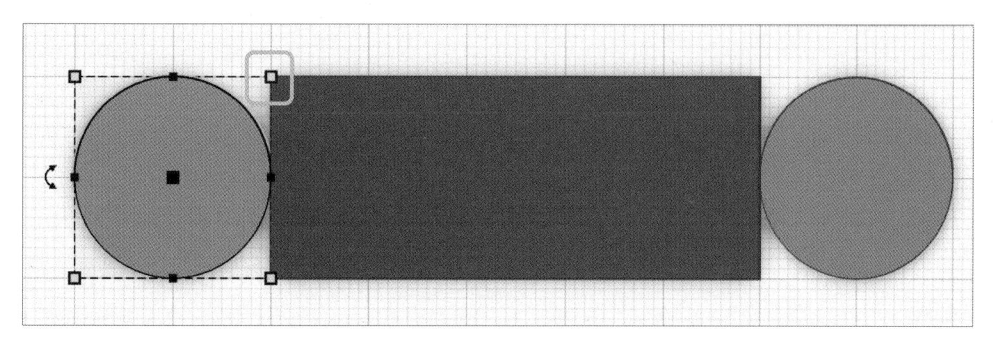

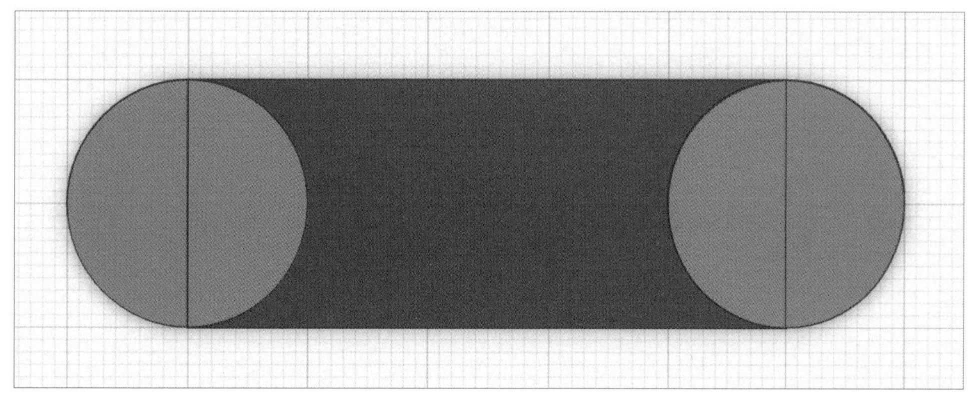

Tip 쉐이프를 배치할 때 좋은 방법

작업 평면의 **진한 눈금**을 이용하세요.

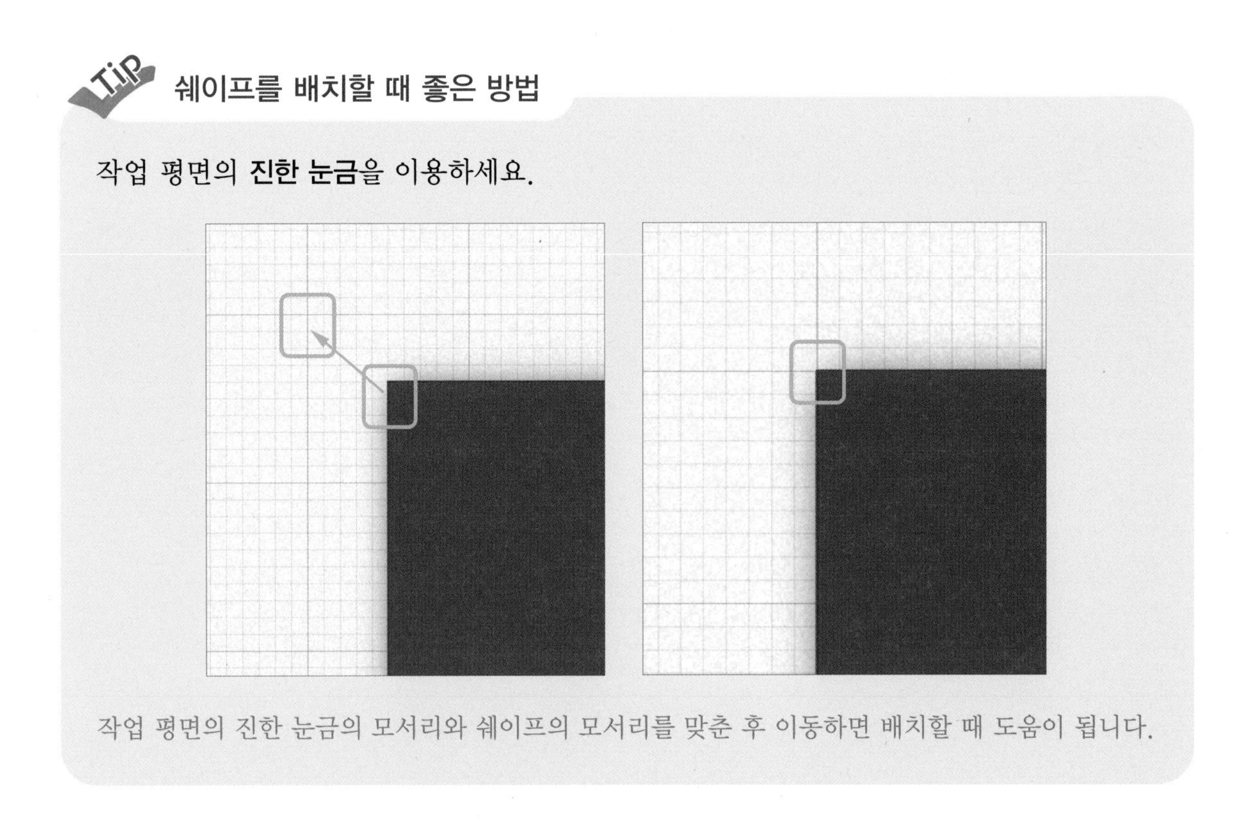

작업 평면의 진한 눈금의 모서리와 쉐이프의 모서리를 맞춘 후 이동하면 배치할 때 도움이 됩니다.

- 쉐이프를 전체 지정한 후 **[그룹화]**를 합니다.

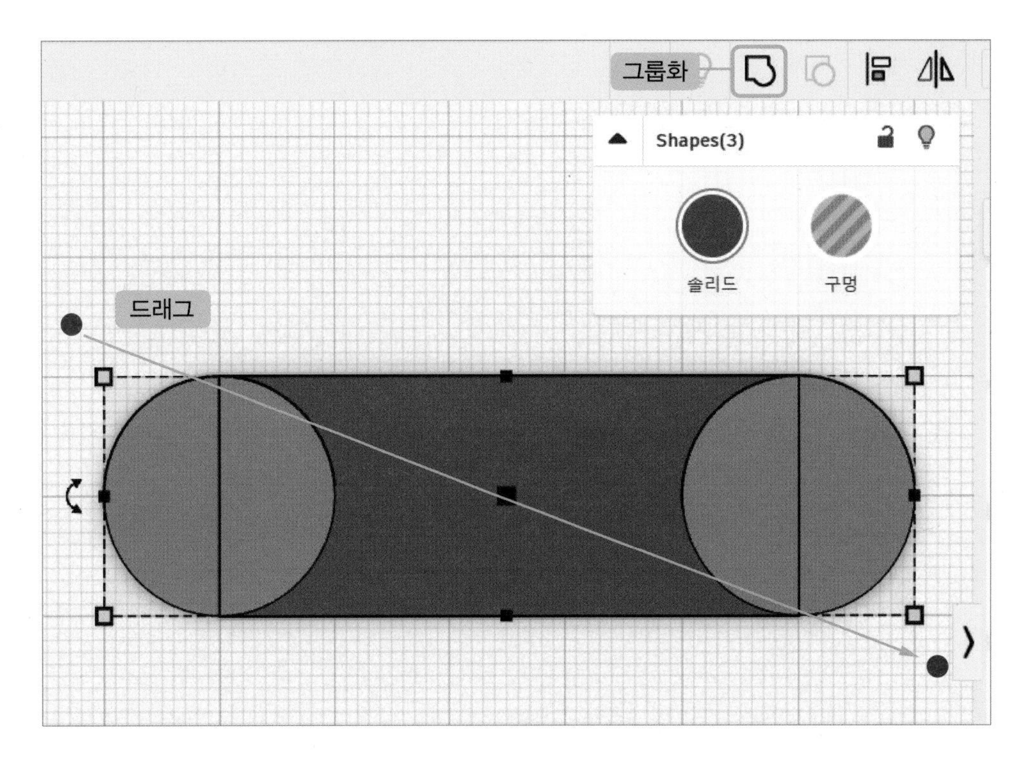

- 쉐이프를 클릭한 후 **[솔리드]**를 클릭하여 원하는 색상을 클릭합니다.

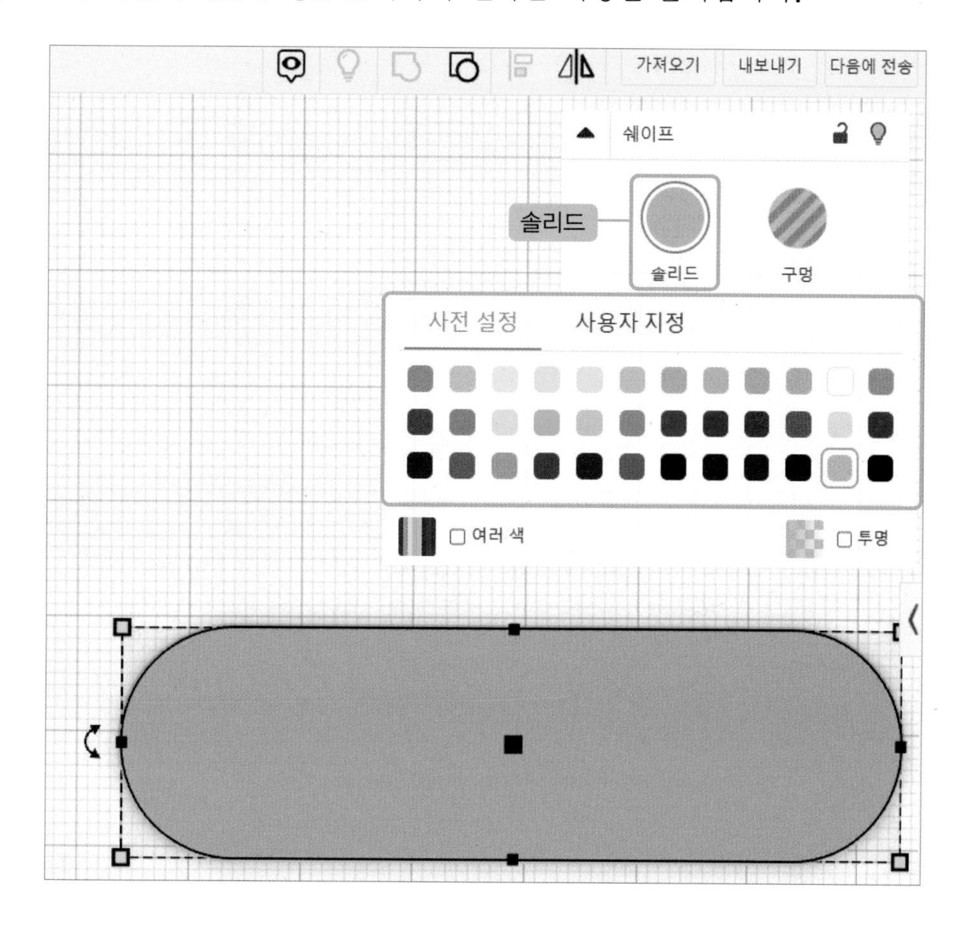

- 쉐이프를 복사(Ctrl+C), 붙여넣기(Ctrl+V)를 하여 2개를 준비합니다.

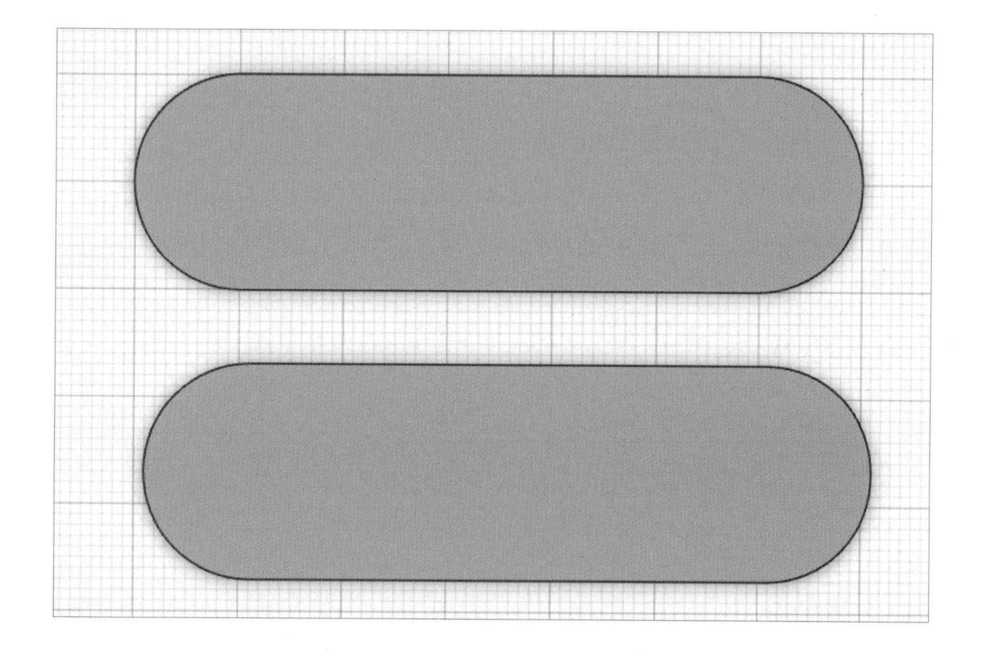

● 복사한 쉐이프 1개를 클릭한 후 **[구멍]**을 클릭합니다.

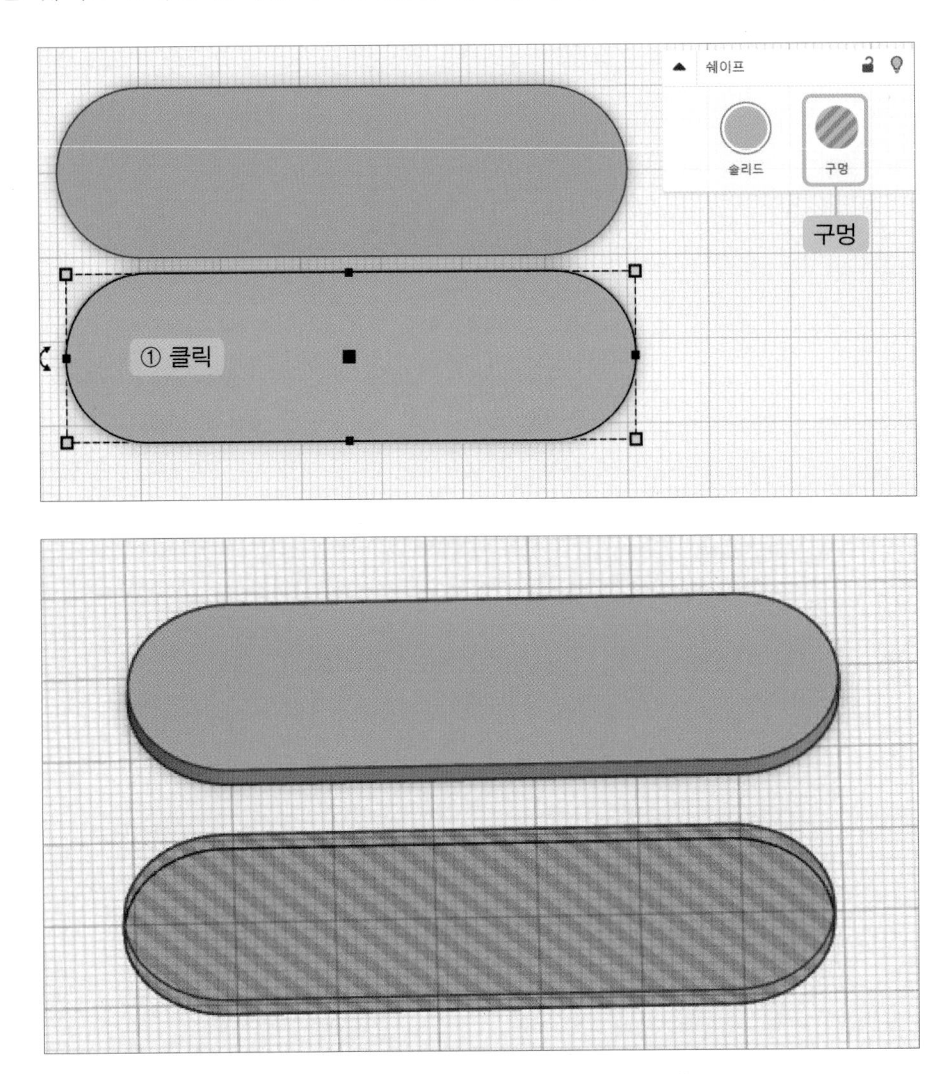

● 구멍 쉐이프를 클릭하여 크기를 조절합니다. (가로 60, 세로 14, 높이 10)

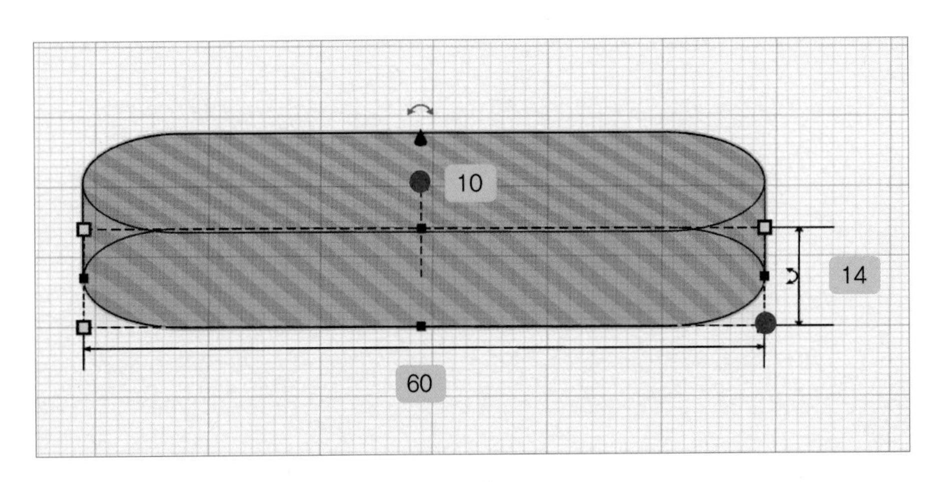

- 쉐이프를 전체 지정한 후 **[정렬]**을 클릭합니다.

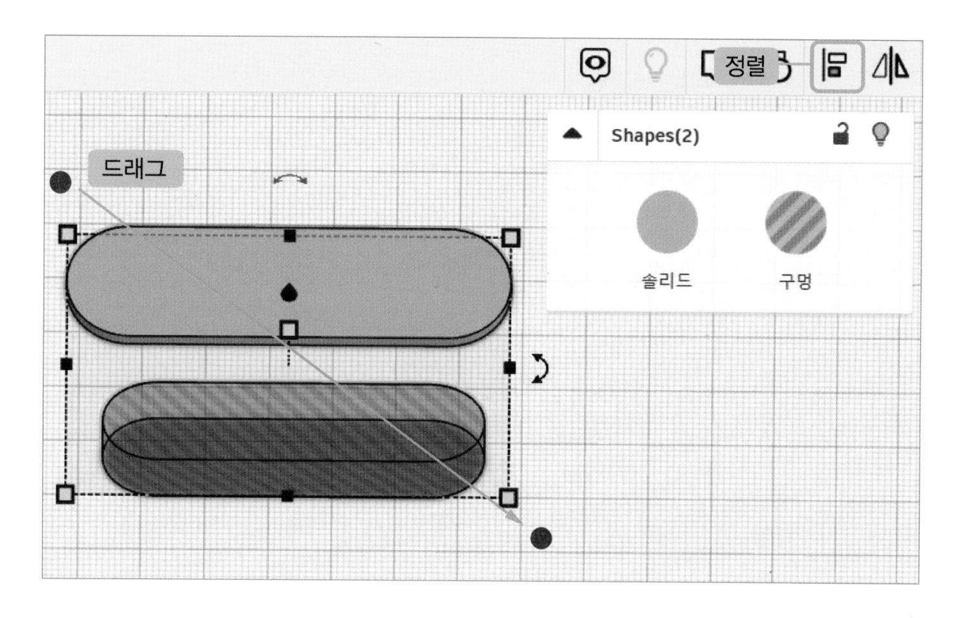

- **[가로 가운뎃점]**, **[세로 가운뎃점]**을 클릭합니다.

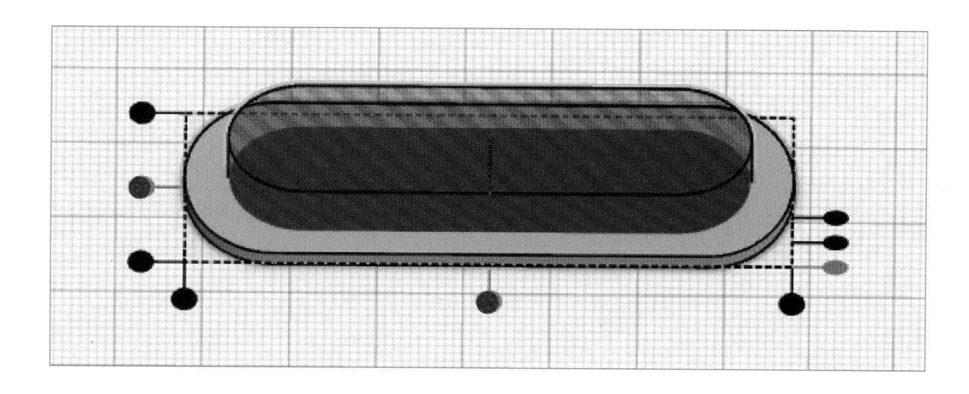

- 쉐이프를 전체 지정한 후 **[그룹화]**를 클릭합니다.

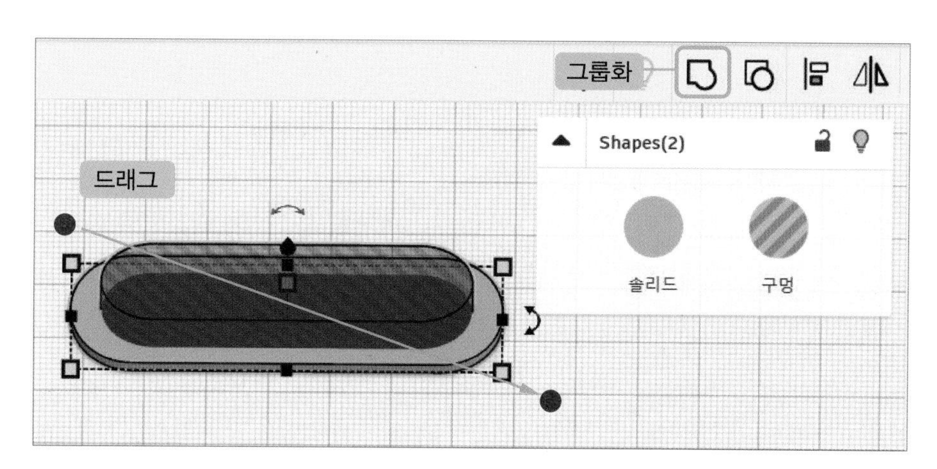

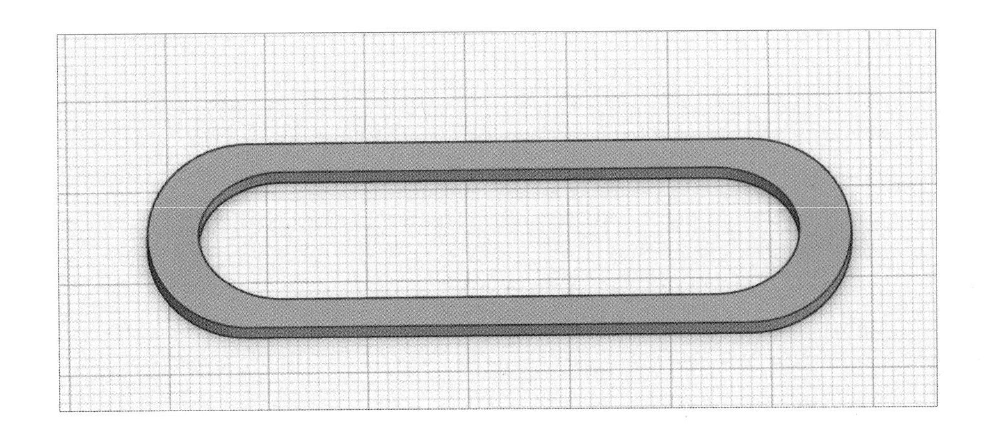

3 마스크 줄 걸리는 고리 만들기

- 상자를 불러와 크기를 조절합니다. (가로 22.07, 세로 4.38, 높이 2)

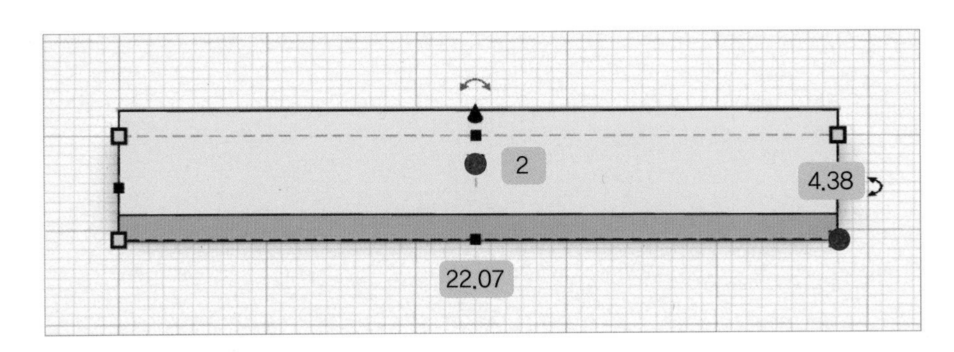

- 원통을 불러와 크기를 조절합니다. (가로 7, 세로 7, 높이 2)

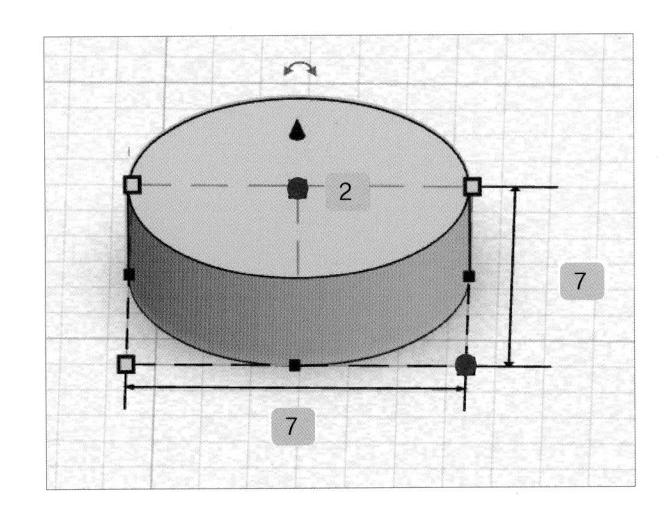

- 원통을 복사하여 상자 양쪽 끝으로 배치합니다.
  키보드 방향키(3번 이동)를 눌러 배치합니다.

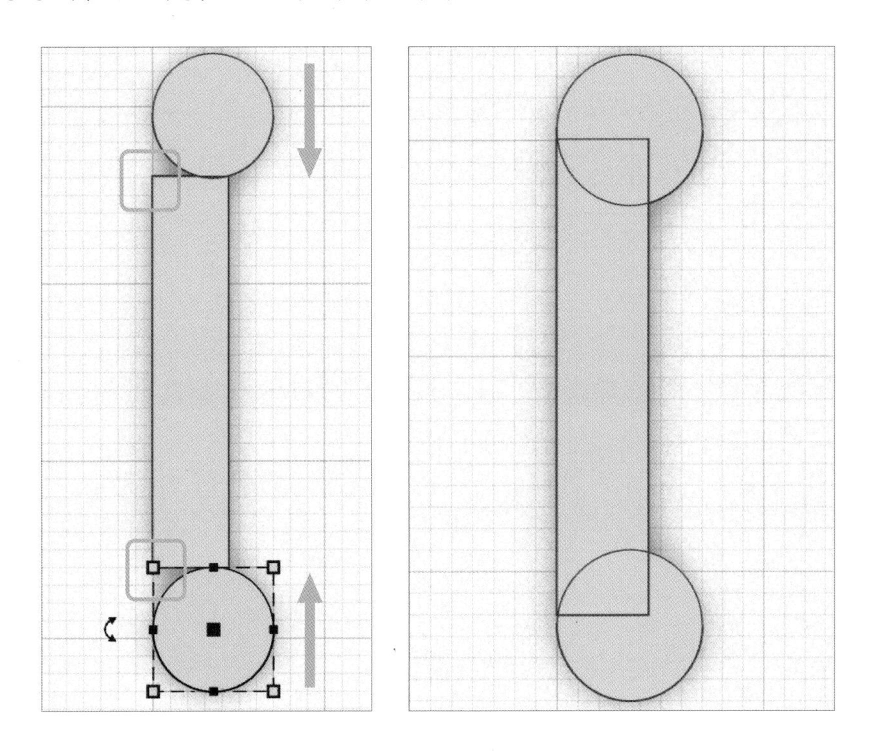

- 쉐이프를 전체 지정한 후 **[그룹화]**를 클릭합니다.

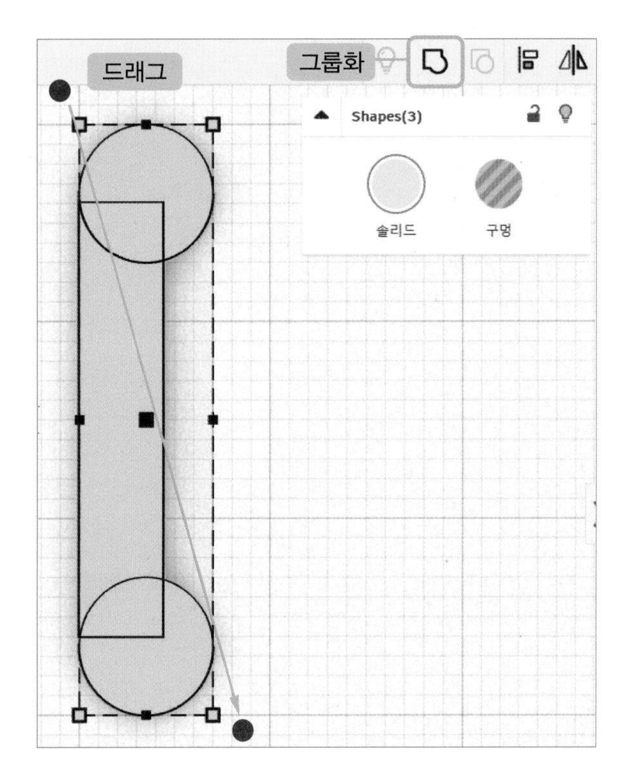

- 상자를 불러와 크기를 조절합니다. (가로 48, 세로 11, 높이 2)

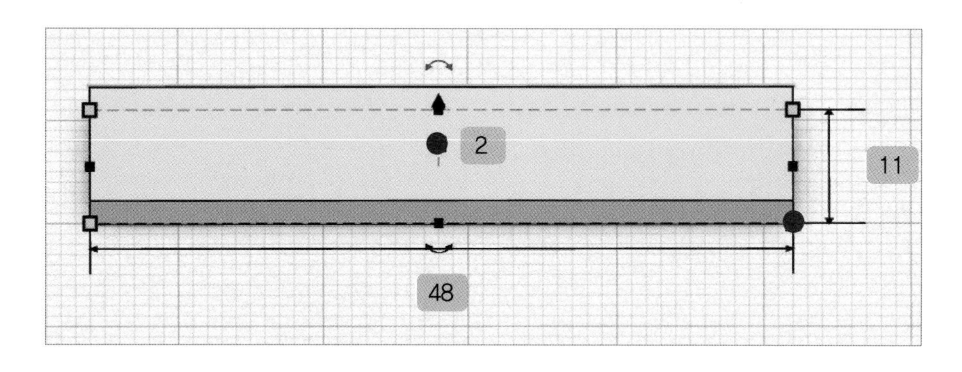

- 쉐이프를 전체 지정한 후 **[정렬]**을 클릭하고, **[세로 가운뎃점]**을 클릭합니다. 상자와 겹치도록 배치합니다.

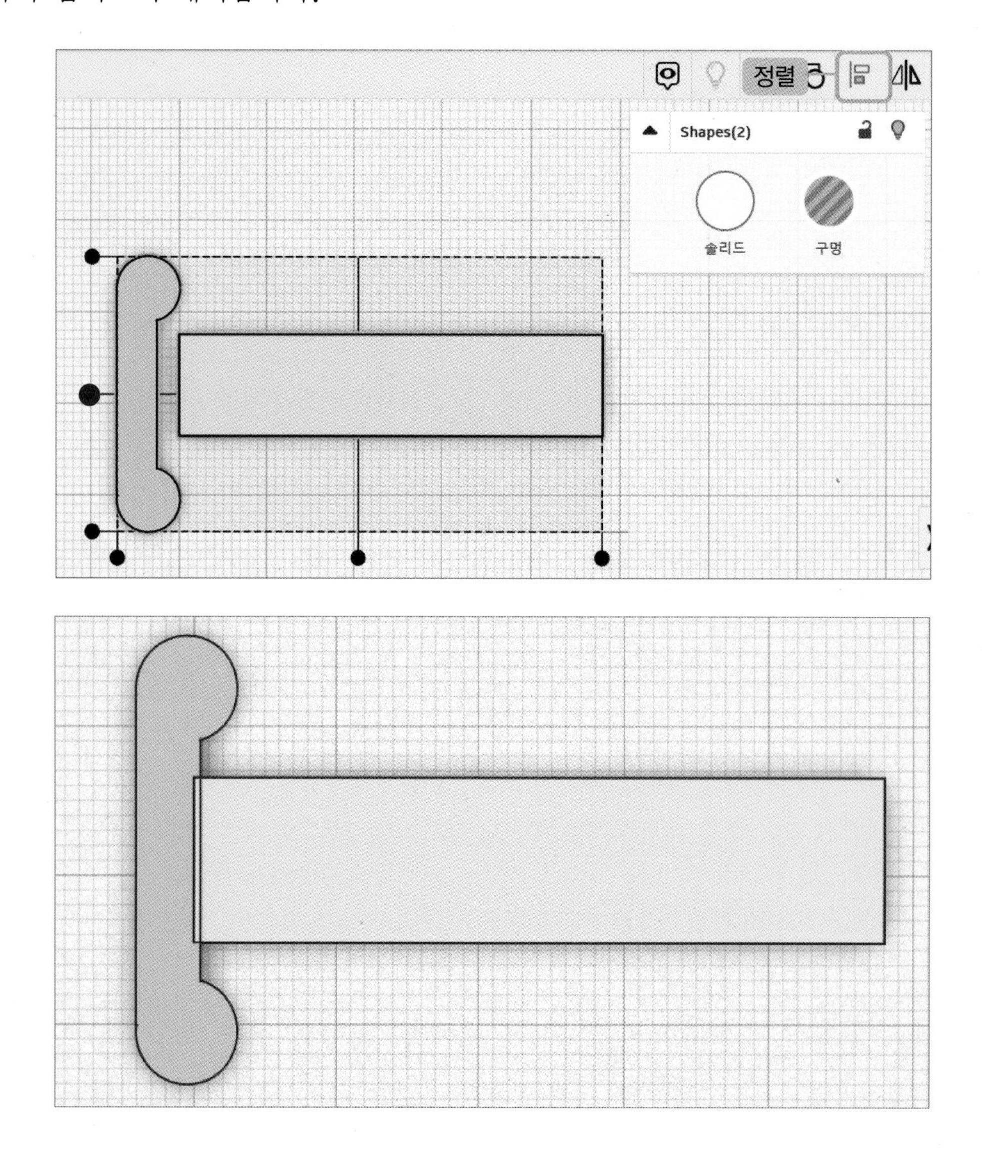

- 쉐이프를 클릭한 후 Ctrl+D, Shift+드래그하여 17만큼 이동합니다. 다시 Ctrl+D를 하면 쉐이프 패턴 복사가 됩니다.

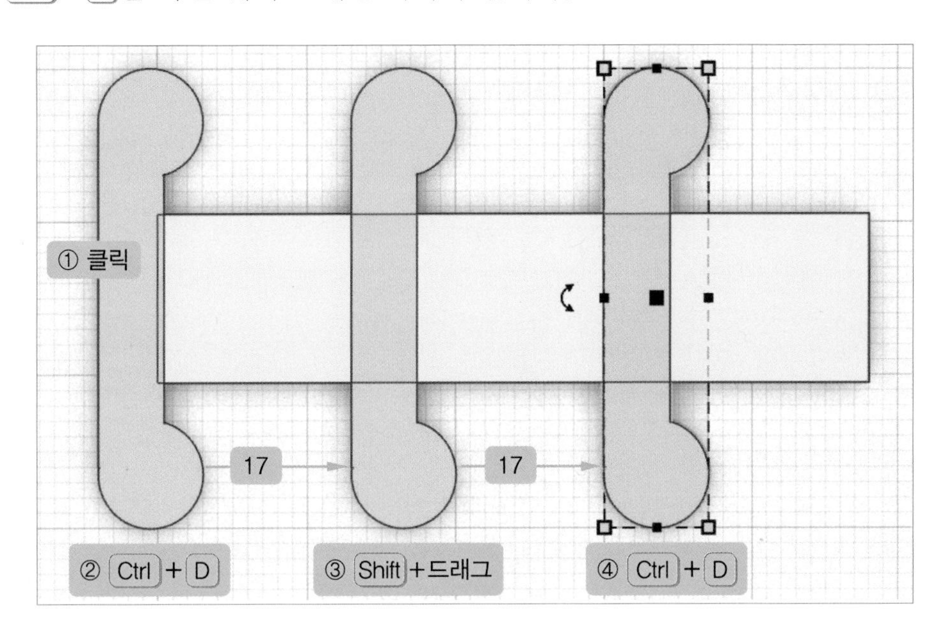

쉐이프 패턴 복사

Ctrl+D **+이동**은 쉐이프+이동을 복사합니다. (쉐이프 패턴 복사)

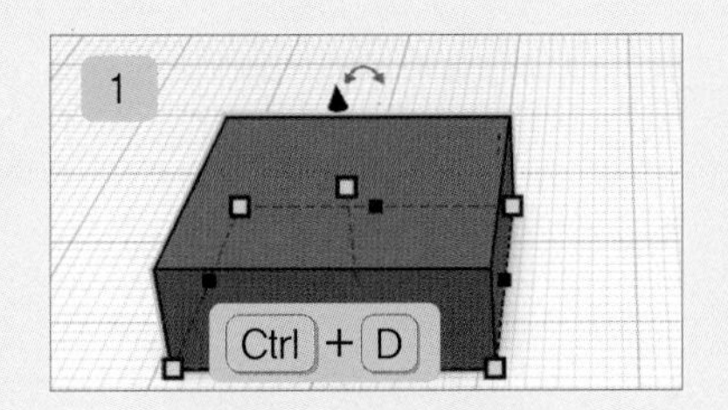

쉐이프 클릭 – Ctrl+D(제자리 복사)

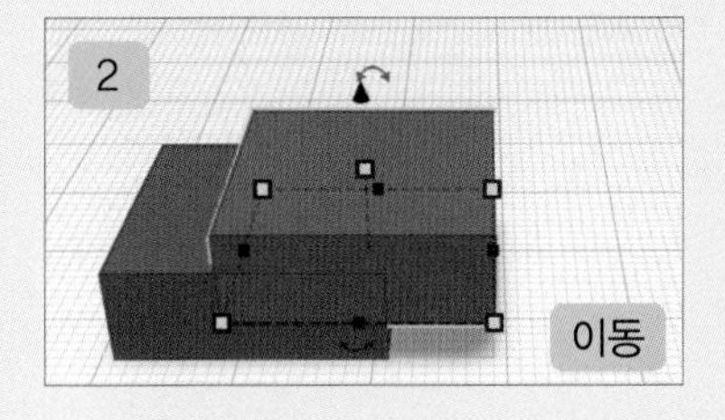

복사한 쉐이프 이동하기

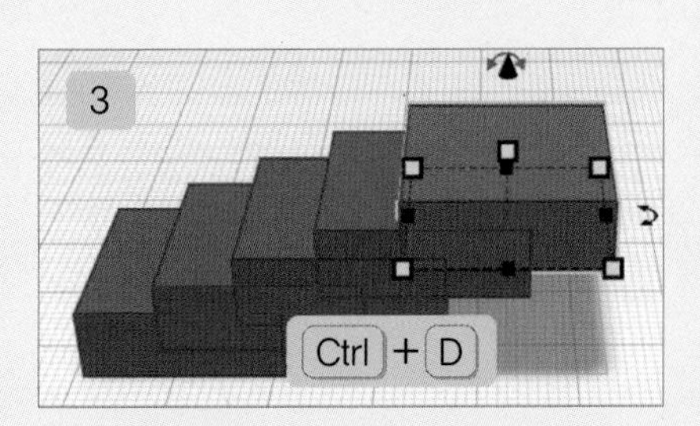

Ctrl+D(쉐이프와 이동한 패턴 복사)

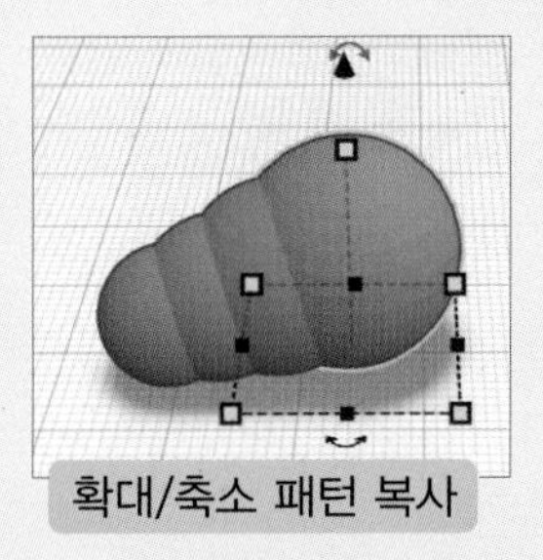

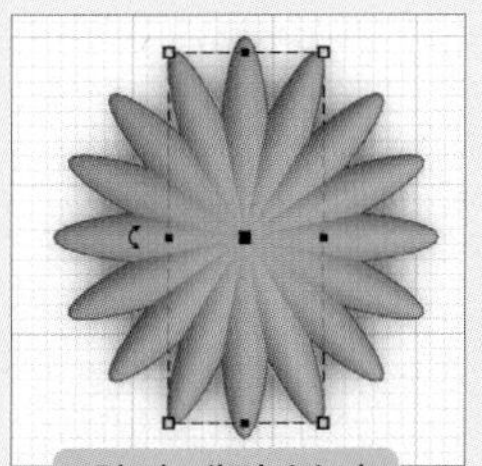

확대/축소와 회전도 패턴 복사가 가능

쉐이프 패턴 복사를 할 때 Ctrl+D(제자리 복사)를 누른 후 빈 곳을 클릭하면 패턴 복사가 되지 않아요!

- 쉐이프를 전체 지정한 후 **[그룹화]**를 클릭합니다.
  그룹화한 쉐이프를 **[복사]**합니다. (Ctrl+C, Ctrl+V)

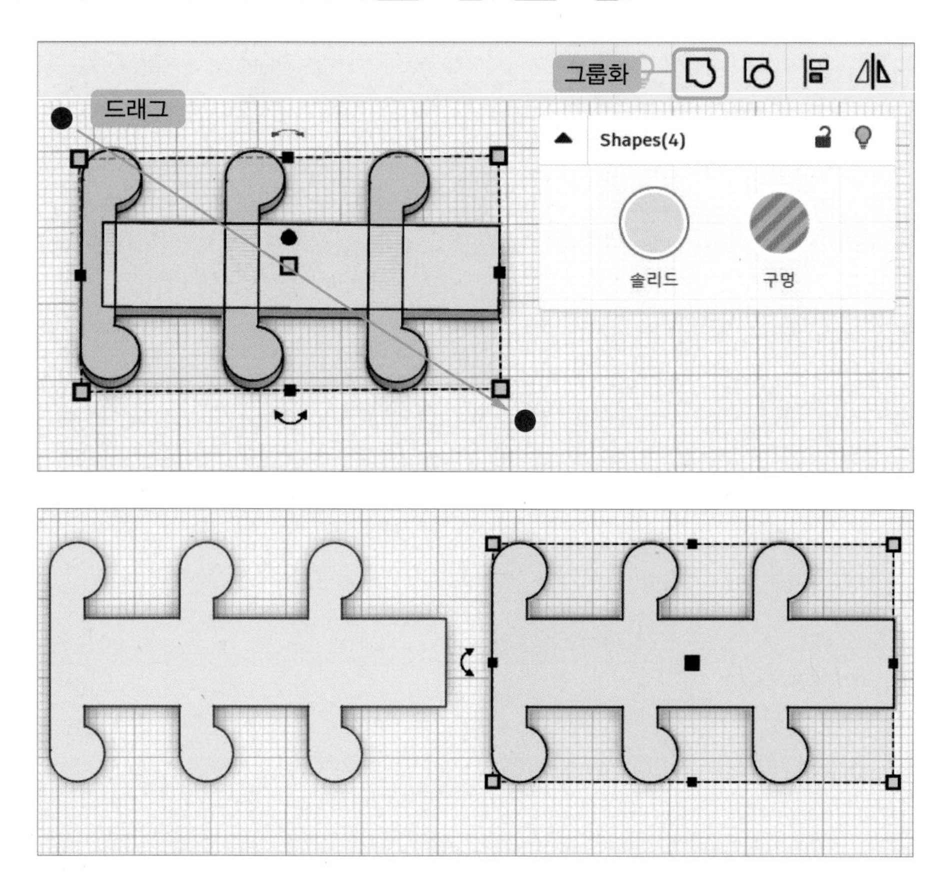

- 복사한 쉐이프를 클릭한 후 **[대칭]**을 클릭, **[좌우 대칭]**을 클릭합니다.

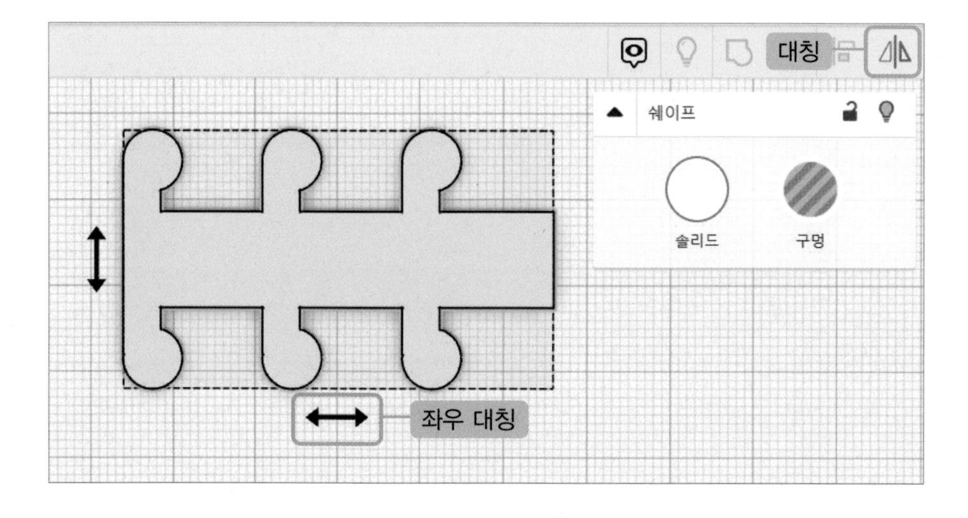

- 쉐이프를 전체 지정한 후 **[정렬]**을 합니다.
  [세로 가운뎃점]을 클릭합니다.

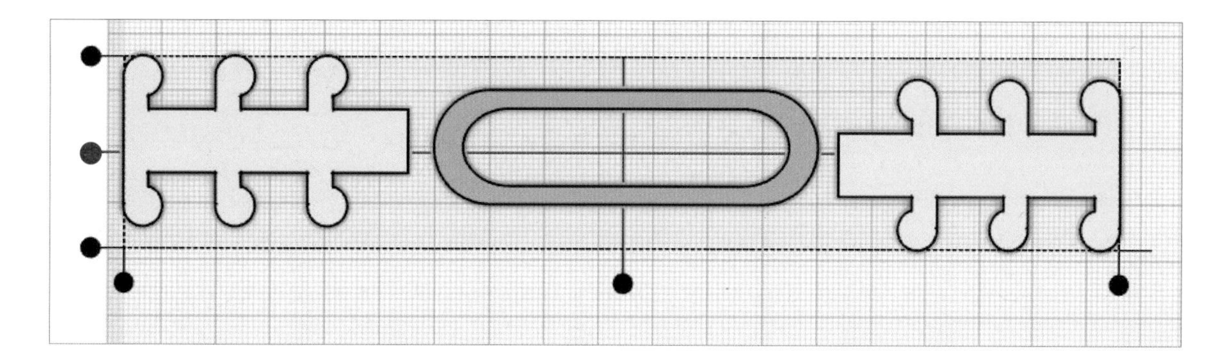

- 쉐이프를 양쪽 끝으로 배치합니다.

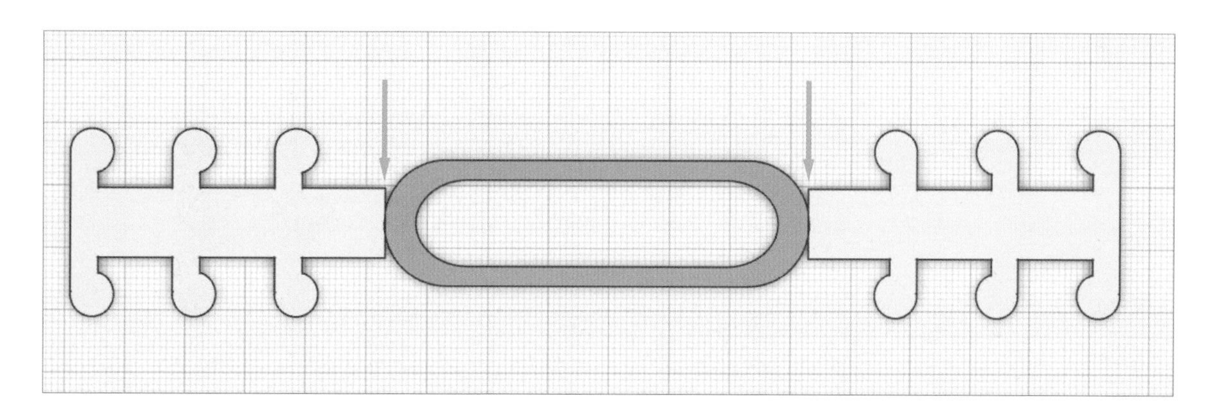

- 각각의 쉐이프를 키보드 방향키로 이동(3번 이동)하여 배치합니다. (그리드 1)

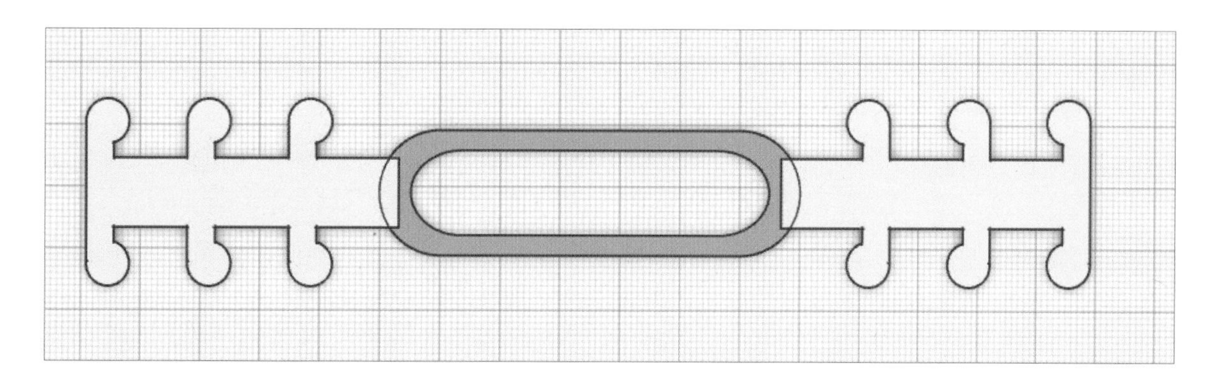

- 쉐이프를 전체 지정한 후 **[그룹화]**를 합니다.

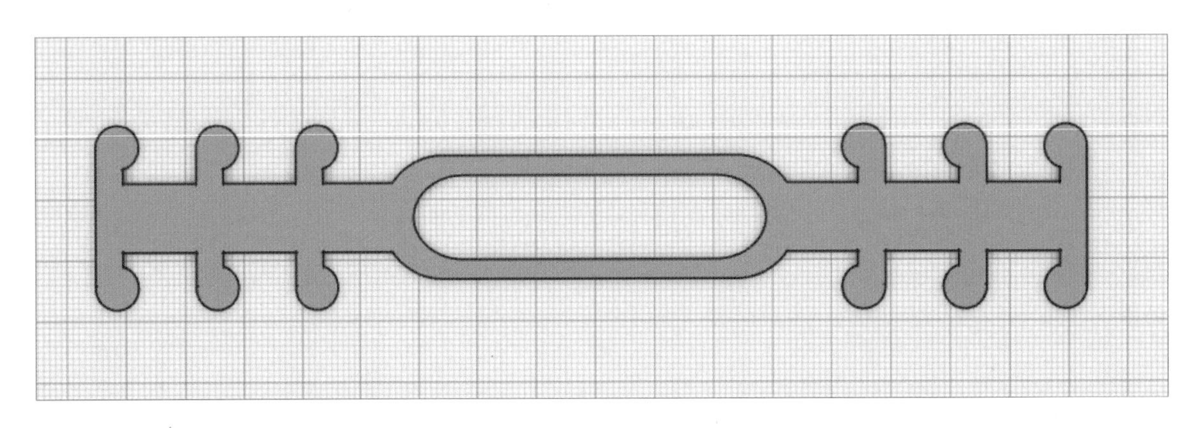

- 마스크 스트랩이 완성되었어요!

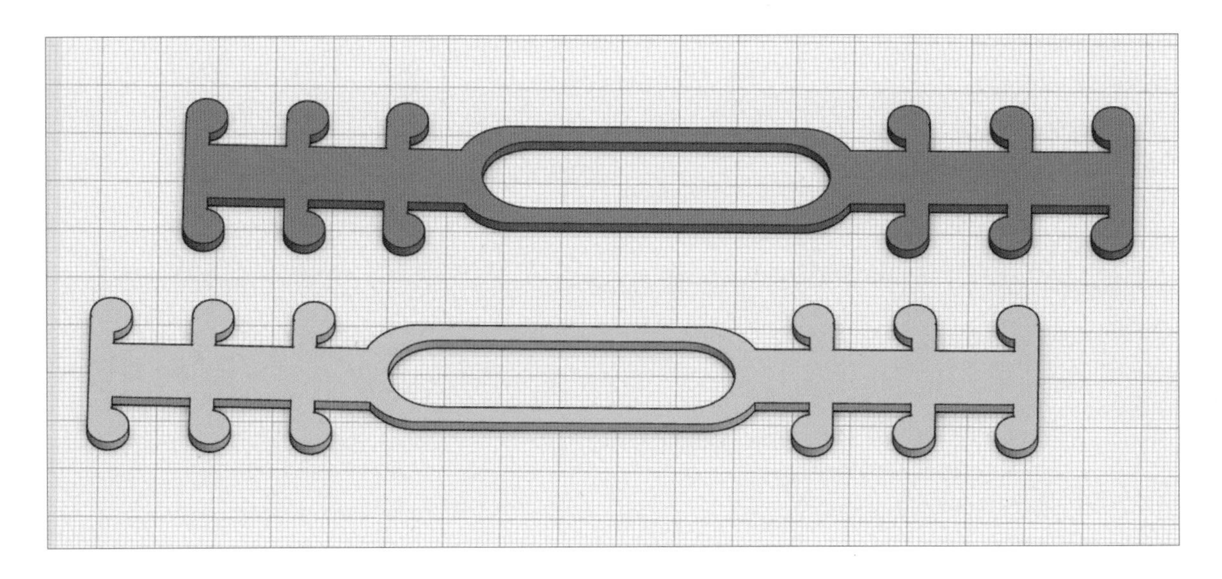

마스크 스트랩을 응용하여 만들어 보세요.

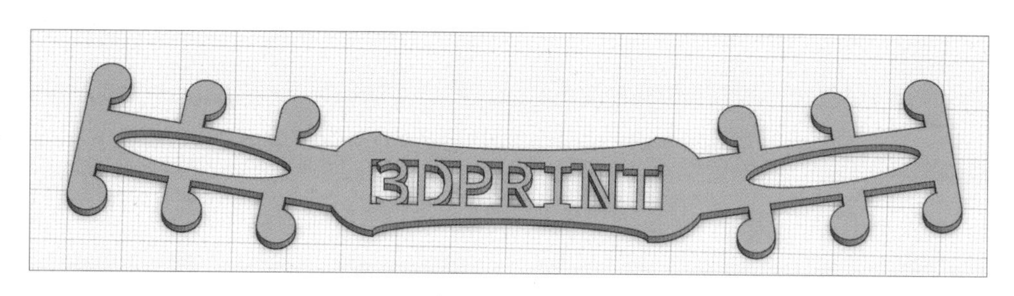

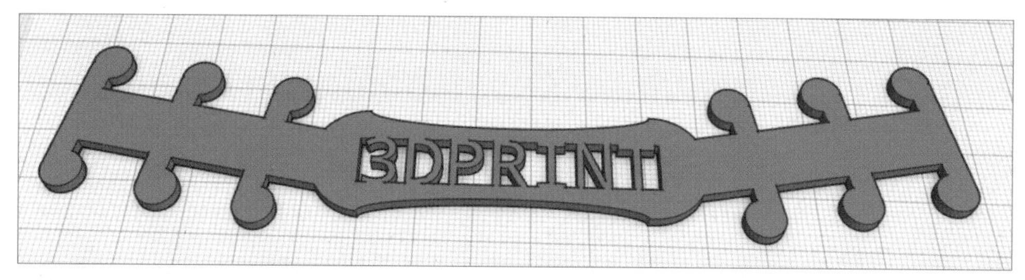

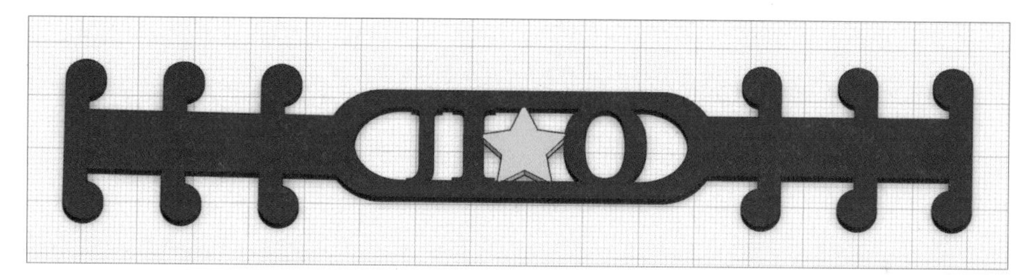

Tip 문자 쉐이프로 만들었어요.

기본 쉐이프 – [문자]를 작업 평면에 올려 [문자] 창에 글자를 입력합니다.

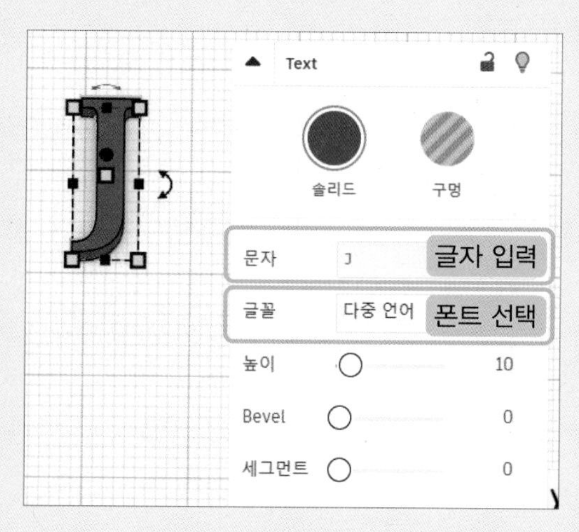

6차 다용도 트레이

태그 #쉐이프 생성기 #드릴 #비틀기 #윗점 정렬 #단축키 D

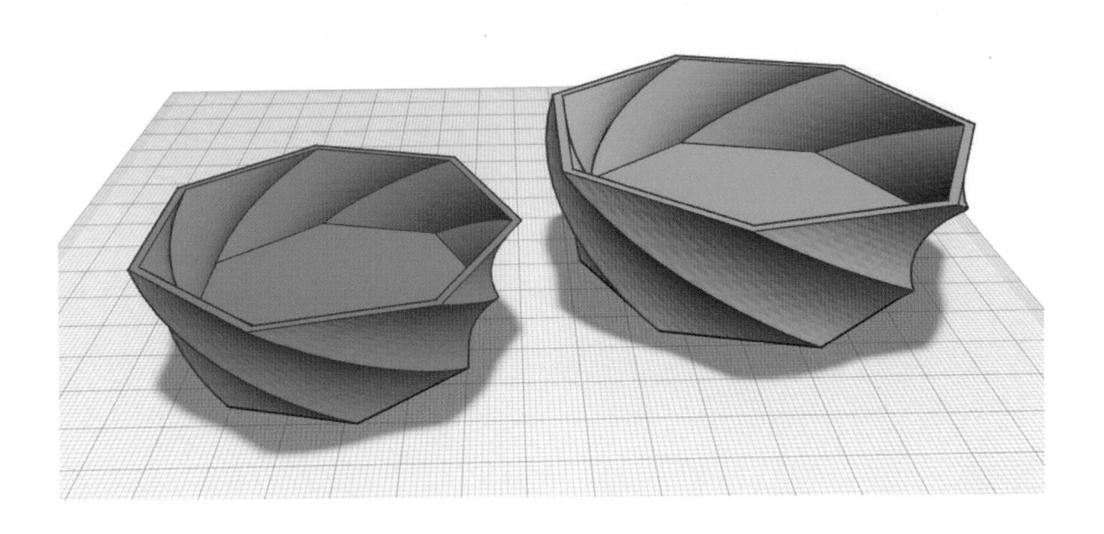

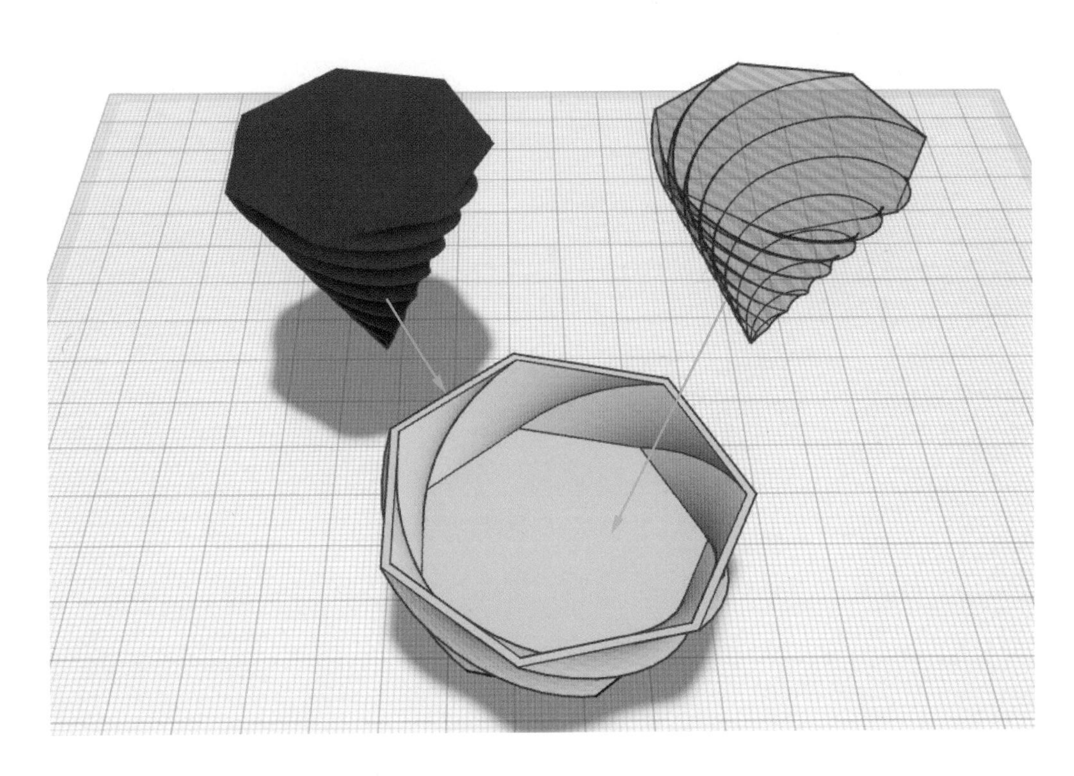

1 쉐이프 준비하기

- **[새 디자인 작성]**을 클릭하여 모델링을 시작합니다.

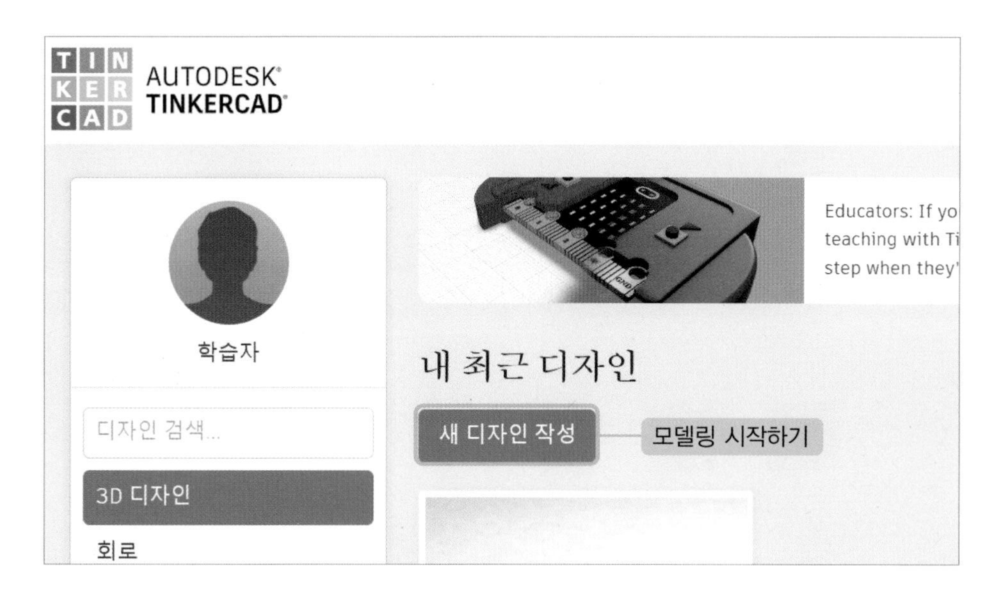

- 기본 쉐이프를 클릭한 후 **[쉐이프 생성기]**를 클릭합니다.

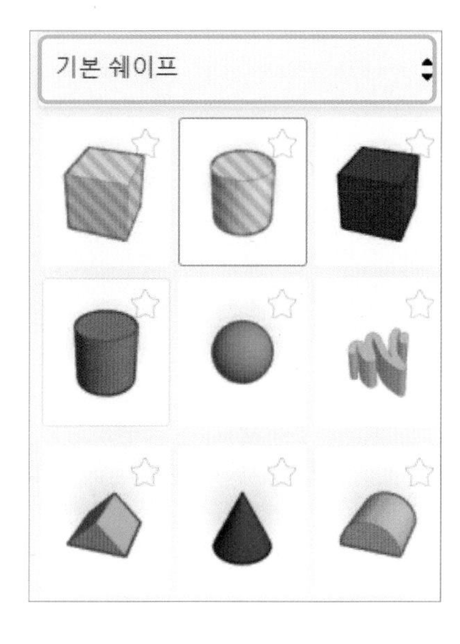

- **[모두]**를 클릭한 후 **[더 많은 쉐이프]**를 6번 정도 클릭하여 **[드릴]**을 찾습니다.

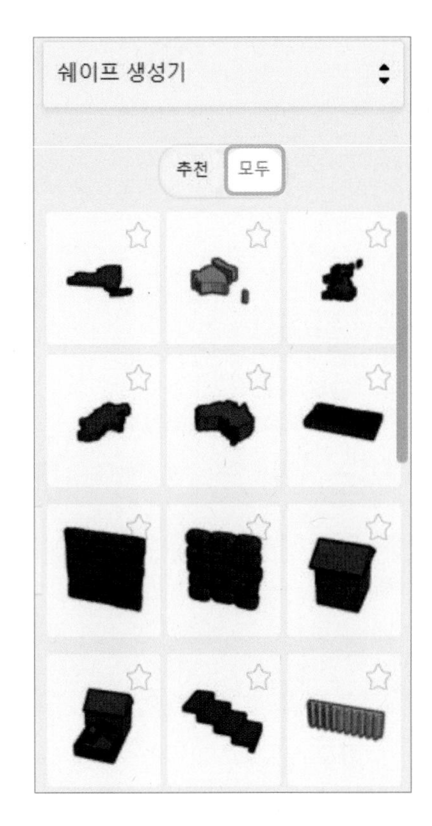

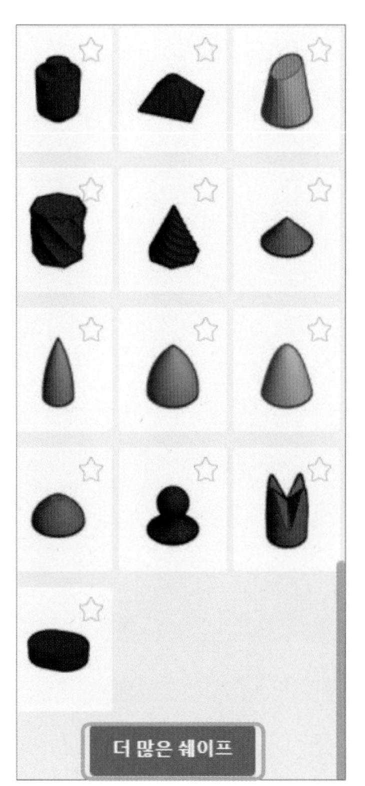

- **[드릴]**을 드래그하여 작업 평면에 놓아줍니다.

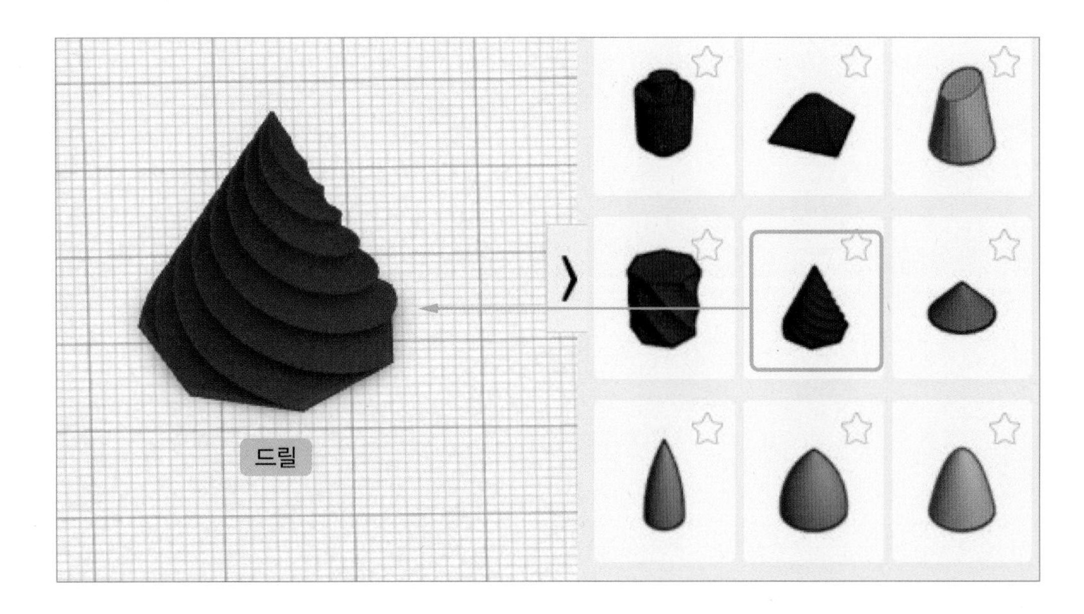

- 드릴을 클릭한 후 **[회전 화살표]**를 드래그하여 180° 회전을 합니다.

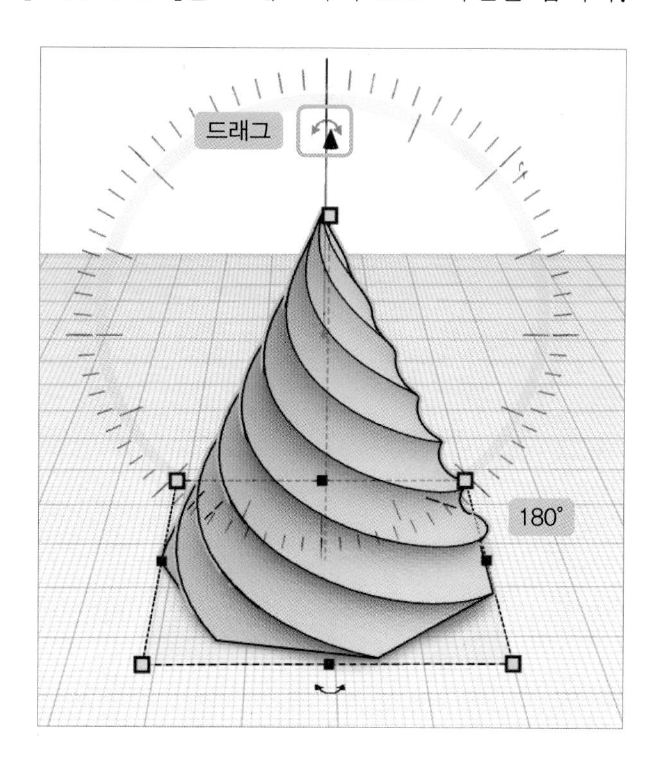

- 드릴을 클릭한 후 크기를 조절합니다. (가로 99, 세로 99, 높이 155.57)

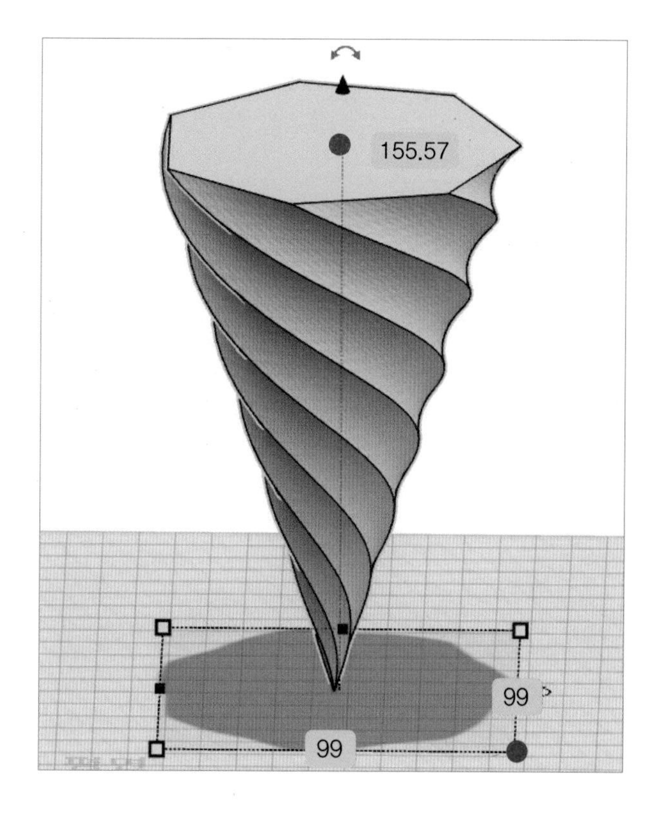

드릴 비틀기 조절하기

드릴의 비틀기 개수, 비틀기 정도를 조절할 수 있어요.

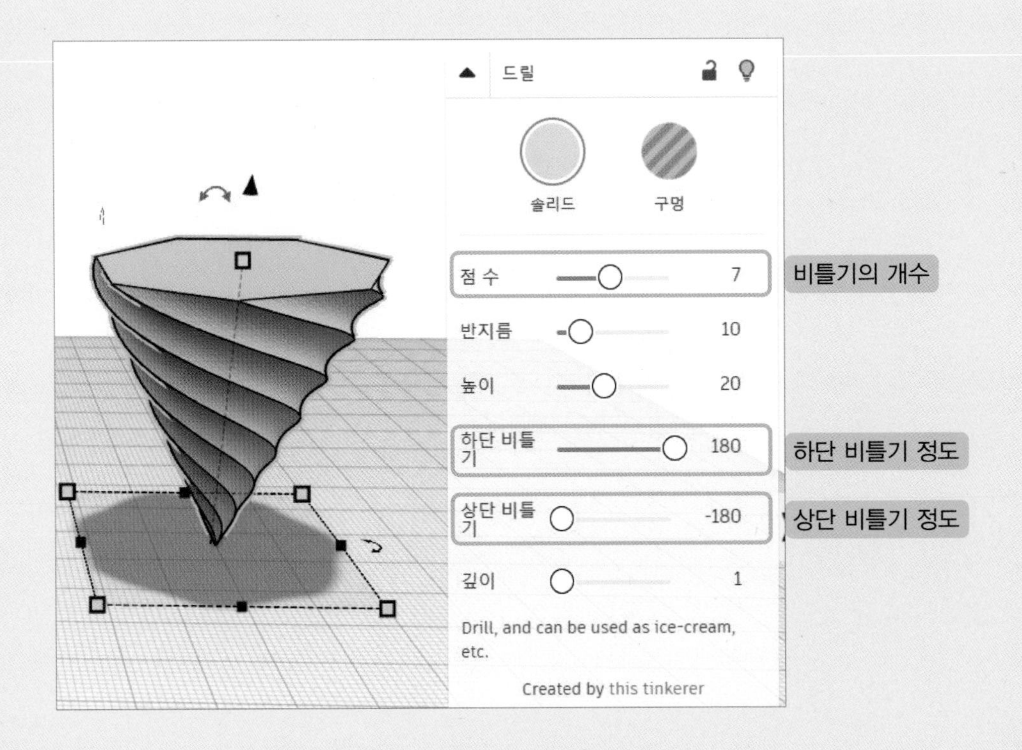

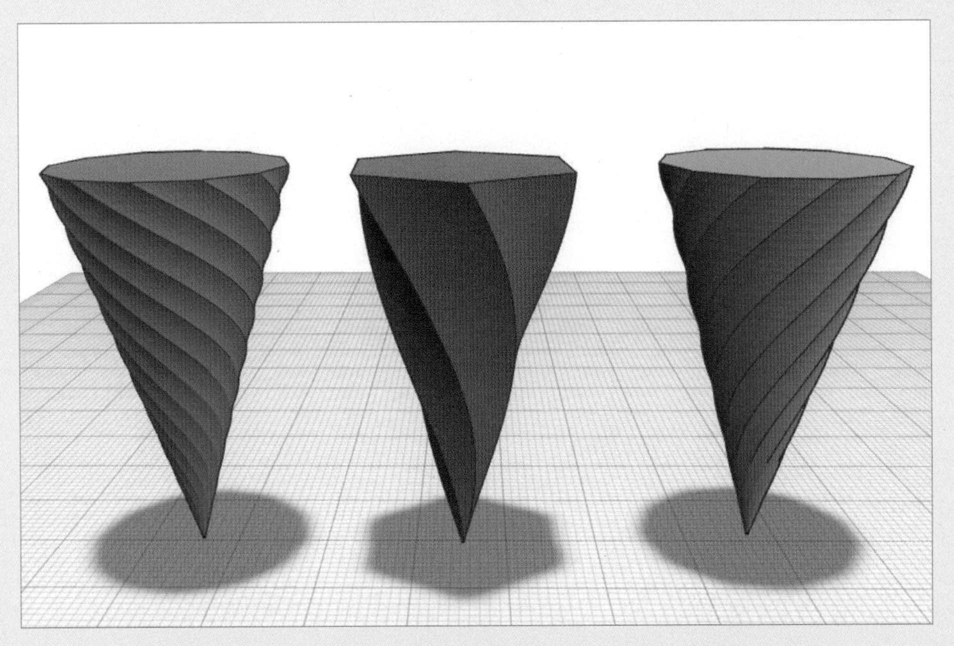

비틀기 개수, 비틀기 정도를 조절하여 다양한 모양으로 만들 수 있어요.

- 드릴을 클릭한 후 **[복사]**를 합니다. (Ctrl+C, Ctrl+V)

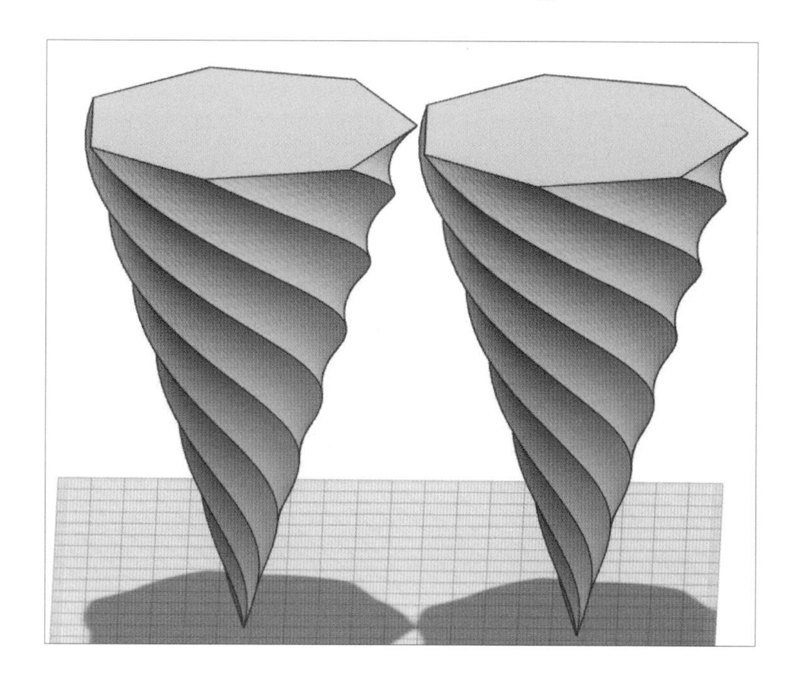

- 복사한 드릴의 크기를 조절합니다. (가로 94.76, 세로 94.76, 높이 142.97)

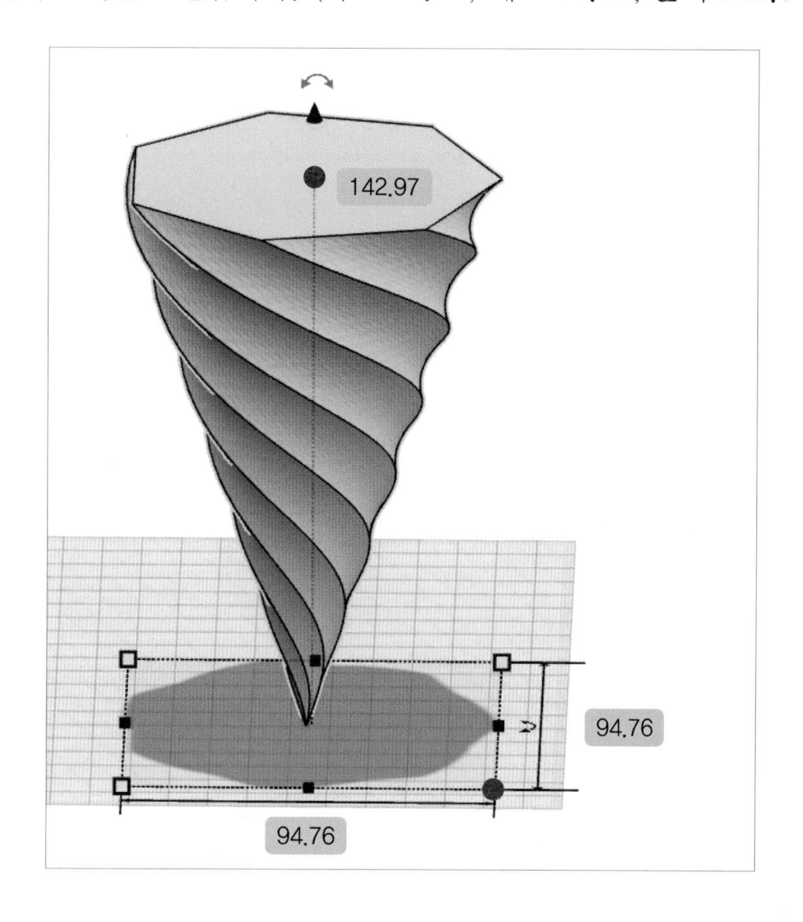

- 구멍 상자를 불러와 크기를 조절합니다. (가로 122, 세로 122, 높이 129)

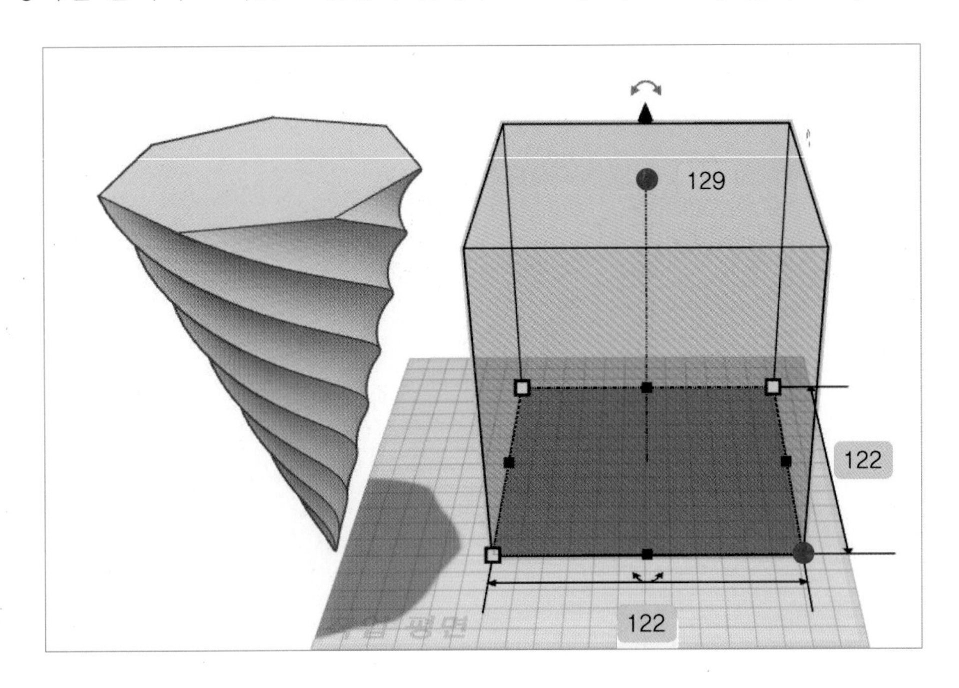

- 구멍 상자를 **[복사]**한 후 크기를 조절합니다. (가로 122, 세로 122, 높이 120)

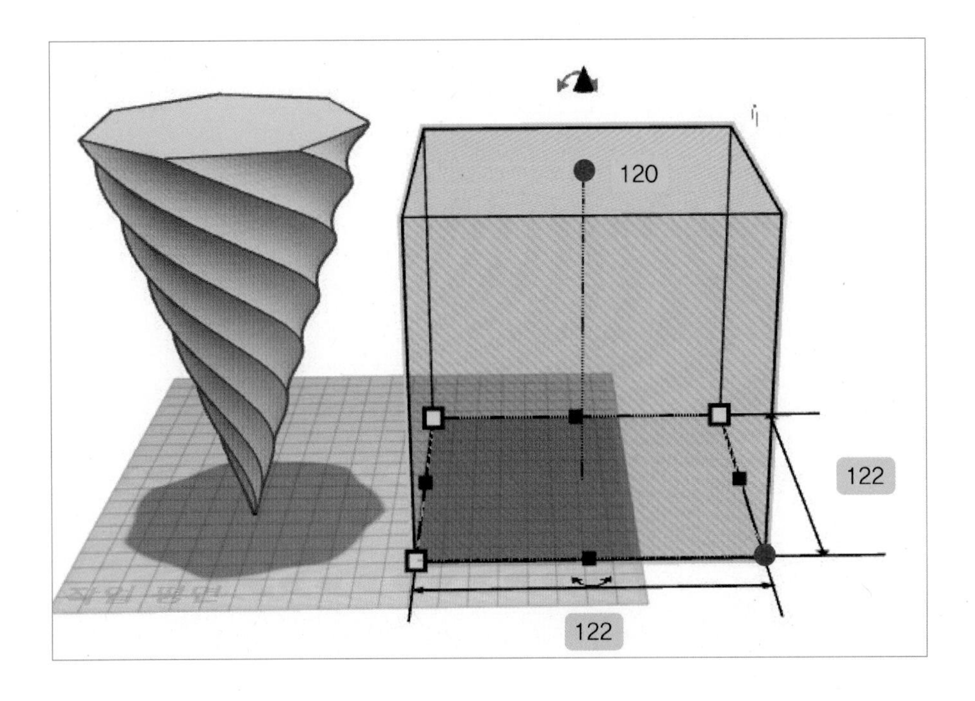

- 구멍 상자가 드릴을 감싸도록 배치합니다.

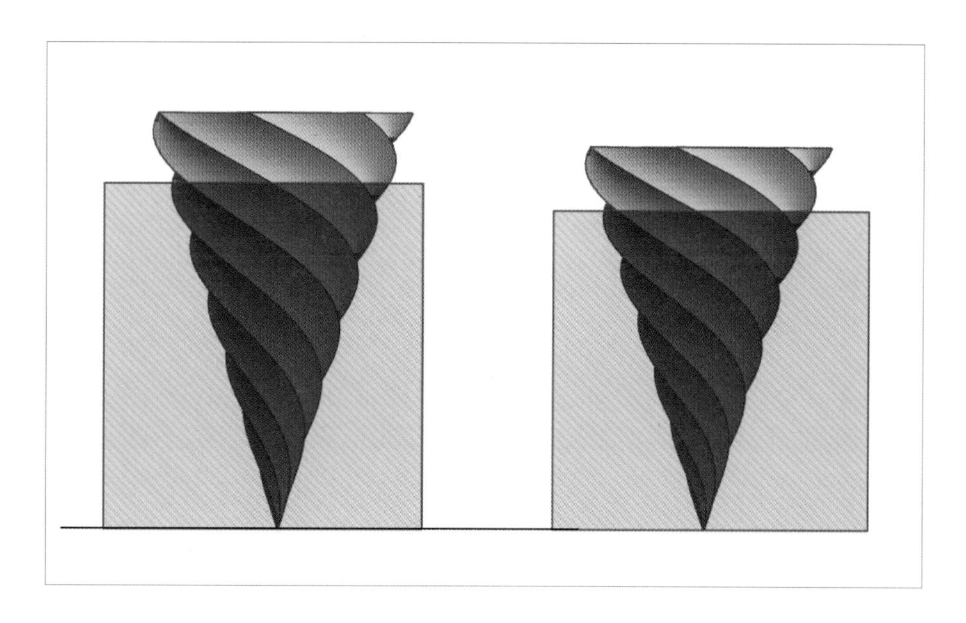

- 쉐이프를 전체 지정한 후 **[그룹화]**를 합니다.

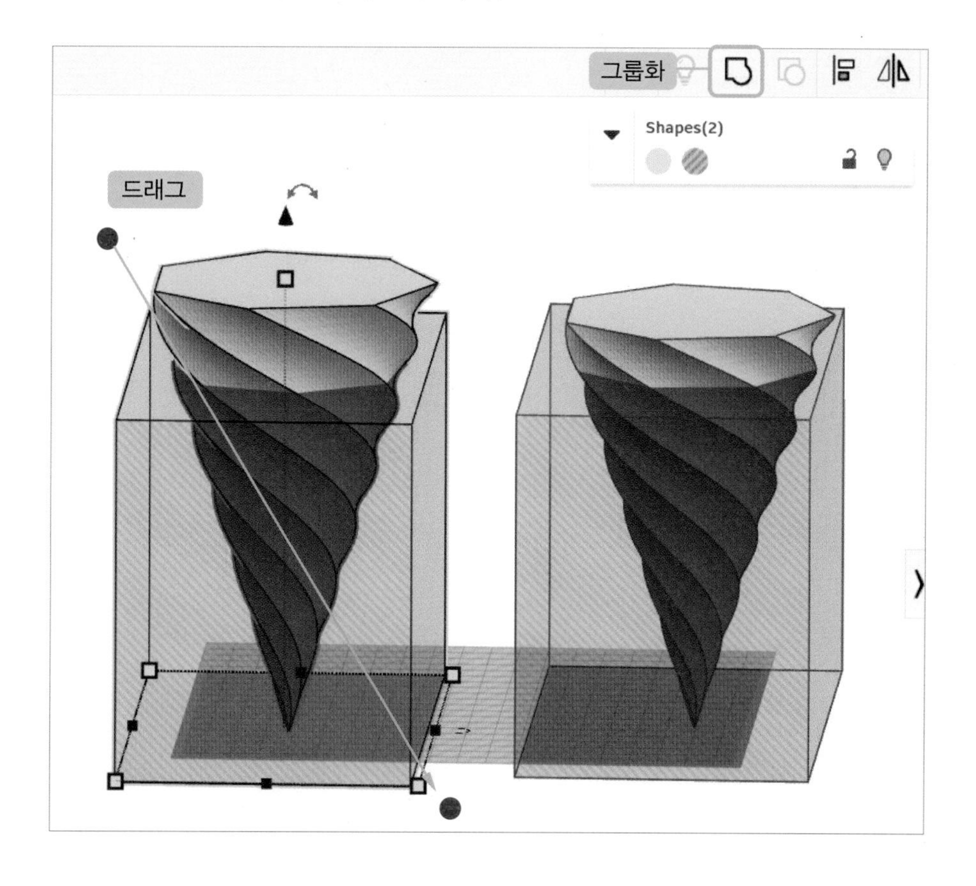

- 쉐이프를 전체 지정한 후 **[그룹화]**를 합니다.

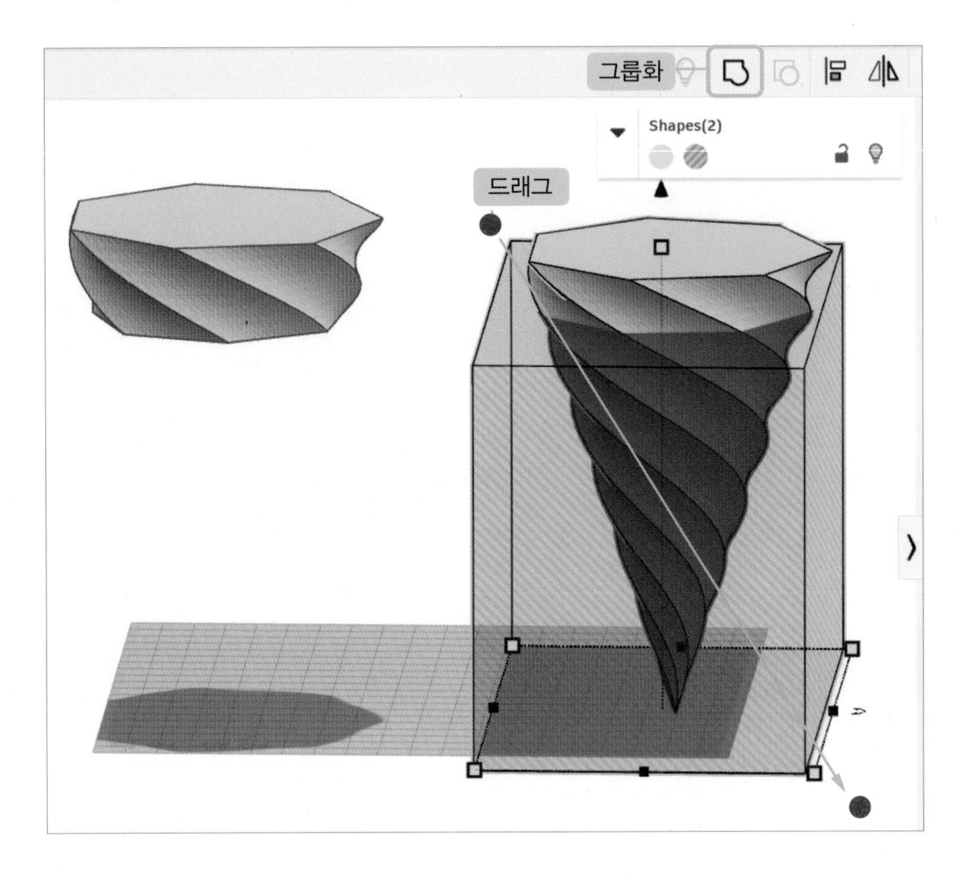

- 두 개의 쉐이프를 선택한 후 키보드 D를 눌러 작업 평면에 붙여줍니다.
  (여러 개 쉐이프 선택하기 : Shift + 쉐이프)

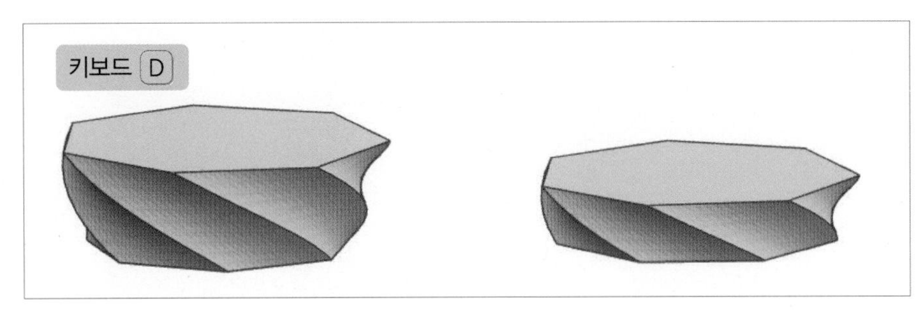

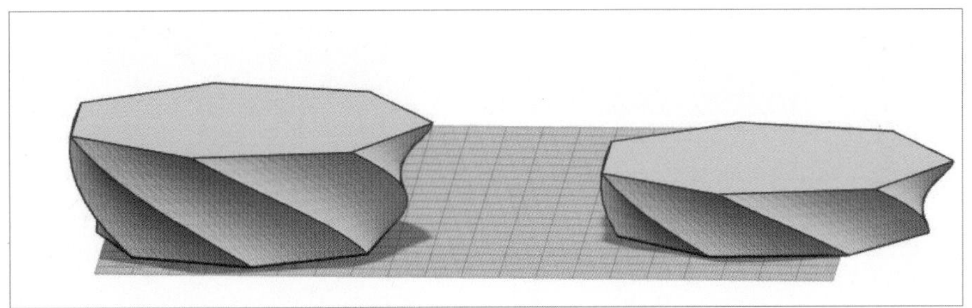

● 작은 크기의 쉐이프를 클릭한 후 **[구멍]**을 클릭합니다.

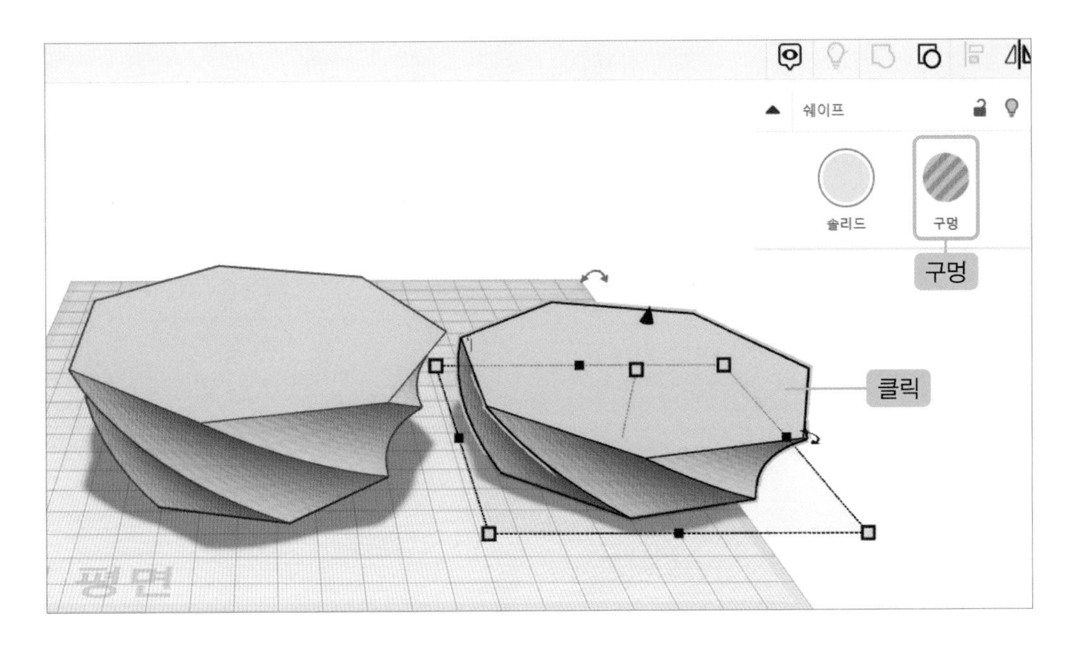

● 쉐이프를 전체 지정한 후 **[정렬]**을 클릭합니다.
[가로 가운뎃점], **[세로 가운뎃점]**, **[윗점]**을 클릭합니다.

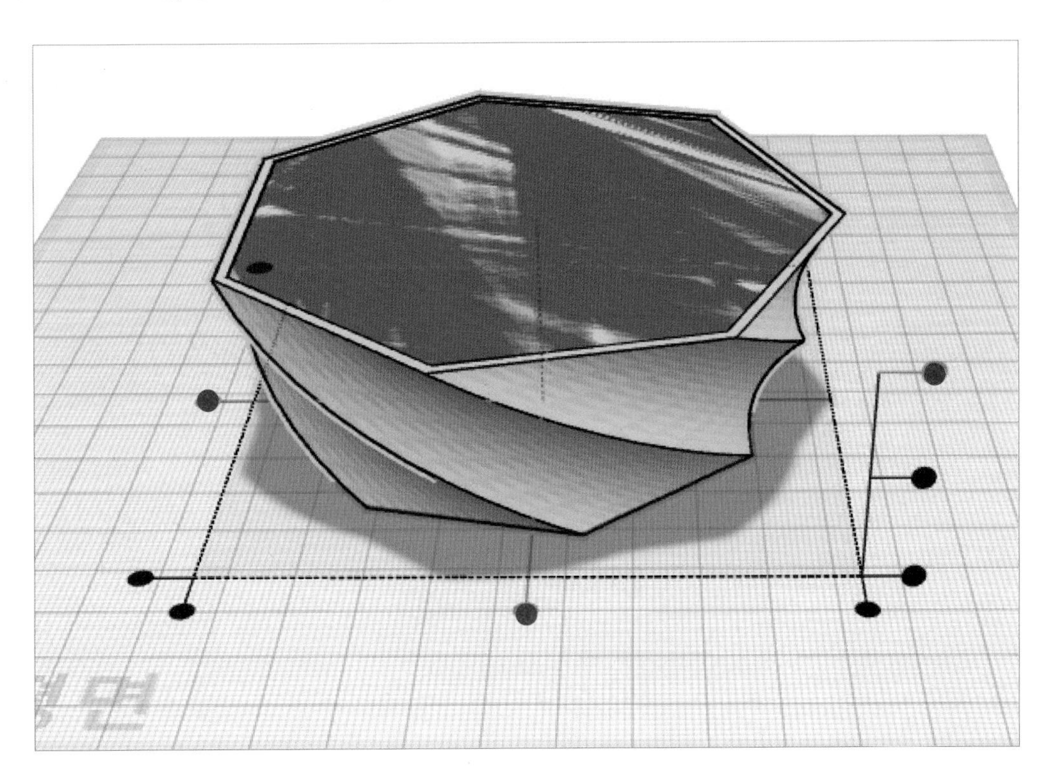

- 쉐이프를 전체 지정한 후 **[그룹화]**를 클릭합니다.

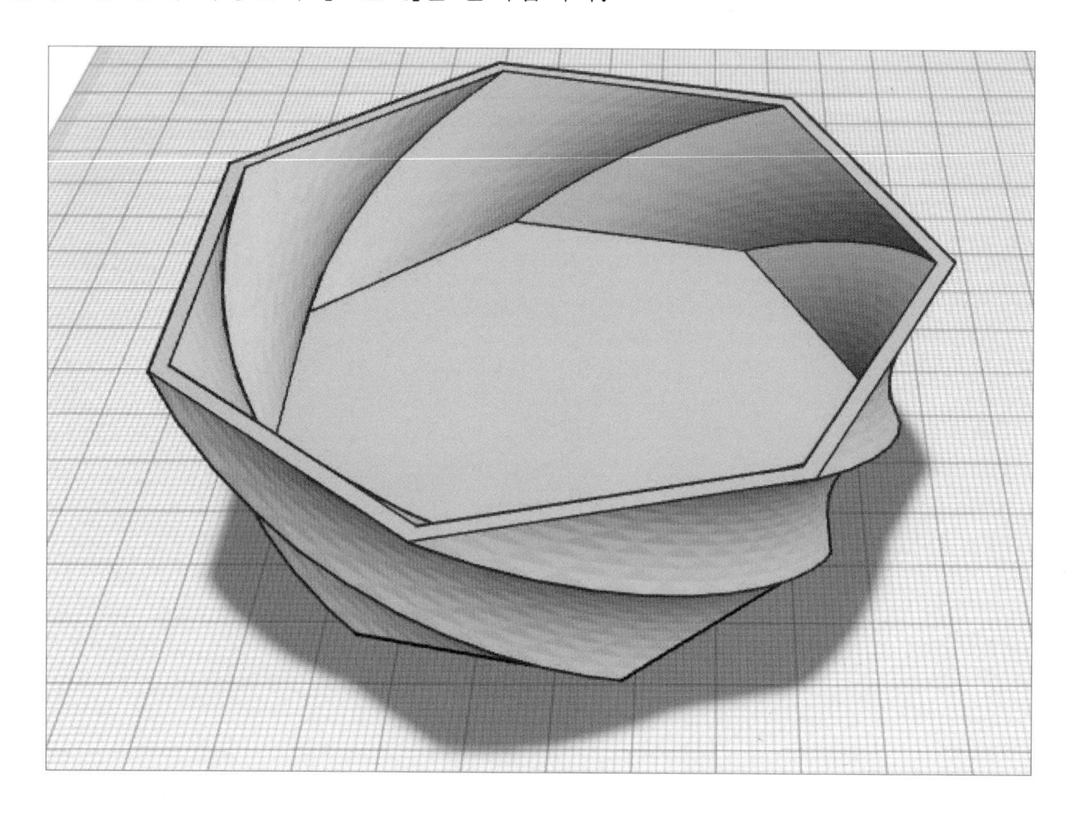

- 다용도 트레이가 완성되었어요!

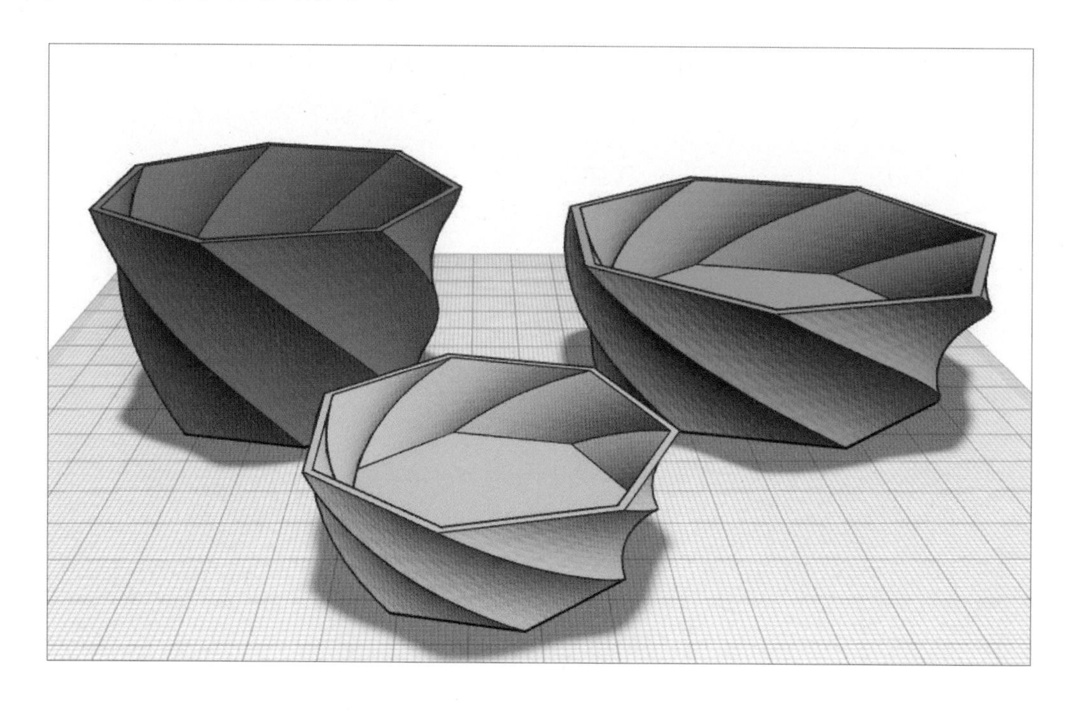

[드릴]의 [비틀기]를 조절하여 다양한 트레이를 만들어 보세요.

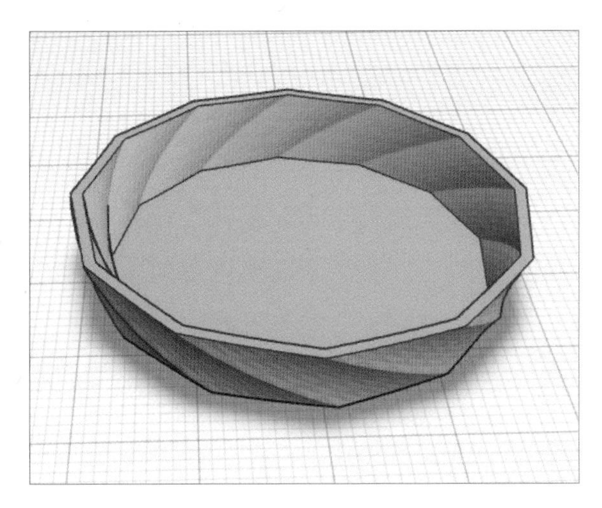

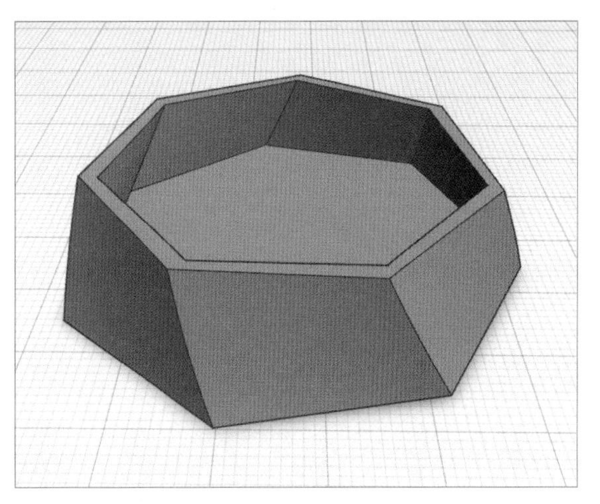

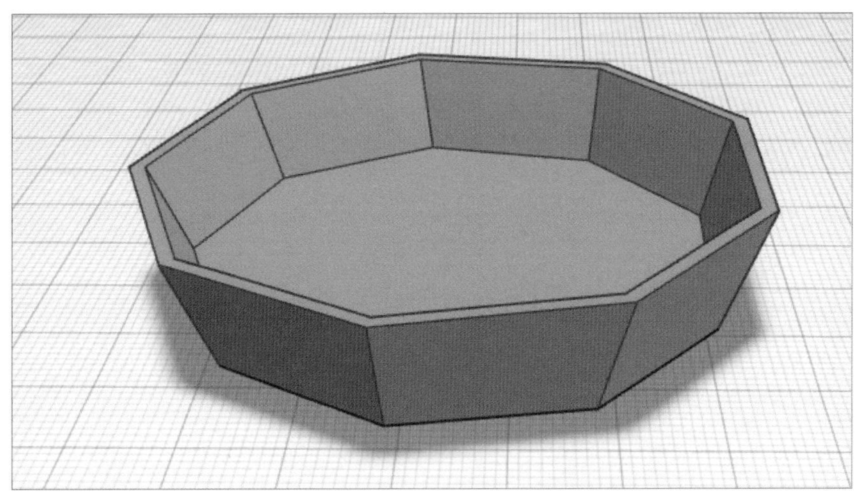

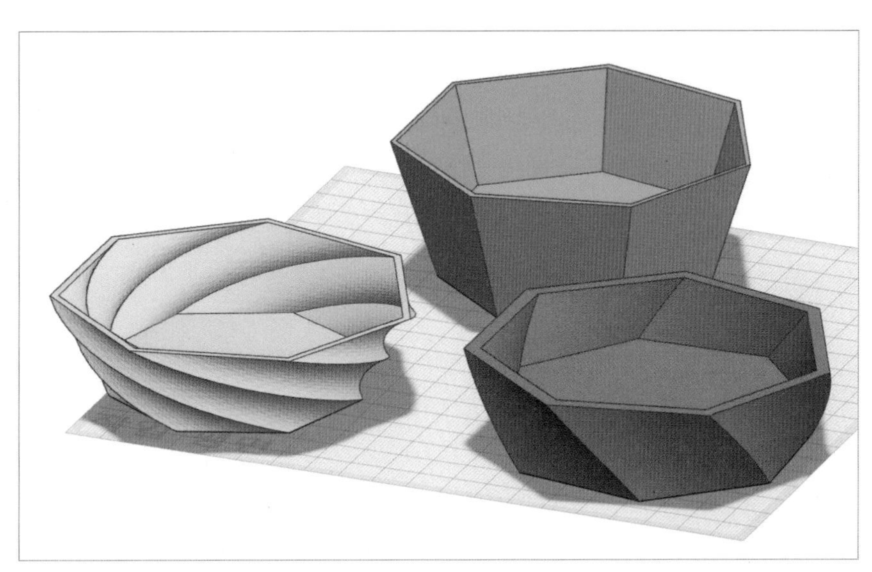

7차 육각형 연필꽂이

태그 #폴리곤 #직교 #패턴 복사 #Shift+쉐이프 드래그

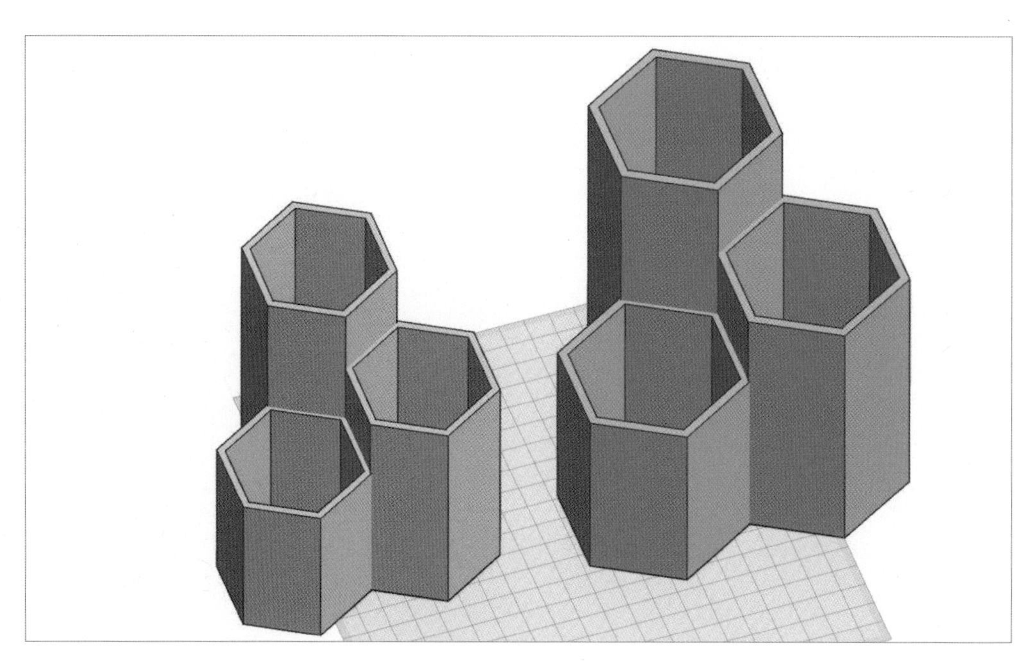

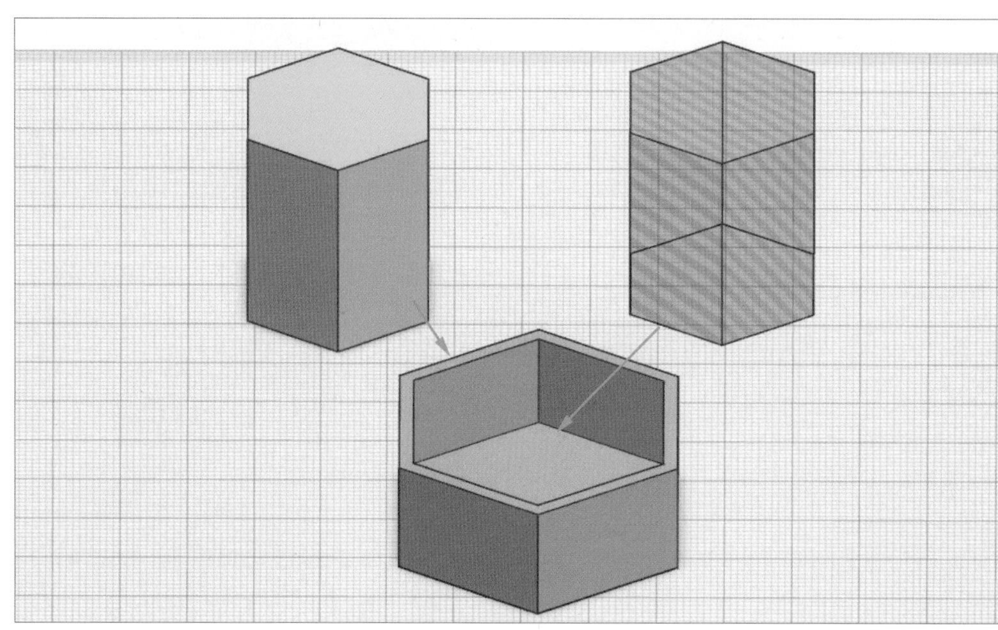

1 쉐이프 준비하기

- **[새 디자인 작성]**을 클릭하여 모델링을 시작합니다.

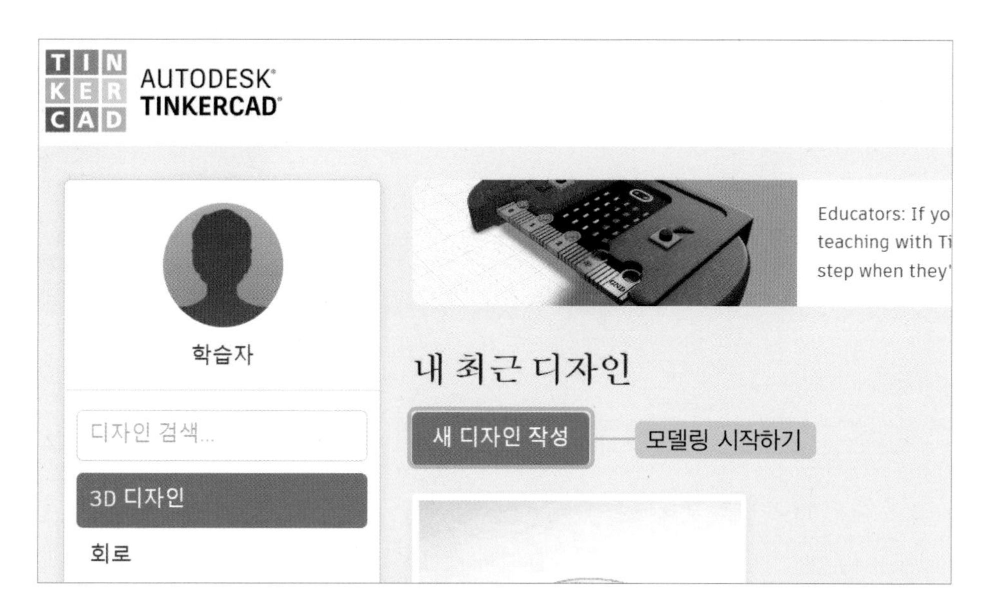

- 기본 쉐이프에서 **[폴리곤]**을 드래그하여 작업 평면에 놓아줍니다.

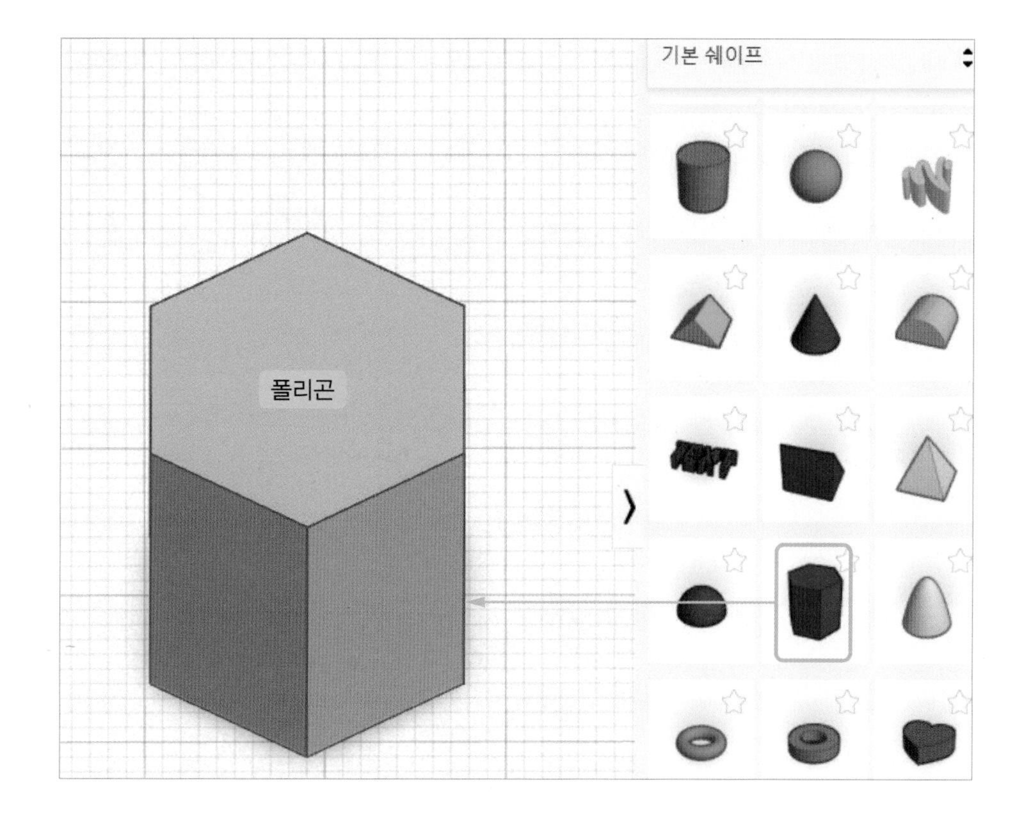

- 폴리곤을 클릭한 후 **[복사]**하여 크기를 조절합니다.
  - 큰 폴리곤 (가로 25.98, 세로 30, 높이 20)
  - 작은 폴리곤 (가로 23.47, 세로 27.10, 높이 17)

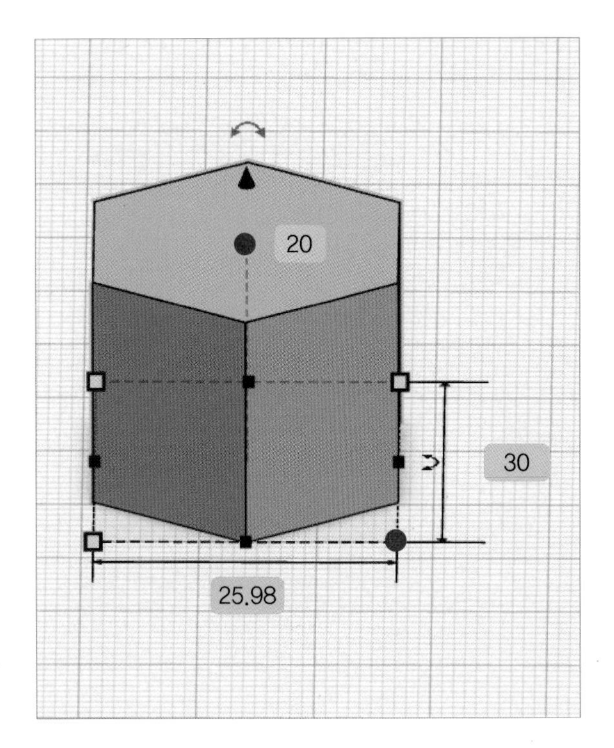

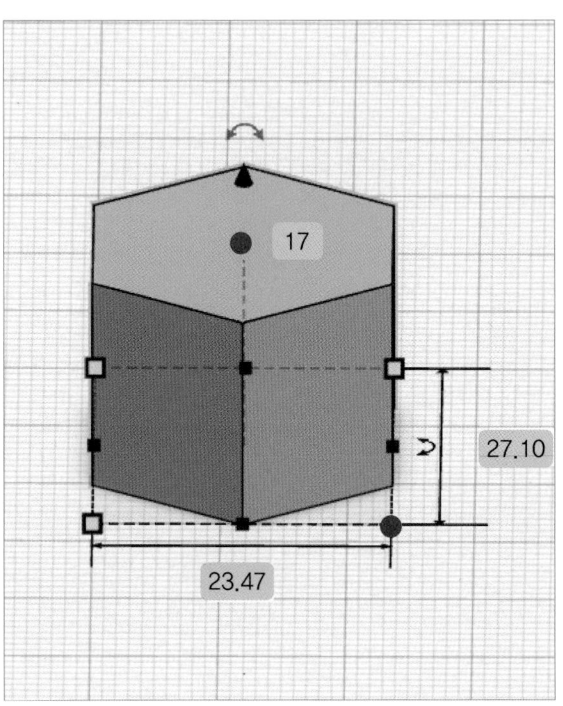

- 작은 폴리곤을 클릭한 후 **[구멍]**을 클릭합니다.

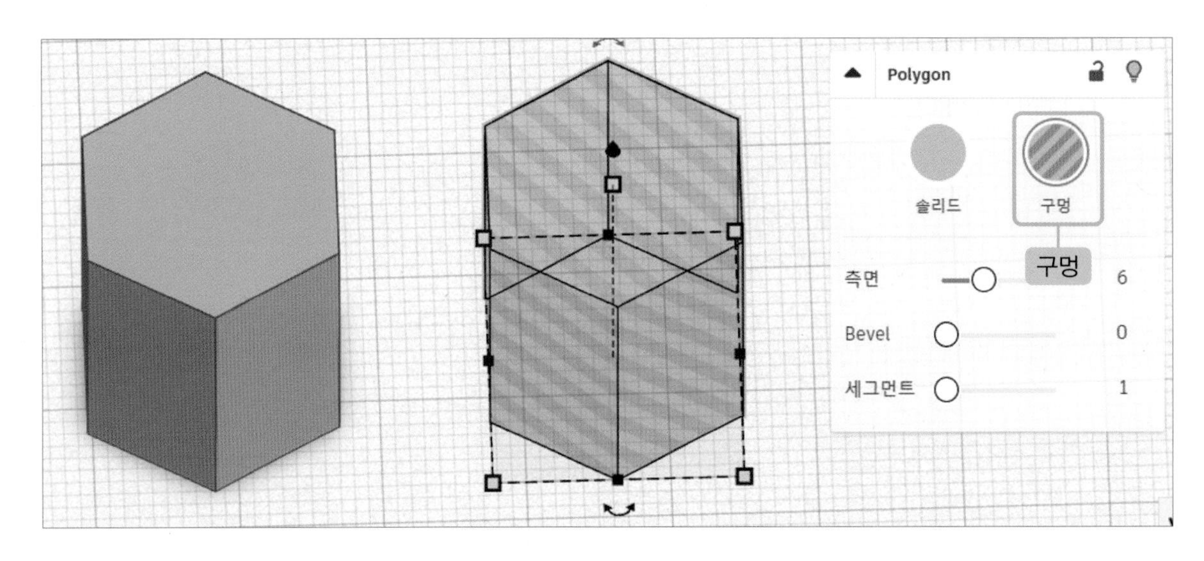

- 쉐이프를 전체 지정한 후 **[정렬]**을 클릭합니다.

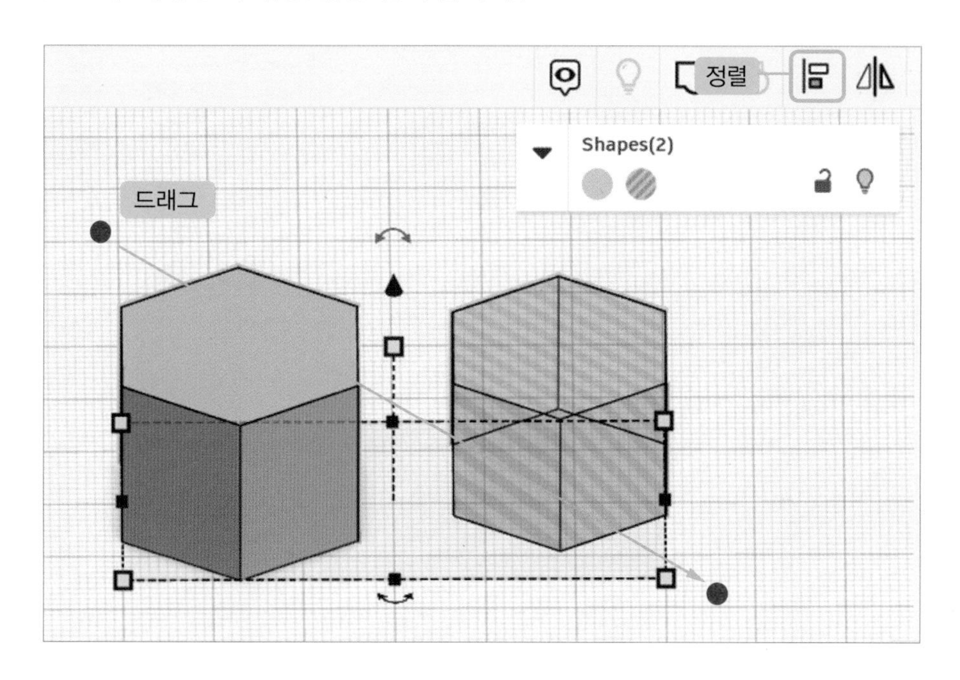

- **[가로 가운뎃점]**, **[세로 가운뎃점]**, **[윗점]**을 클릭합니다.

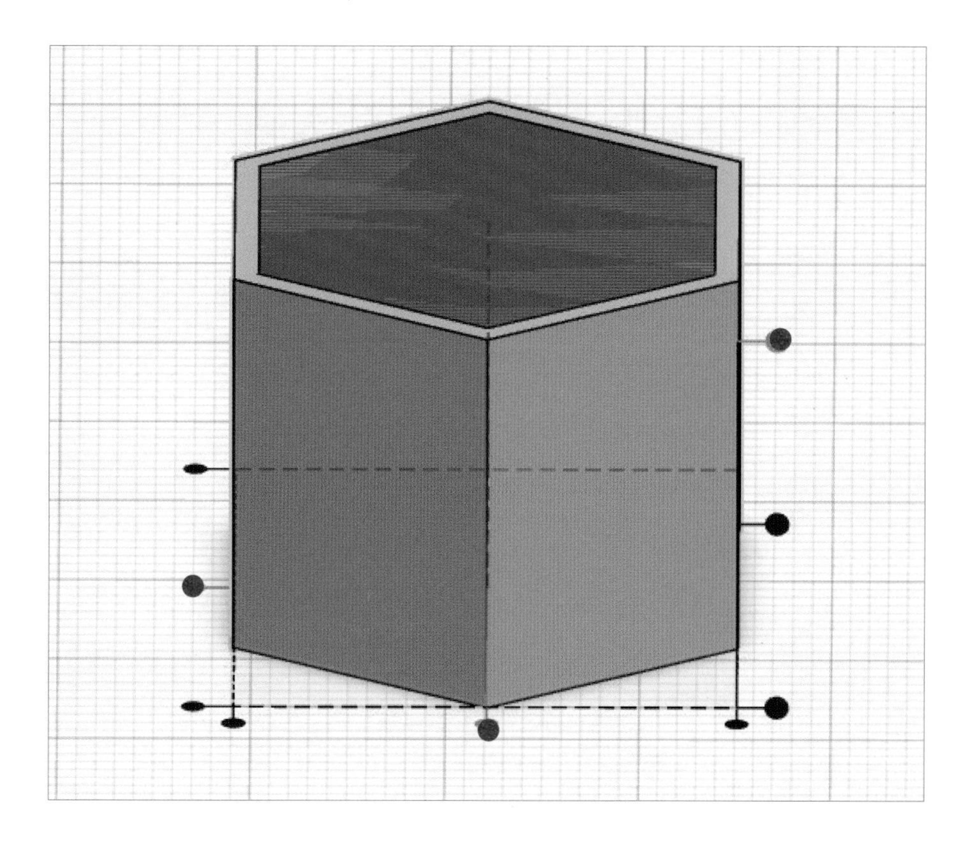

- 쉐이프를 전체 지정한 후 **[그룹화]**를 클릭합니다.

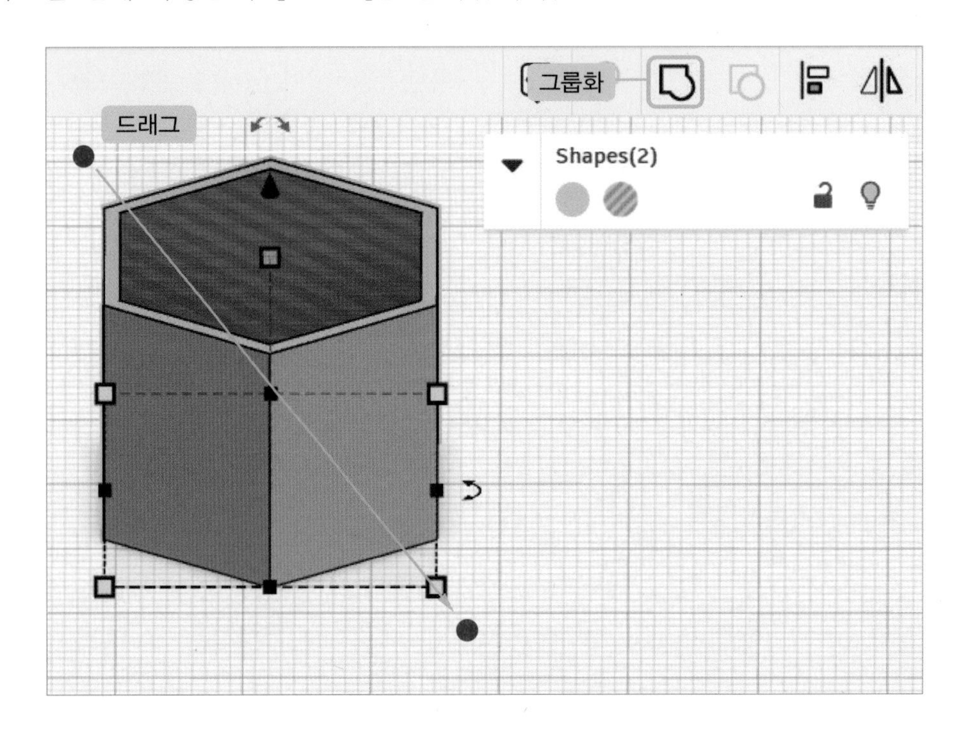

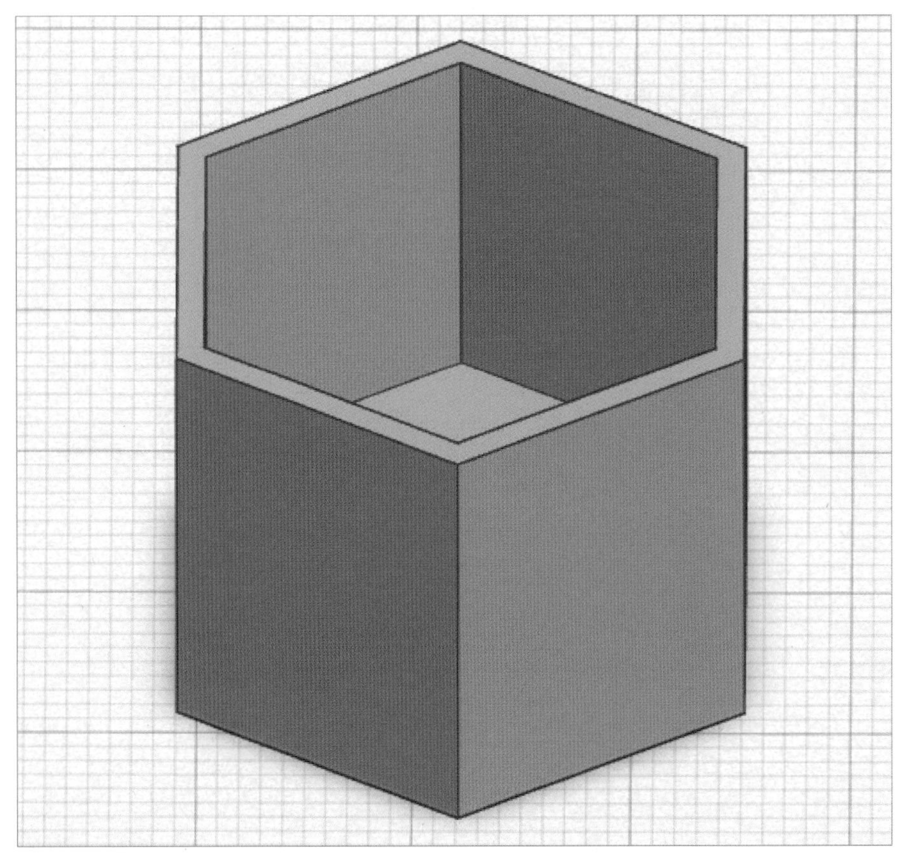

2 육각형 패턴 복사하기

- [직교]를 클릭합니다. (반듯하게 보여요!)
  [뷰 박스]의 평면도를 클릭하여 위에서 바라보는 시점으로 만듭니다.

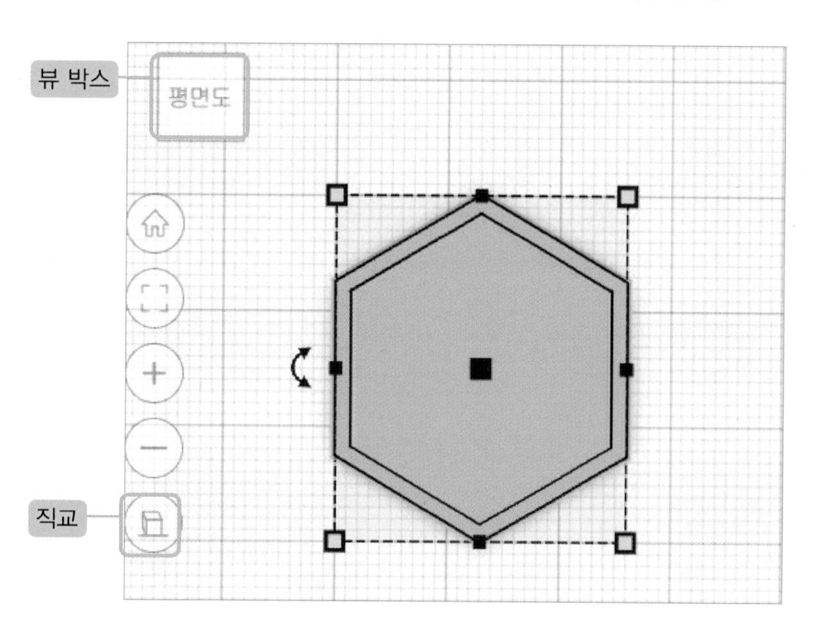

- 육각 쉐이프를 클릭한 후 Ctrl+D+이동(24.7)을 합니다.
  Shift+쉐이프 드래그로 수평 이동 시 숫자를 입력하여 이동할 수 있습니다.

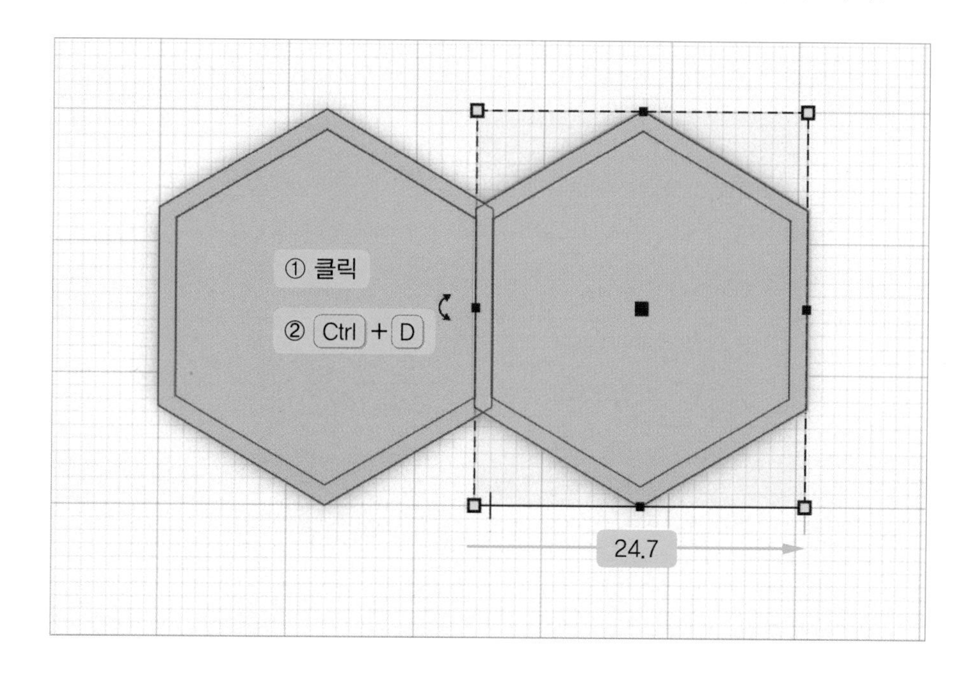

- Ctrl+D를 반복적으로 눌러 쉐이프 패턴 복사를 합니다.

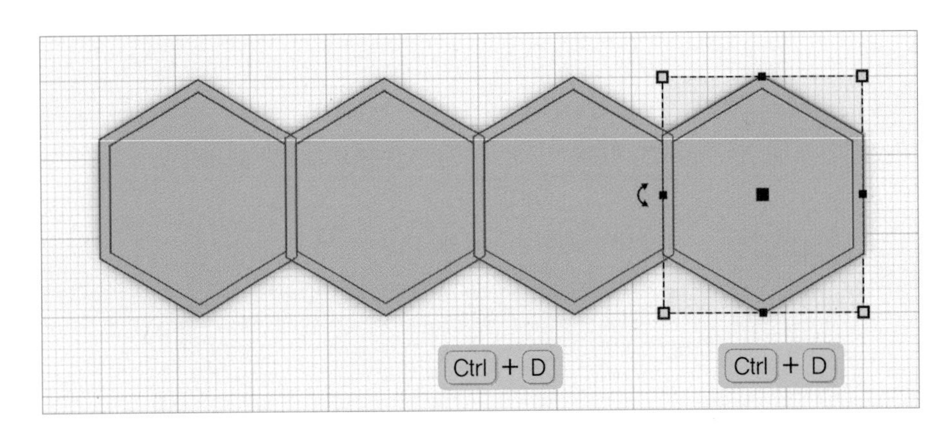

Tip 쉐이프 수직/수평 이동하기

Shift+쉐이프 드래그를 하면 수직 또는 수평 이동을 할 수 있어요.

방법 ① Shift+쉐이프 드래그

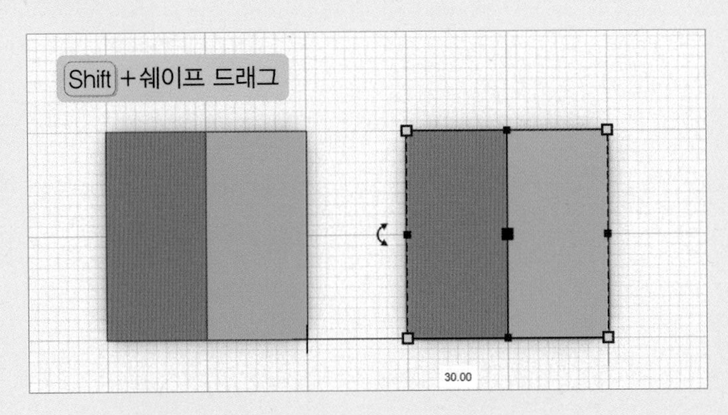

방법 ② Shift+쉐이프 드래그 시 치수 창에 입력하기

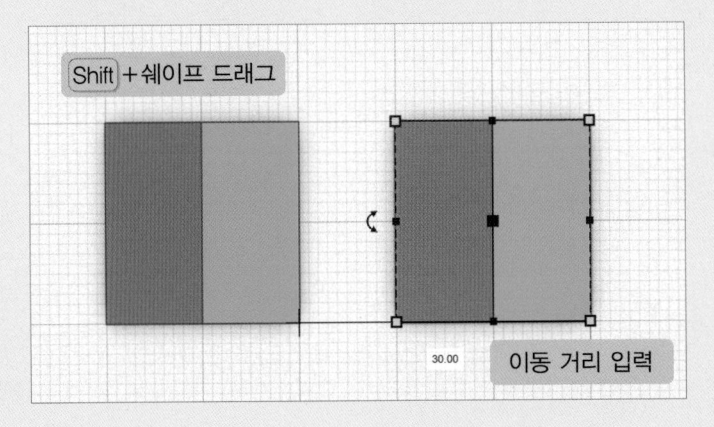

- 쉐이프를 전체 지정한 후 Ctrl+D를 눌러줍니다.

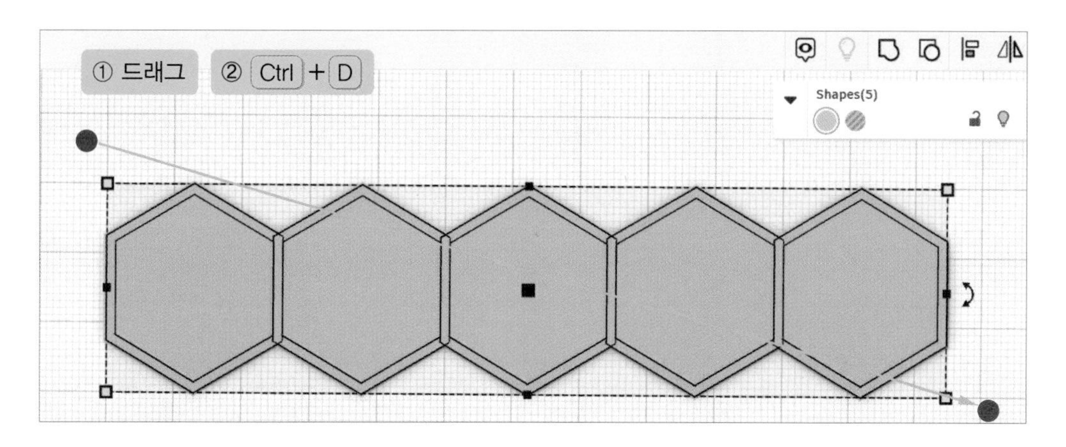

- 아래로 21.5, 오른쪽으로 12만큼 드래그하여 이동합니다.

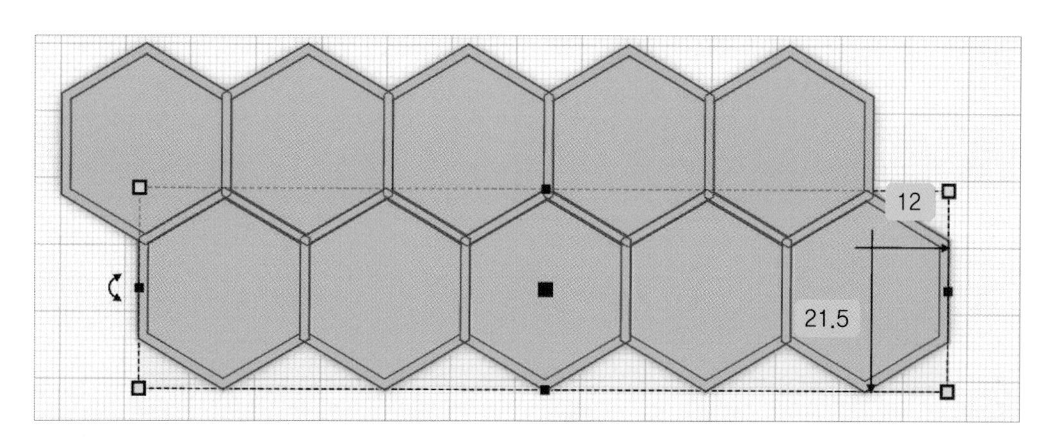

- Ctrl+D를 눌러 패턴 복사 합니다.

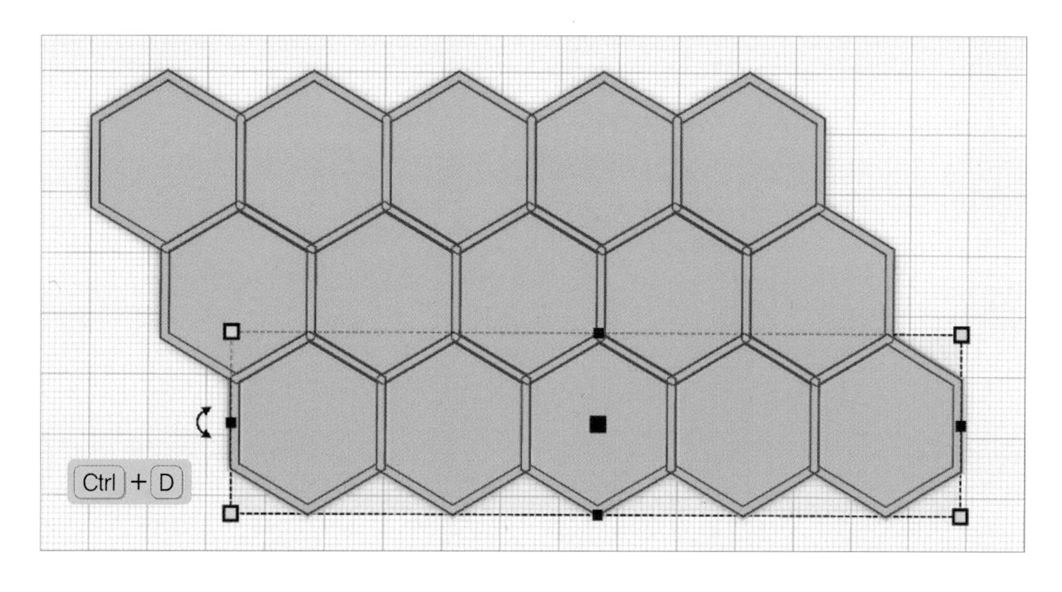

3 육각형 연필꽂이 모양 만들기

- 필요 없는 쉐이프는 클릭하여 삭제하고 원하는 형태로 모양을 만듭니다.
  높이 조절, 크기 조절을 하여 원하는 모양의 연필꽂이를 만듭니다.

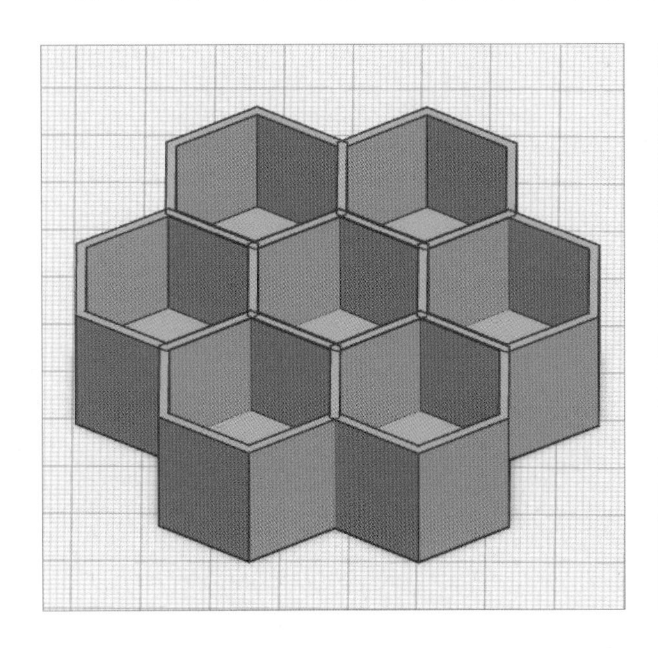

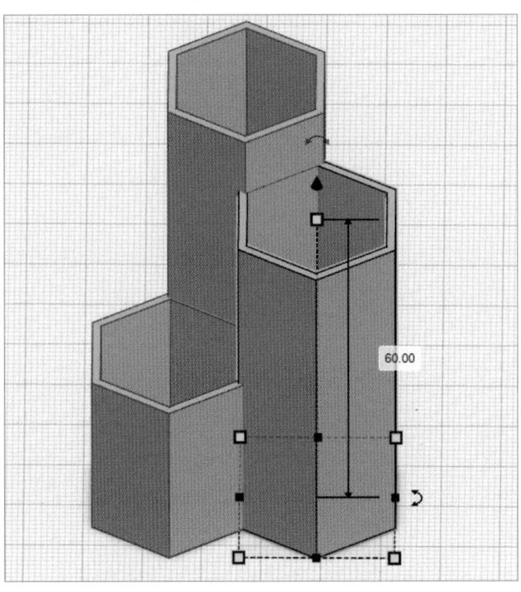

- 육각형 연필꽂이가 완성되었어요!

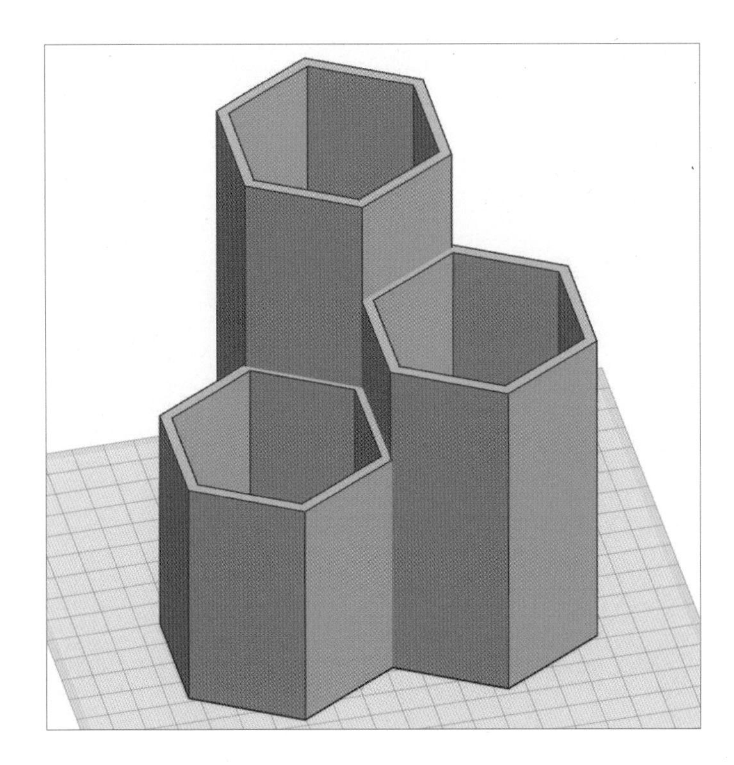

육각형 모형을 이용하여 다양한 형태로 만들어 보세요.

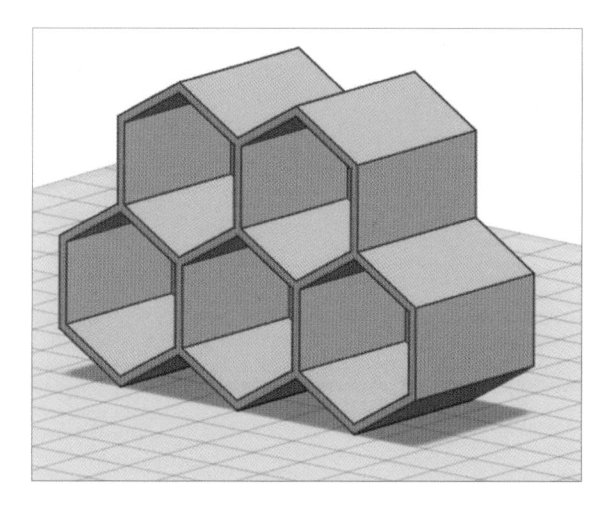
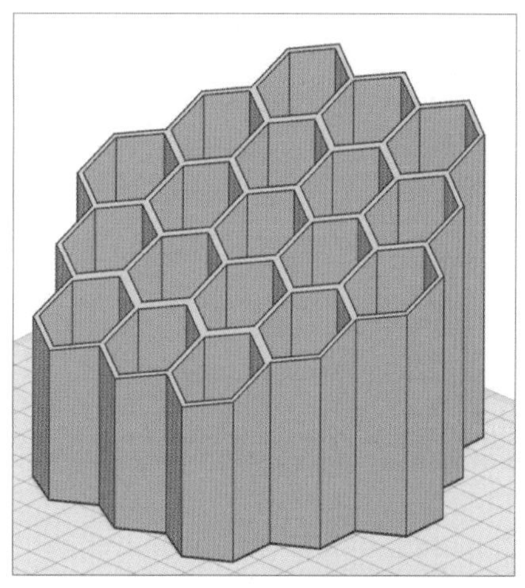
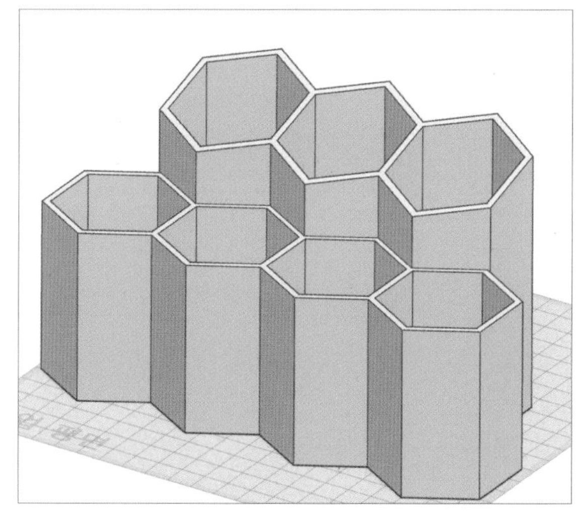
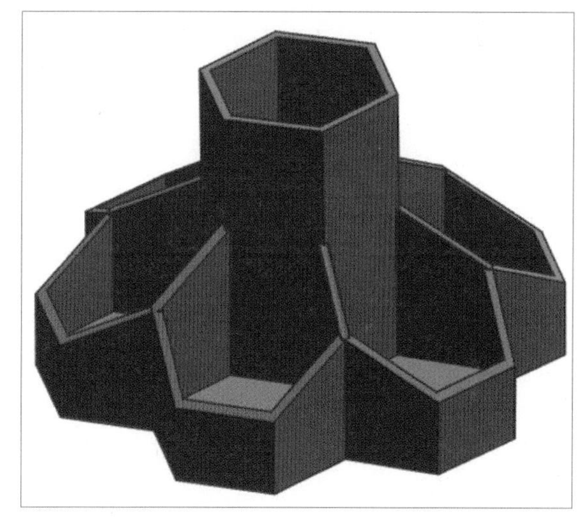

Tip [구멍]을 이용해 만들었어요.

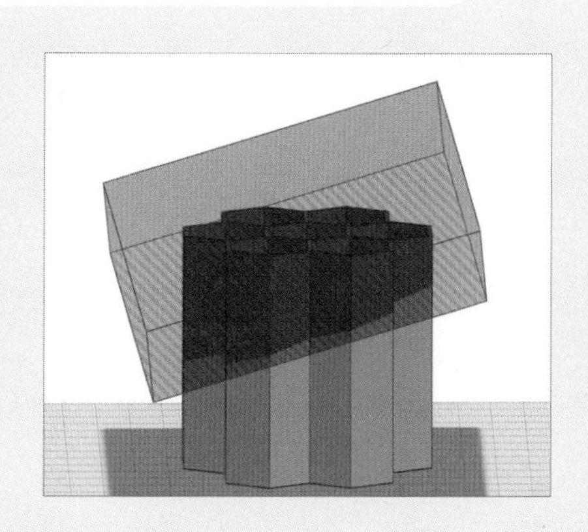
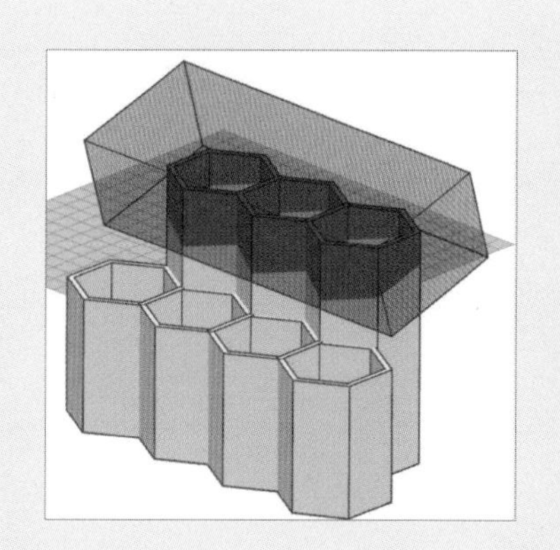

8차 SVG를 활용하여 마스크걸이 만들기

태그 #SVG #가져오기 #변환 #반지름 #실루엣

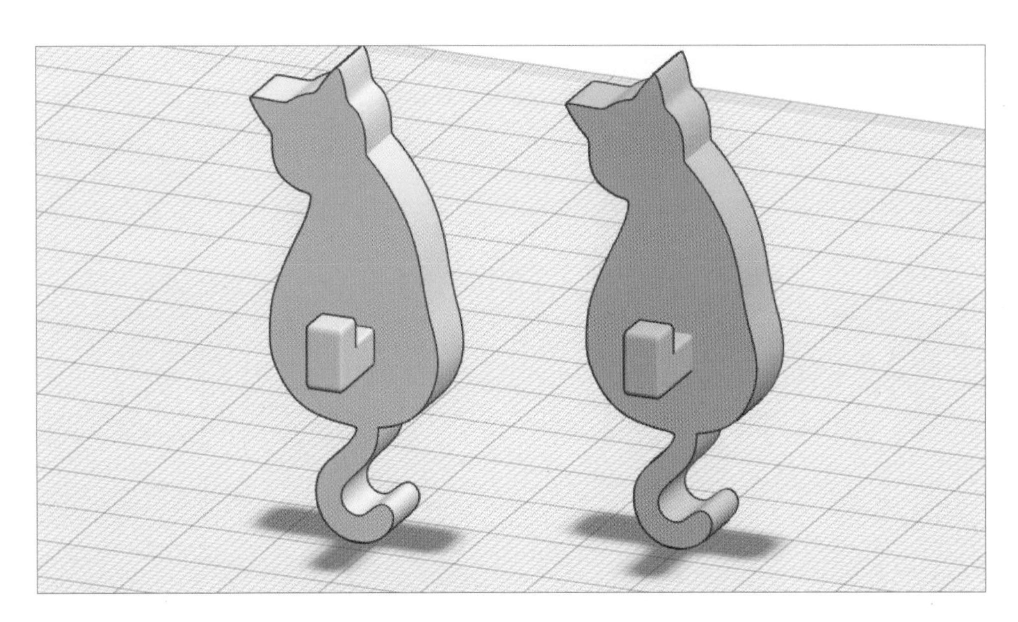

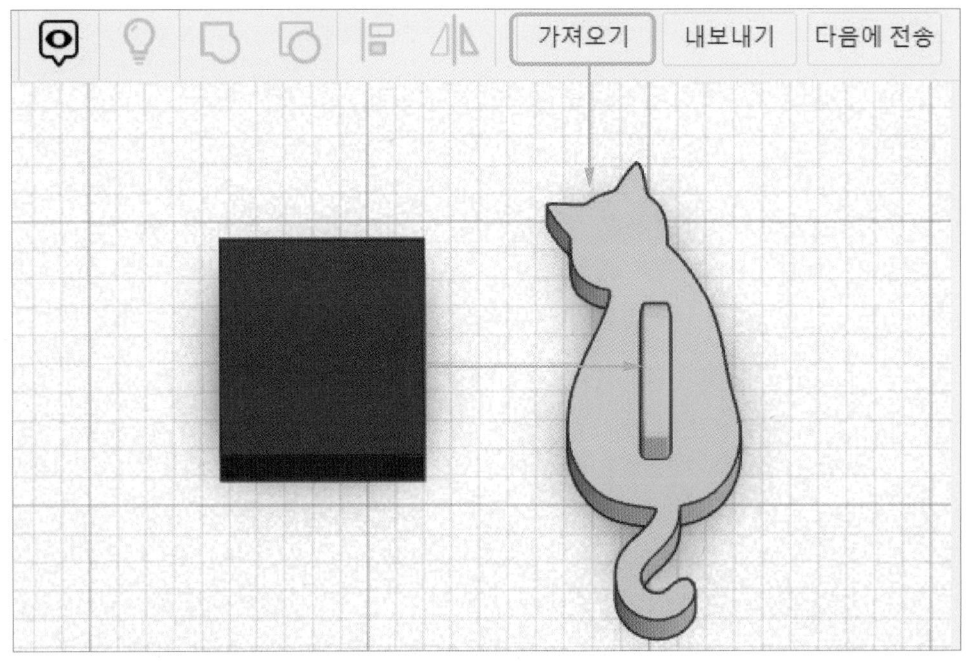

1 SVG 변환 홈페이지 접속하기

- 크롬 구글에서 SVG **변환**으로 검색을 합니다.
  온라인 SVG 이미지 컨버터 (Online SVG image converter) 홈페이지에 접속합니다.

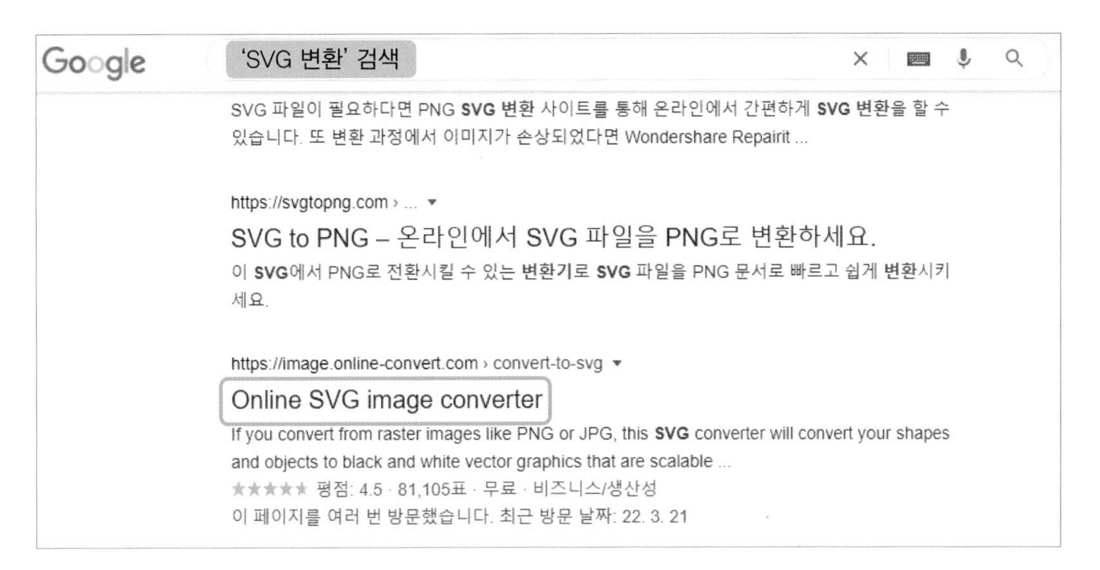

- **홈페이지** : https://image.online-convert.com

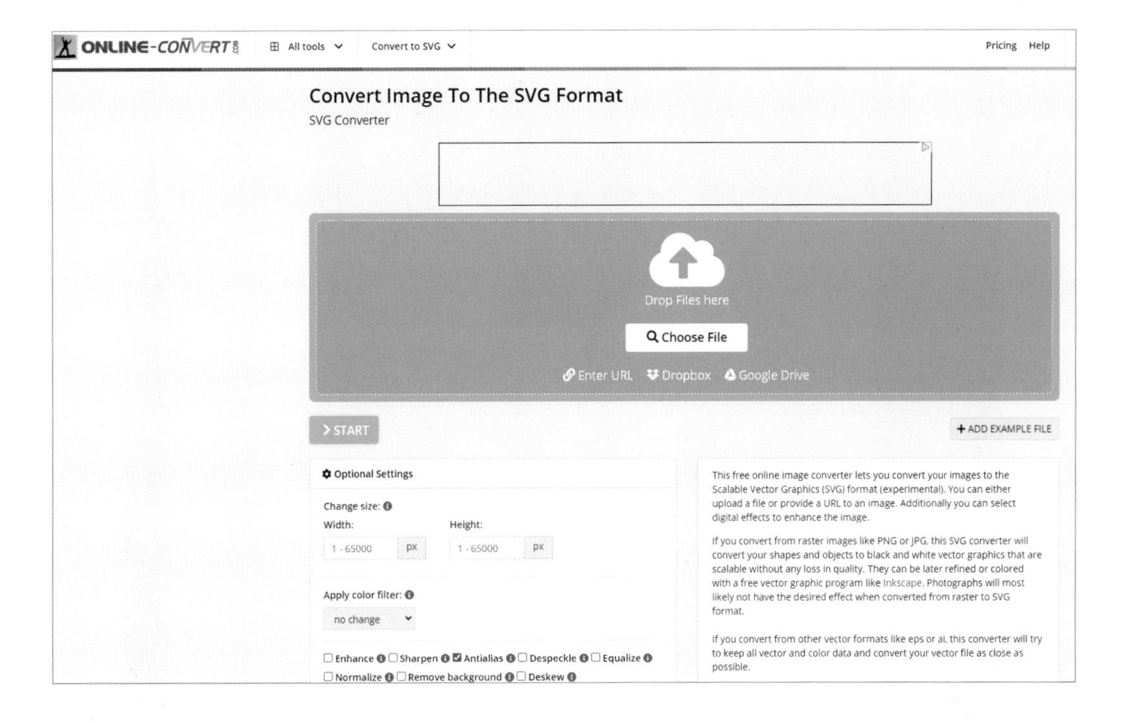

2 이미지 검색하기

- 구글 검색창에서 ○○○ svg 또는 ○○○ **실루엣**으로 모델링하고 싶은 이미지를 검색합니다. **[이미지]**를 클릭합니다.

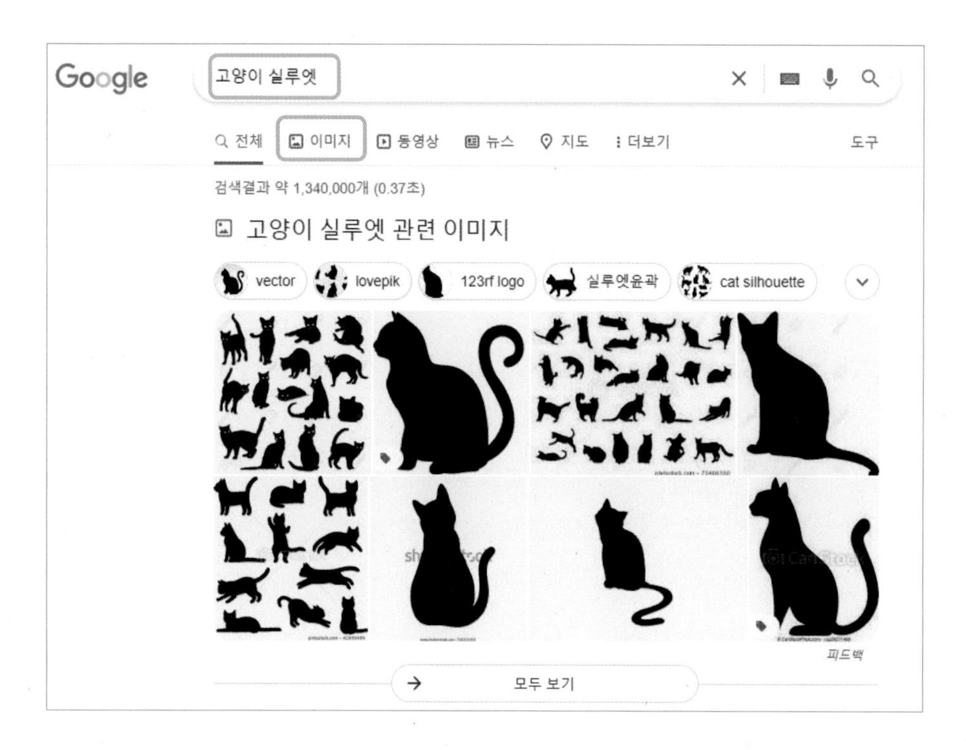

- 원하는 이미지를 클릭한 후 마우스 오른쪽 클릭 – **[이미지를 다른 이름으로 저장]**을 클릭합니다. 컴퓨터에 이미지를 저장합니다.

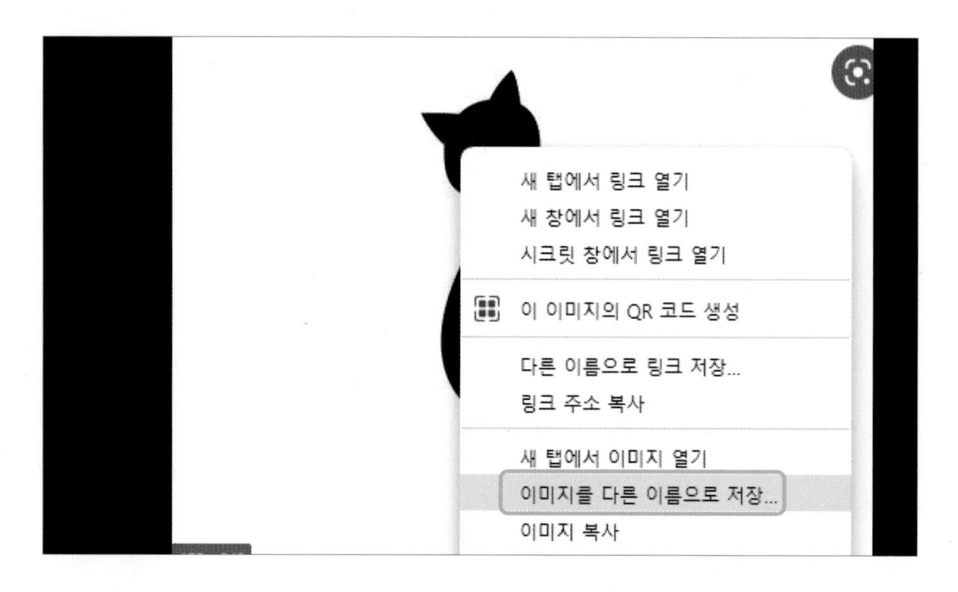

3 이미지를 SVG로 변환하기

- **이미지 컨버터** 홈페이지에서 [Choose File]을 클릭하여 이미지를 업로드합니다.

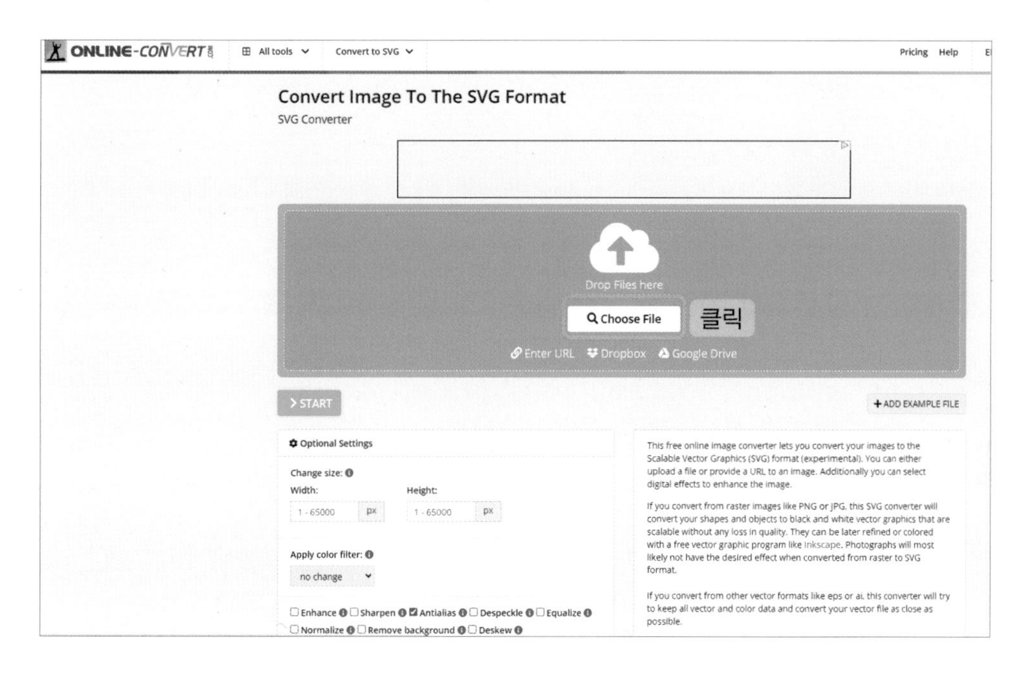

- 변환하고 싶은 이미지를 클릭한 후 **[열기]**를 클릭합니다.

- 이미지가 업로드되었는지 확인한 후 [START]를 클릭합니다.

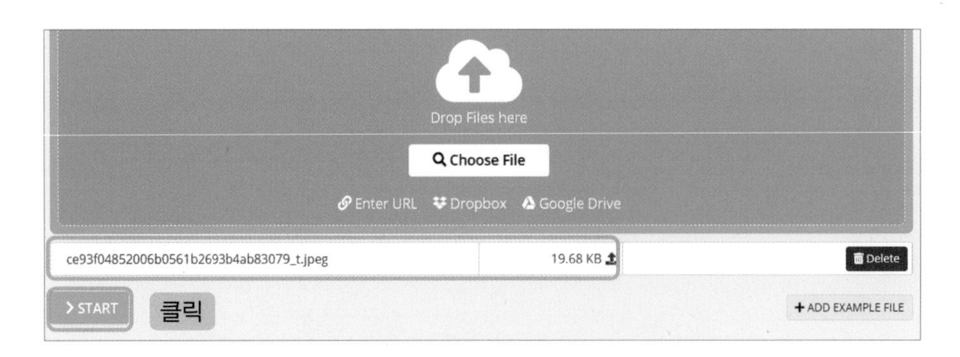

- 잠시 후 화면이 바뀌면서 SVG 파일이 컴퓨터에 저장이 됩니다.

Your converted file
ce93f04852006b0561b2693b4ab83079_t.svg 1.35 KB
Cloud Upload
Download
Convert another file to SVG
Redo
Delete
Download ZIP File
Further convert your file
Convert original file again
Feedback
How would you rate us?
Great Good Medium Bad Worse
Optional, you can also send us a comment.
Submit
ce93f04852006b0....svg

- 화면 왼쪽 하단의 **[폴더 열기]**를 클릭하여 저장이 된 위치를 확인합니다. (보통은 **다운로드** 폴더에 저장이 됩니다.)

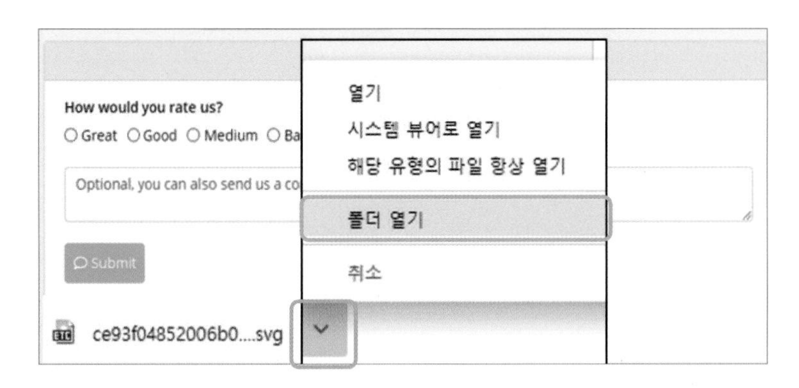

SVG 파일 가져오기

- **[새 디자인 작성]**을 클릭하여 모델링을 시작합니다.

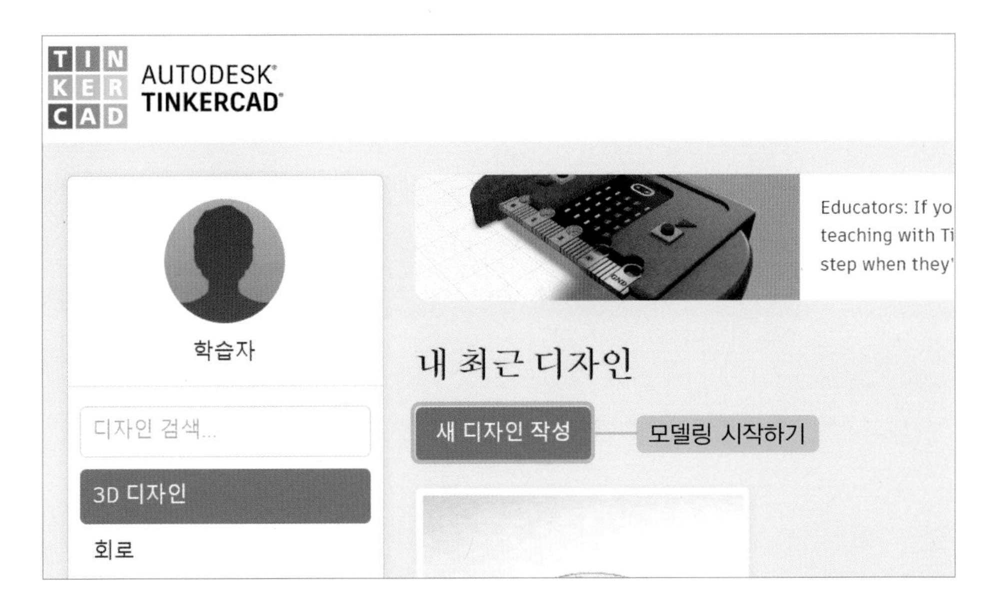

- **[가져오기]**를 클릭한 후 **[파일 선택]**을 클릭합니다.

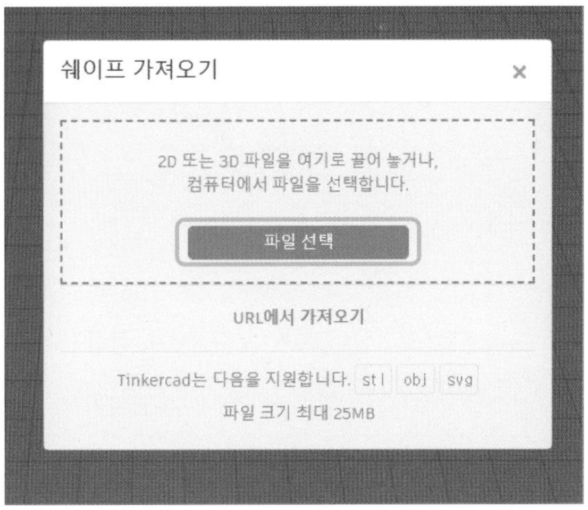

- SVG 파일을 클릭한 후 **[열기]**를 클릭합니다.

- **[축척]** 또는 **[치수]**로 크기를 조절합니다. (작은 크기로 조절하기)
  크기가 너무 크면 가져오기 중 오류가 나거나 시간이 오래 걸립니다.
  [가져오기]를 클릭합니다.

- 고양이 SVG 파일이 쉐이프로 생성되었습니다.
  쉐이프를 클릭한 후 크기와 색상을 조절합니다. (가로 21.4, 세로 50.83, 높이 7)

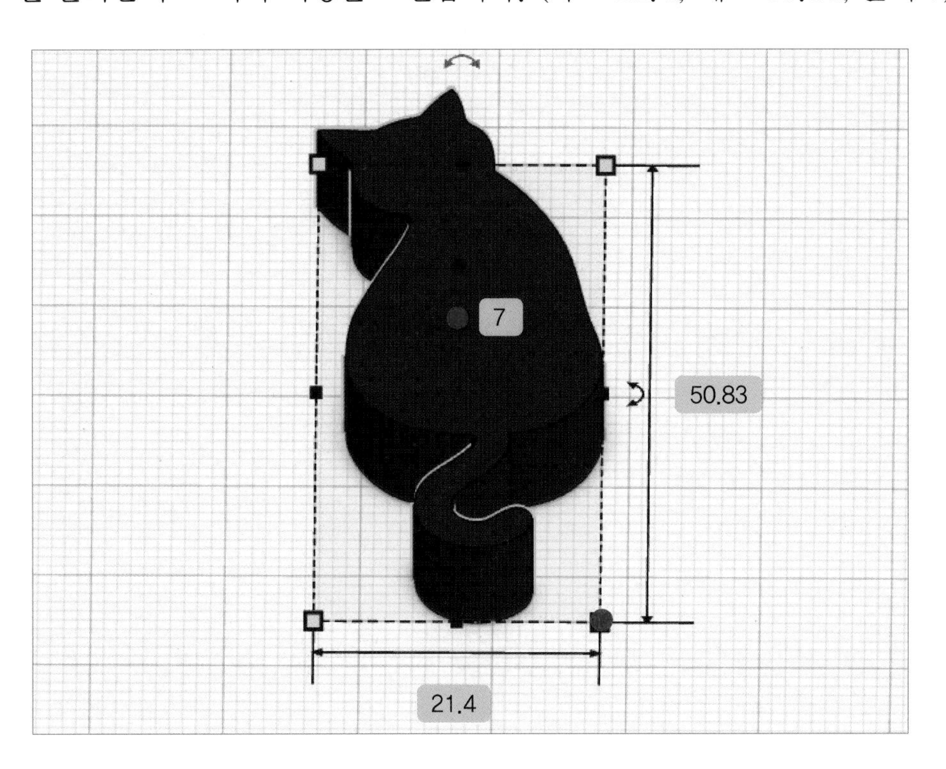

5 마스크걸이 만들기

- 상자 2개를 불러와 크기를 조절합니다. (가로 4, 세로 4, 높이 12)
  상자를 클릭하여 쉐이프 창에서 **[반지름]**을 2로 조절합니다.

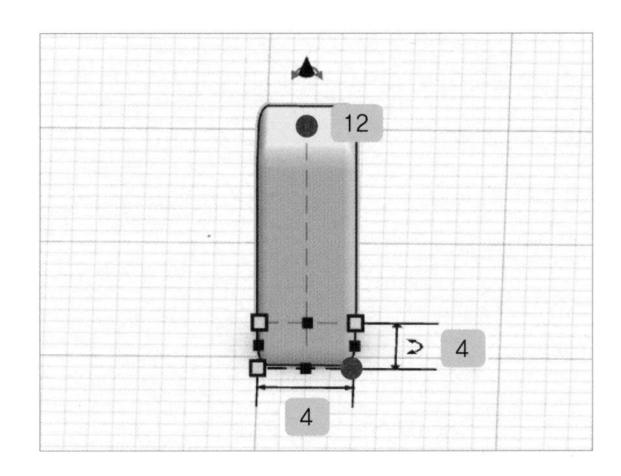

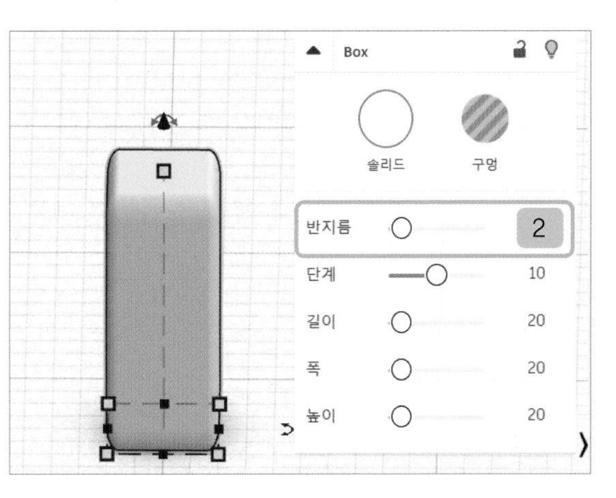

- 나머지 상자를 클릭하여 크기를 조절합니다.
  (가로 4, 세로 6.8, 높이 4, 반지름 2)

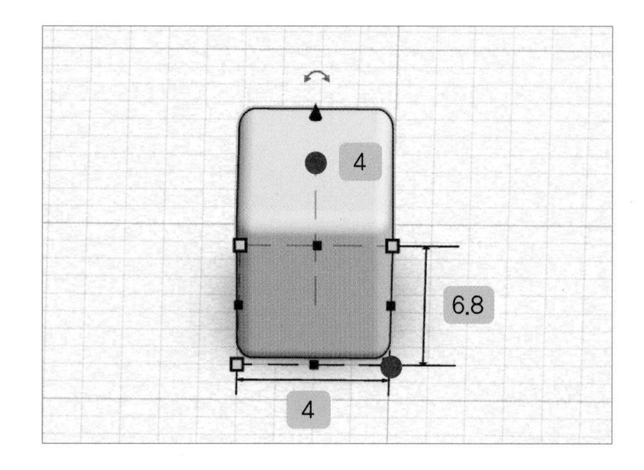

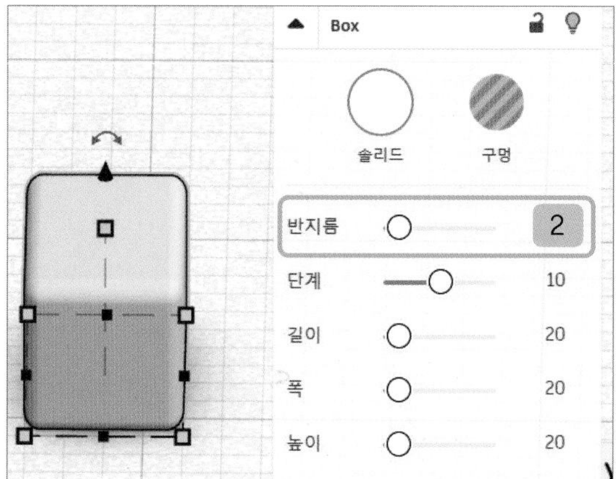

Tip 상자를 둥글게 만들기

- 상자의 반지름을 조절하면 모서리가 둥글게 됩니다.
- [단계]를 조절하여 곡면을 부드럽게 만들 수 있어요.

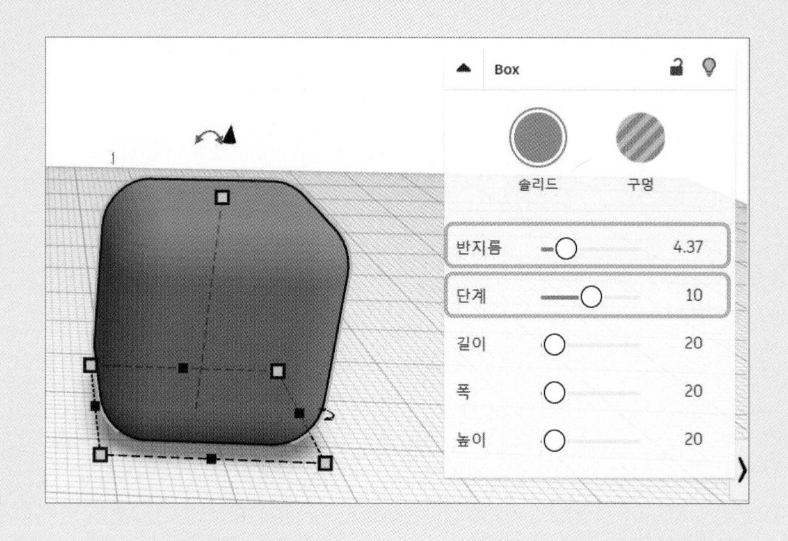

- 쉐이프를 전체 지정한 후 **[정렬]**을 클릭합니다.
  [가로 가운뎃점], **[세로 아랫점]**, **[윗점]**을 클릭합니다.

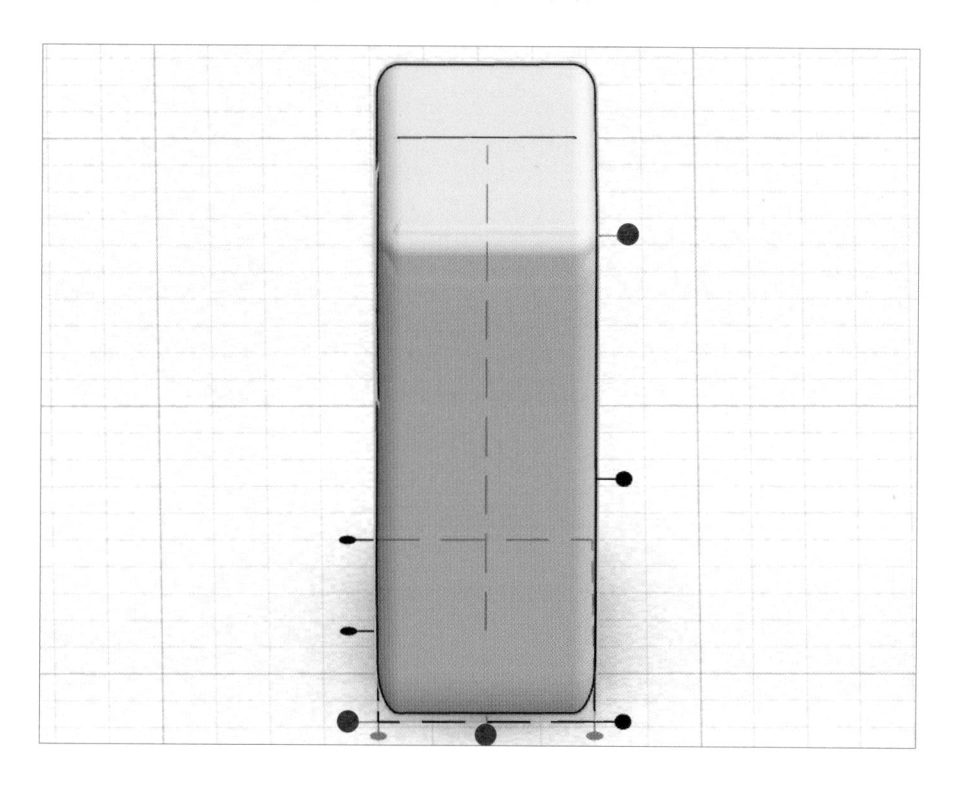

- 쉐이프를 전체 지정한 후 **[그룹화]**를 합니다.

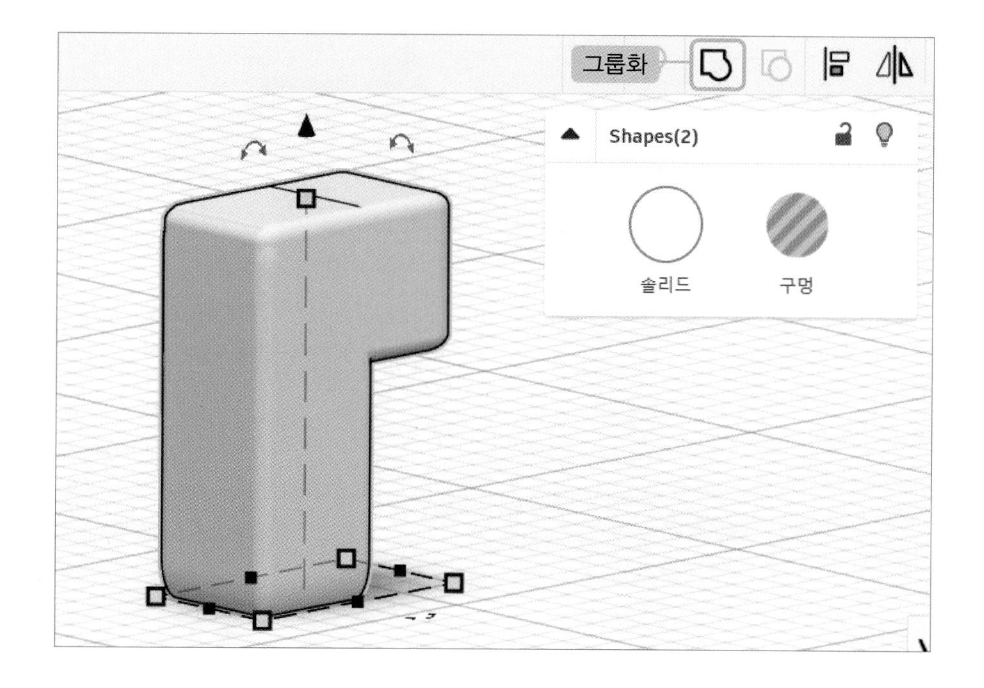

- 상자의 **[화살표]**를 드래그하여 위쪽으로 4만큼 올려줍니다.

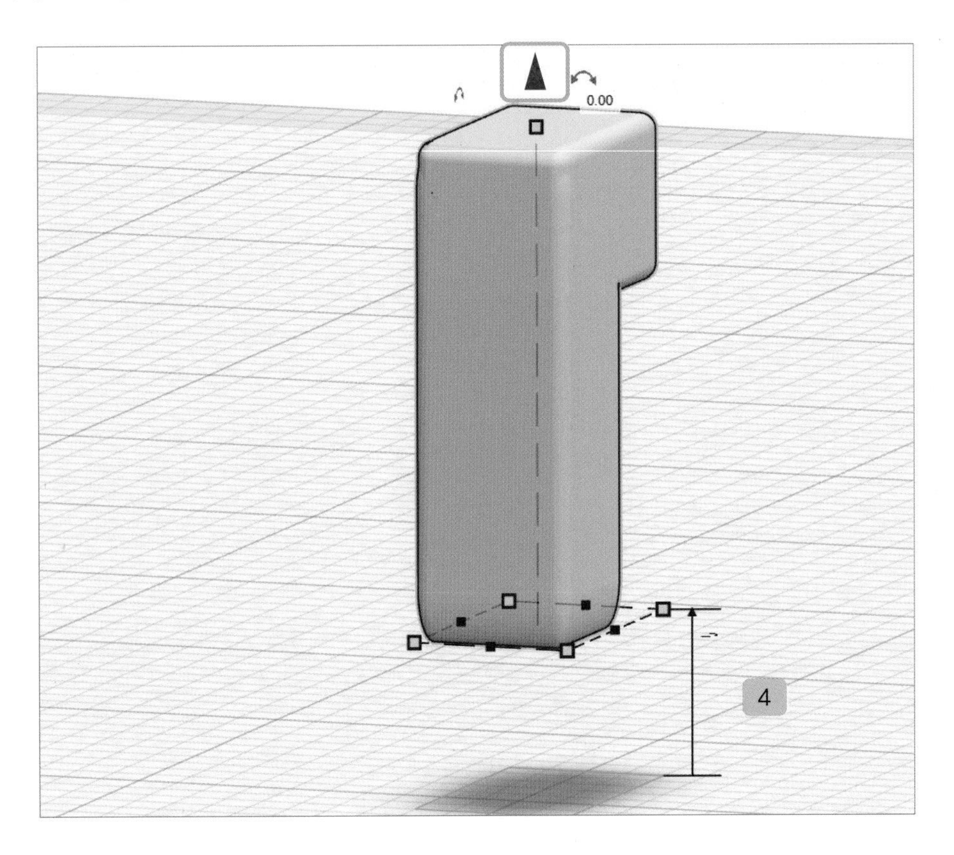

- 고양이 쉐이프 위에 배치합니다.

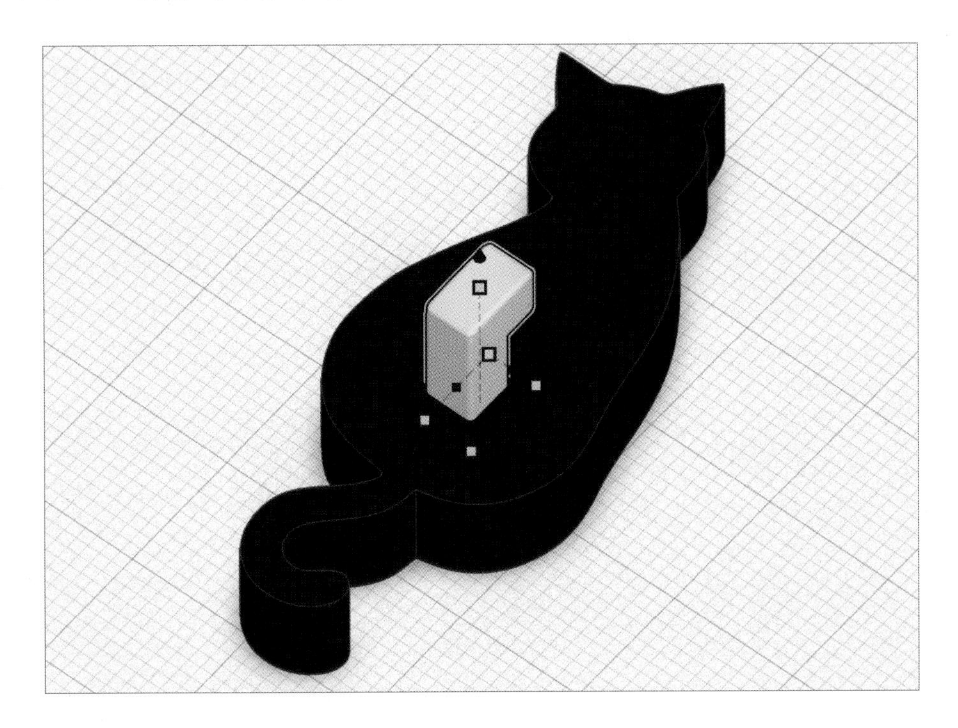

- 쉐이프를 전체 지정한 후 **[그룹화]**를 합니다.

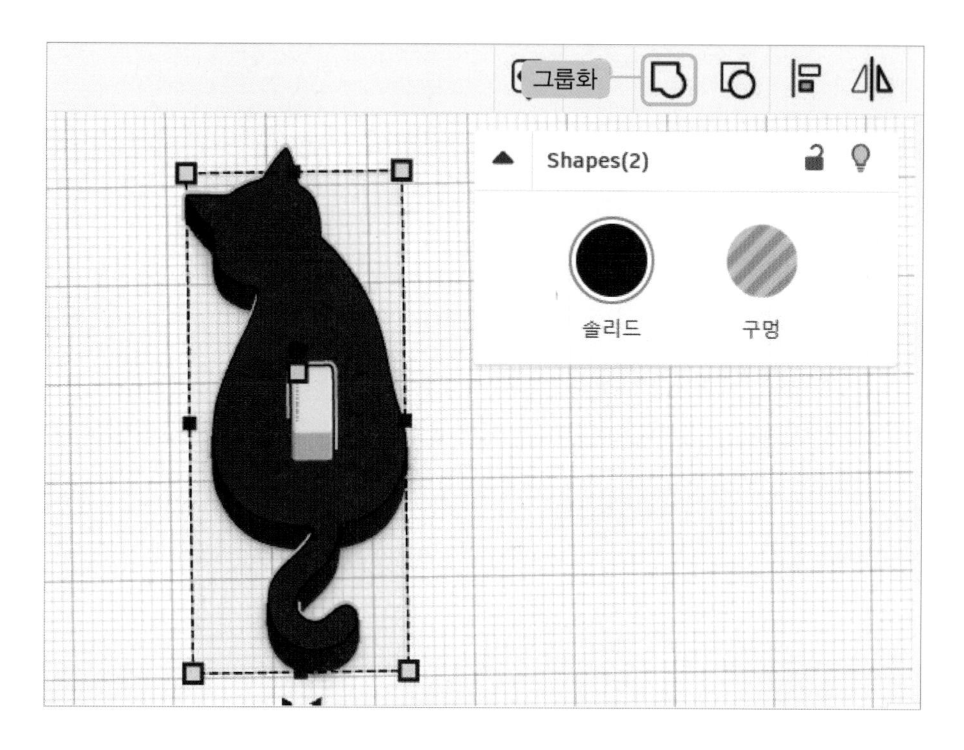

- SVG를 활용하여 마스크걸이가 완성되었어요!

SVG를 활용하여 마스크걸이를 만들어 보세요.

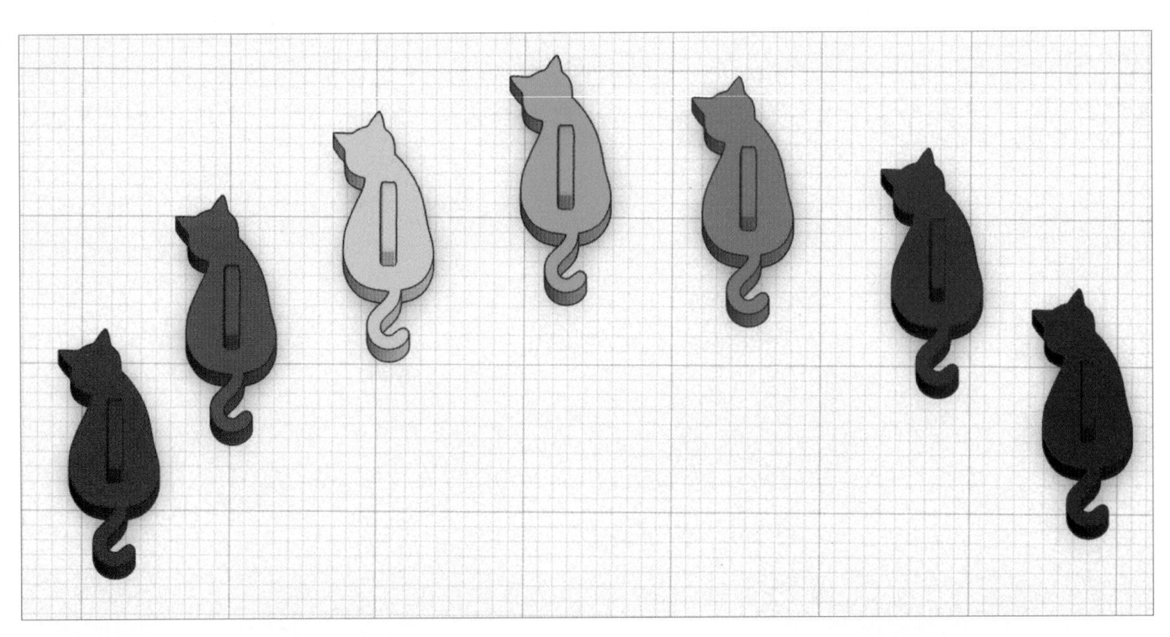

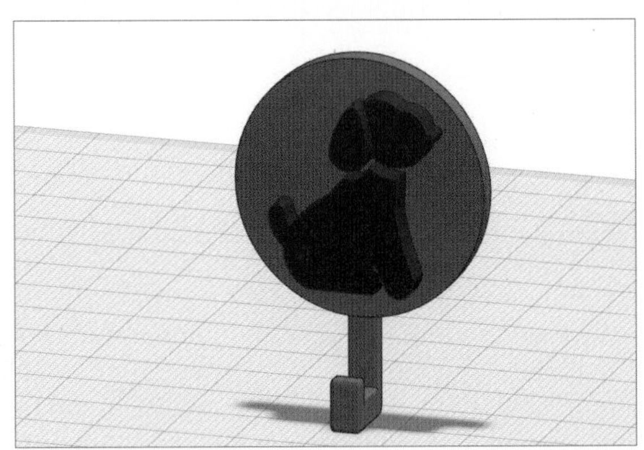

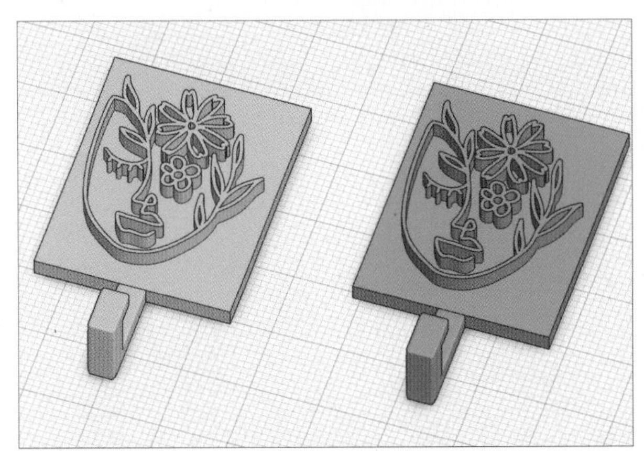

9차 핸드폰 거치대

태그 #그리드 스냅 #정밀 이동 #화면 확대 #새로운 작업 평면

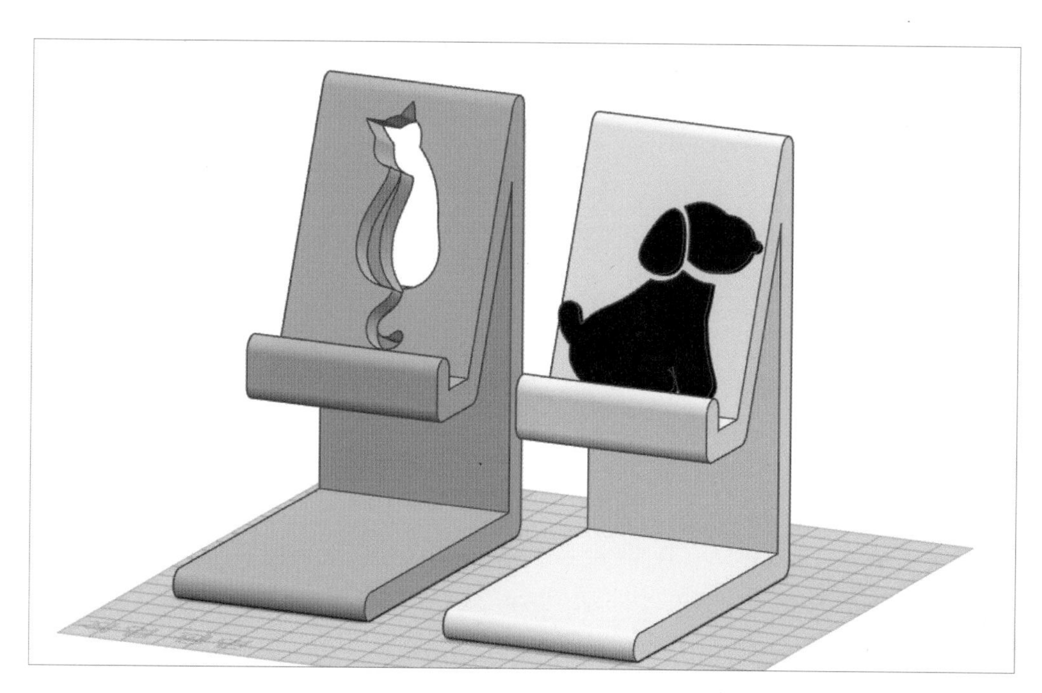

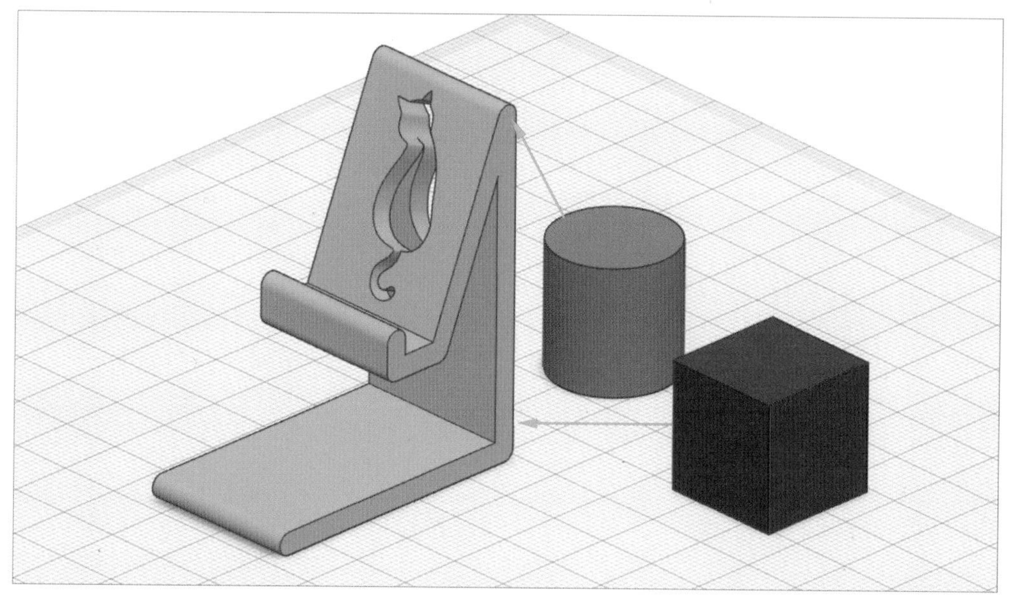

1 쉐이프 준비하기

- [새 디자인 작성]을 클릭하여 모델링을 시작합니다.

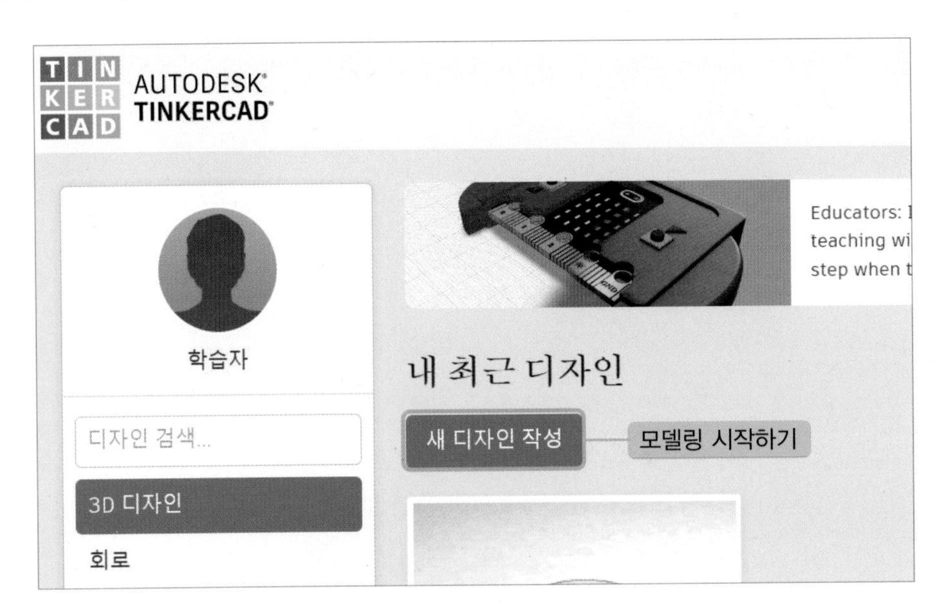

- 기본 쉐이프에서 [상자], [원통]을 드래그하여 작업 평면에 놓아줍니다.

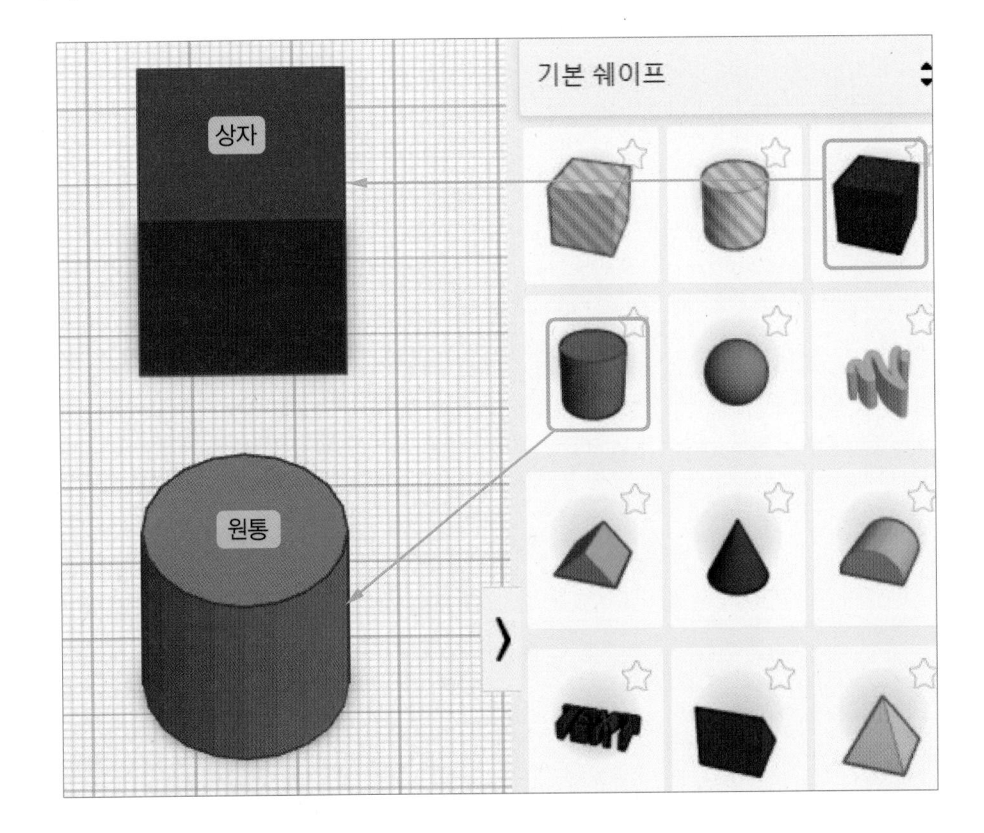

- 원통을 클릭한 후 쉐이프 창에서 **[측면]**을 64로 조절합니다.

(측면의 숫자가 높을수록 곡면이 부드러워져요!)

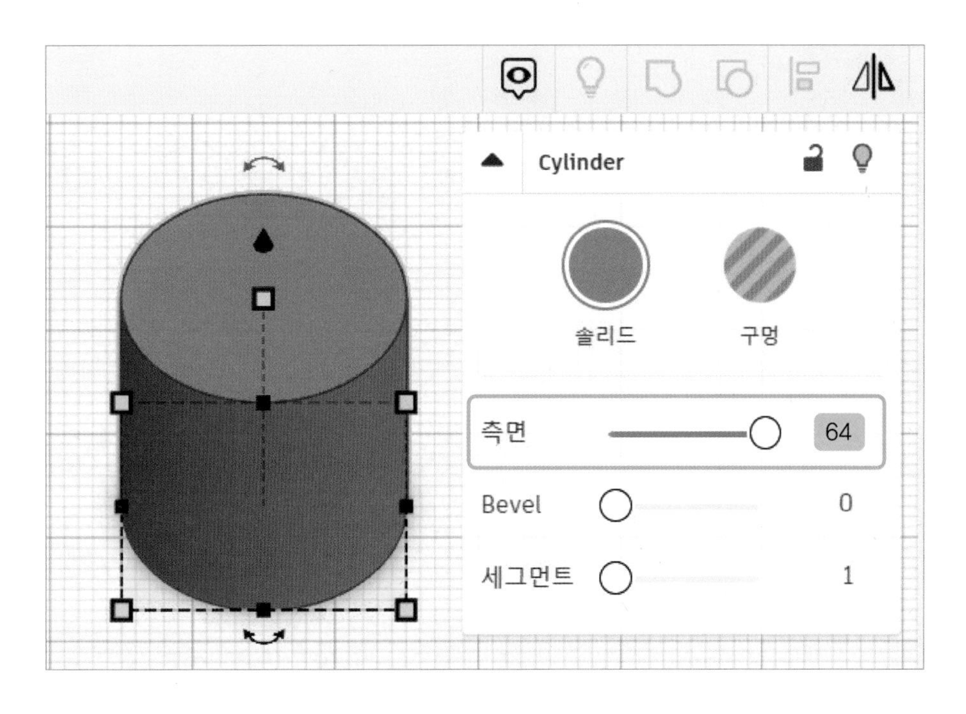

- 상자와 원통의 크기를 조절합니다.

(상자 – 가로 8, 세로 20, 높이 20 / 원통 – 가로 8, 세로 8, 높이 20)

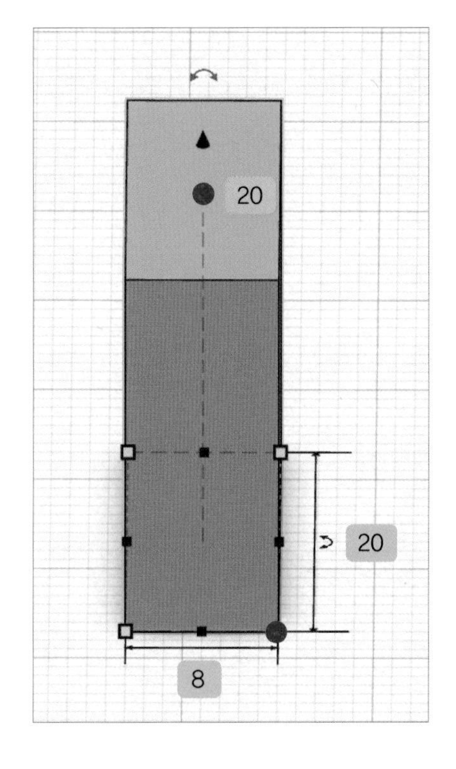

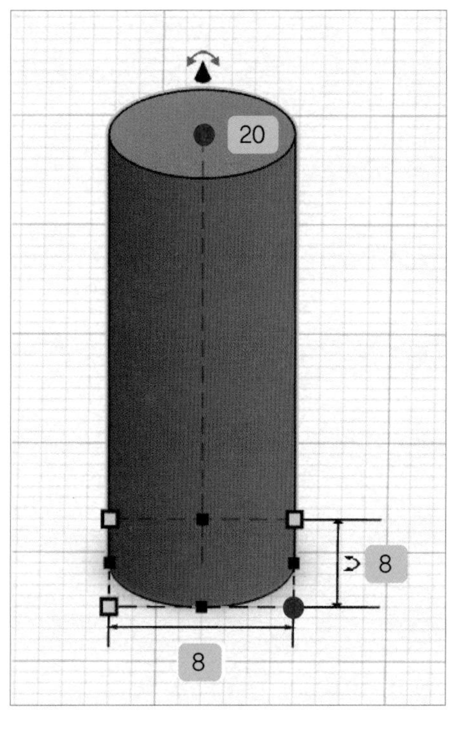

- 원통과 상자를 **[복사]**하여 6세트를 만들어주세요.

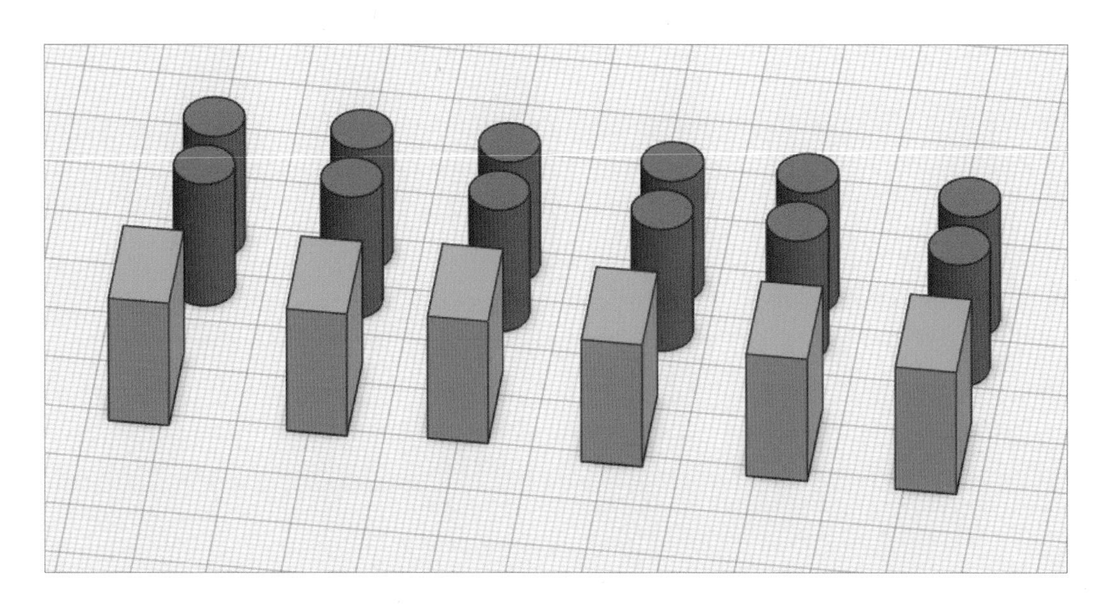

- 상자의 세로 크기를 조절합니다. (세로 10, 15, 20, 80, 100, 120)

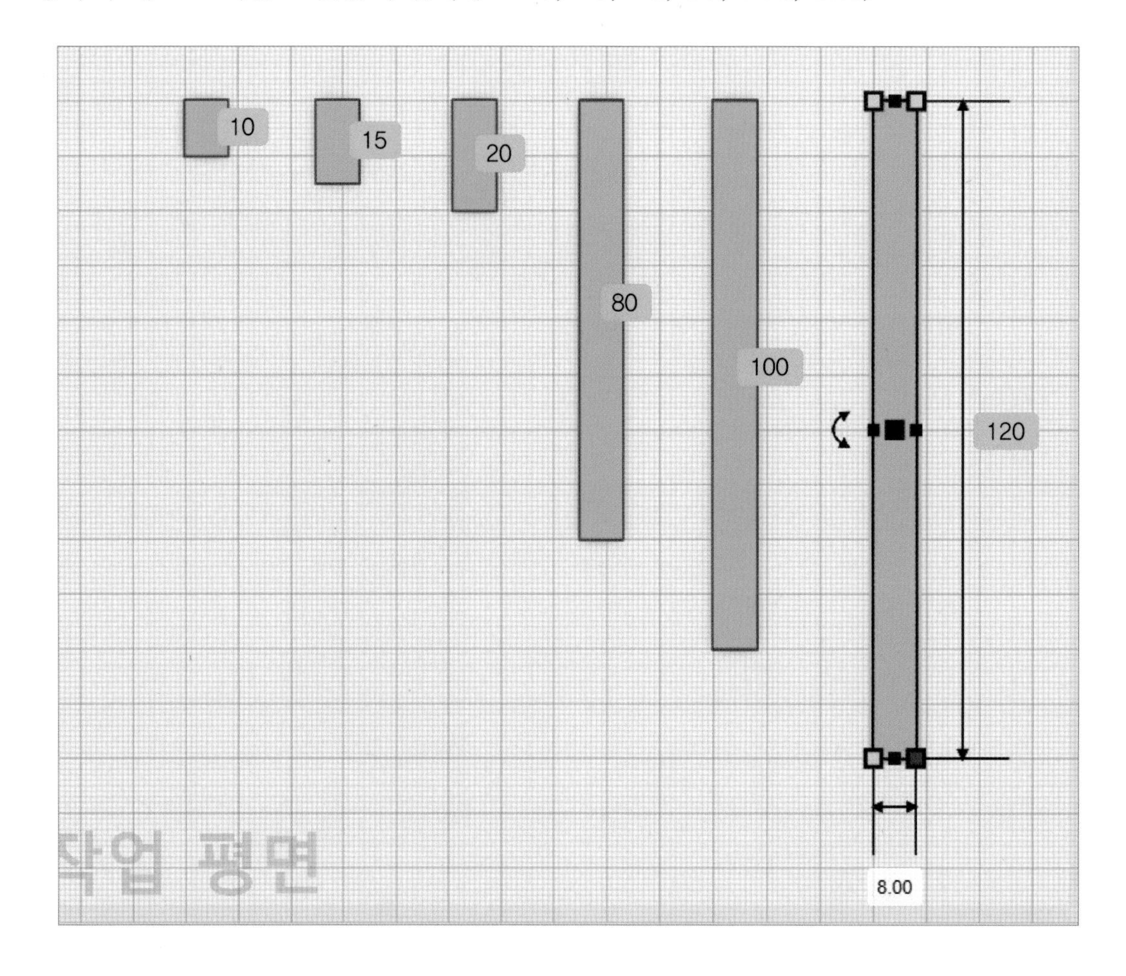

- **[직교]**를 클릭합니다.
  [뷰 박스]의 **[평면도]**를 클릭하여 위에서 바라보는 시점으로 만듭니다.
  상자와 원통을 배치합니다.

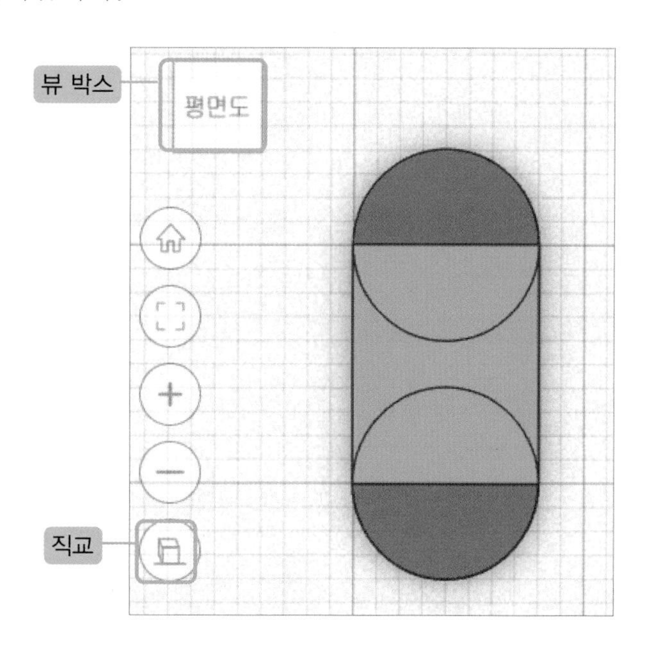

- 쉐이프를 전체 지정한 후 **[그룹화]**를 합니다.

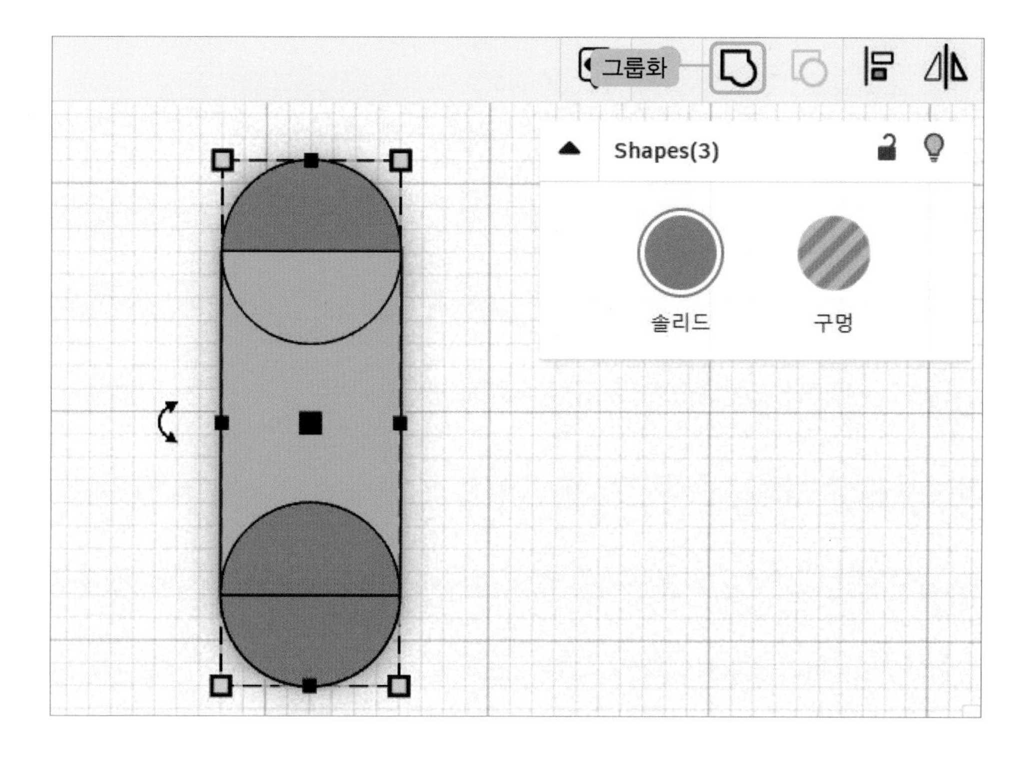

쉐이프 이동 거리 조정하기

- 그리드 스냅으로 이동 거리를 조정할 수 있어요.

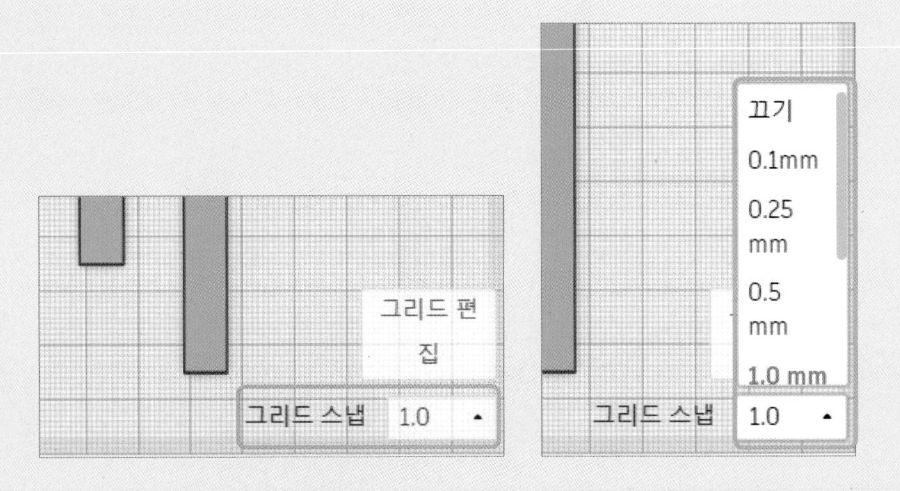

- 화면 오른쪽 하단의 [그리드 스냅]을 클릭하면 쉐이프 이동 거리를 설정할 수 있어요.
- 숫자가 작을수록 정밀하게 이동할 수 있어요.

- 나머지 상자와 원통도 자리 배치 후 **[그룹화]**를 합니다.

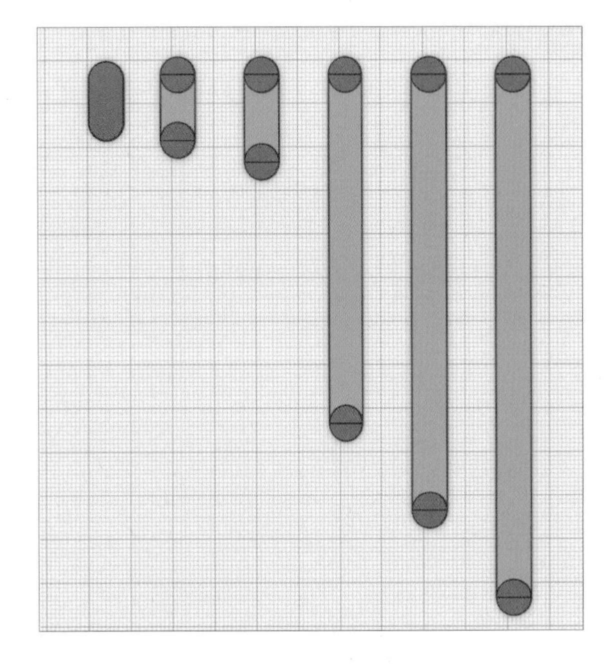

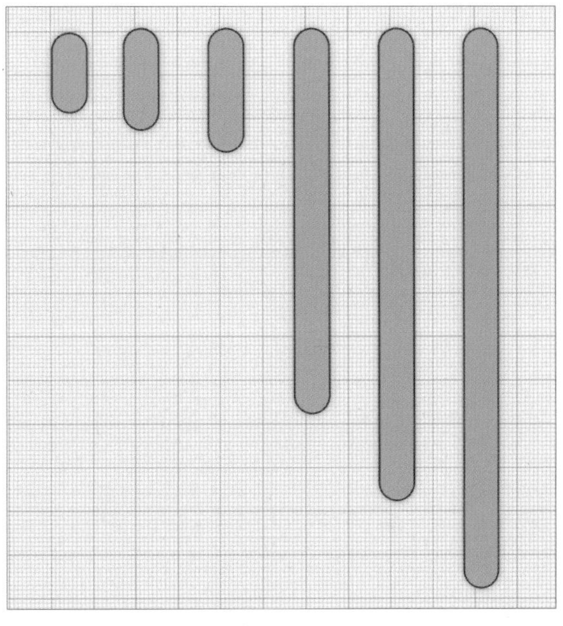

- 가장 긴 쉐이프는 세우고, 두 번째로 긴 쉐이프는 **[회전 화살표]**를 드래그하여 90° 회전을 합니다.

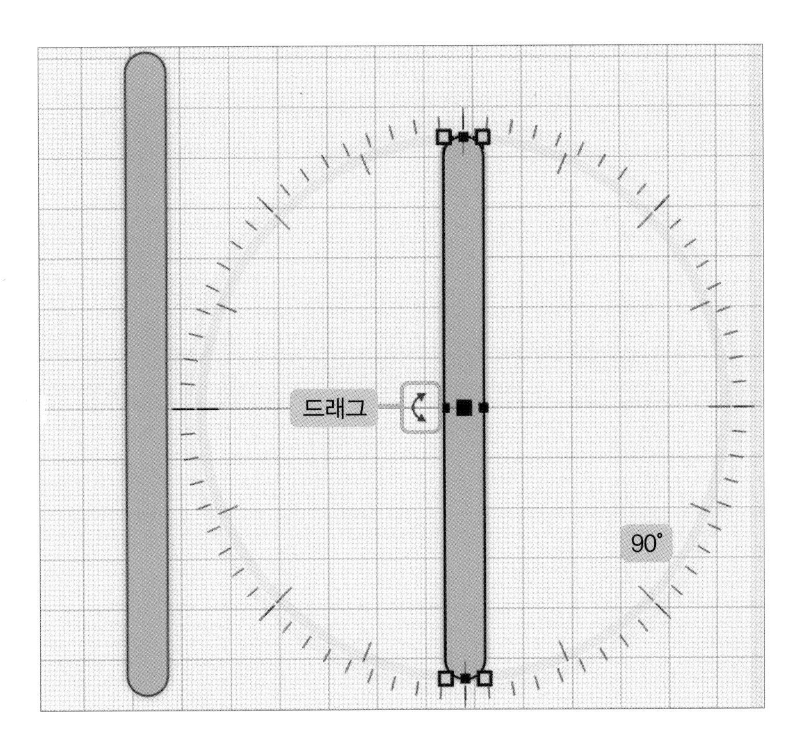

- 쉐이프를 전체 지정한 후 **[정렬]**을 합니다.
  [가로 왼쪽 점], **[세로 아랫점]**을 클릭합니다.
  전체 지정한 후 **[그룹화]**를 합니다.

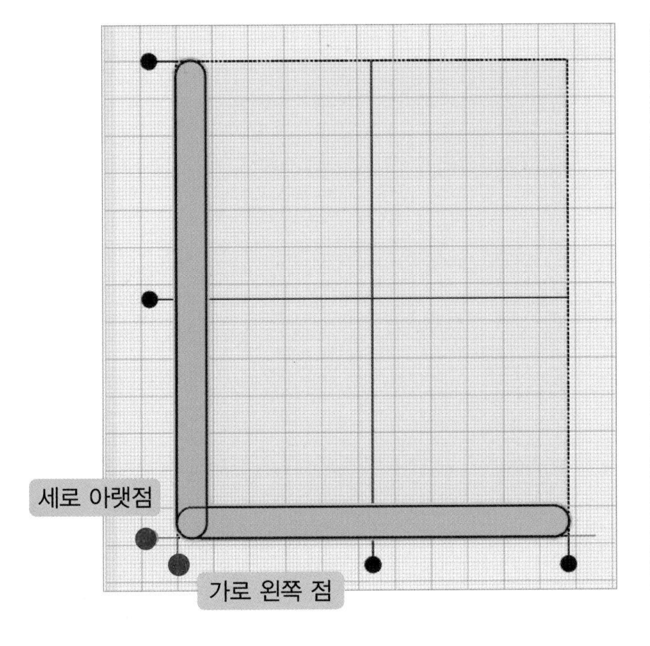

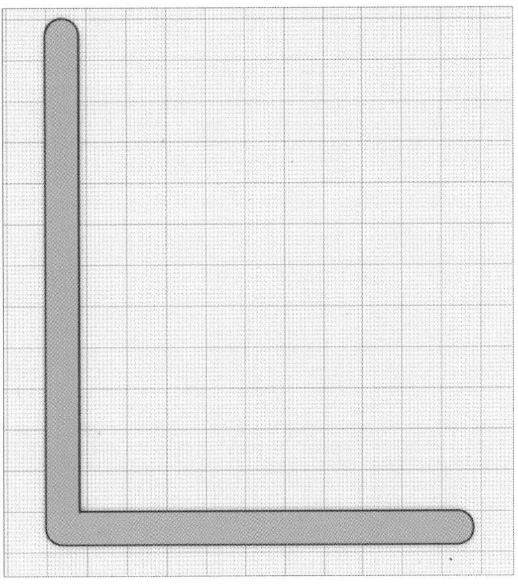

- 3번째로 긴 쉐이프를 클릭한 후 **[회전 화살표]**를 드래그하여 22.5° 회전을 합니다.

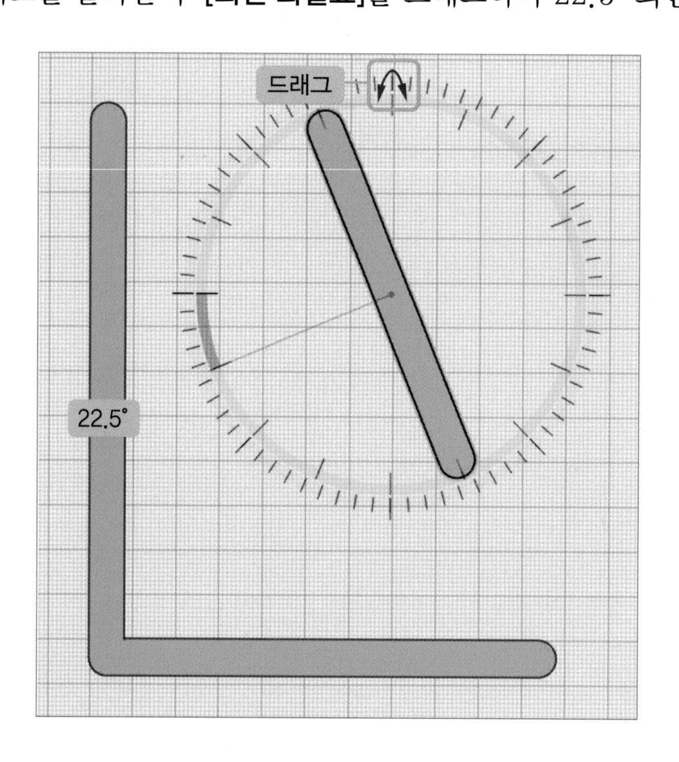

- 쉐이프를 전체 지정한 후 **[정렬]**을 합니다.
  [가로 왼쪽 점], **[세로 윗점]**을 클릭합니다.
  쉐이프를 전체 지정한 후 **[그룹화]**를 합니다.

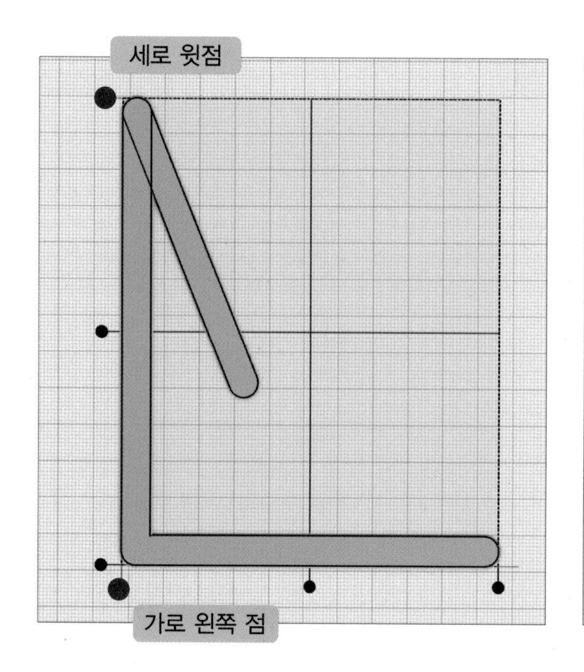

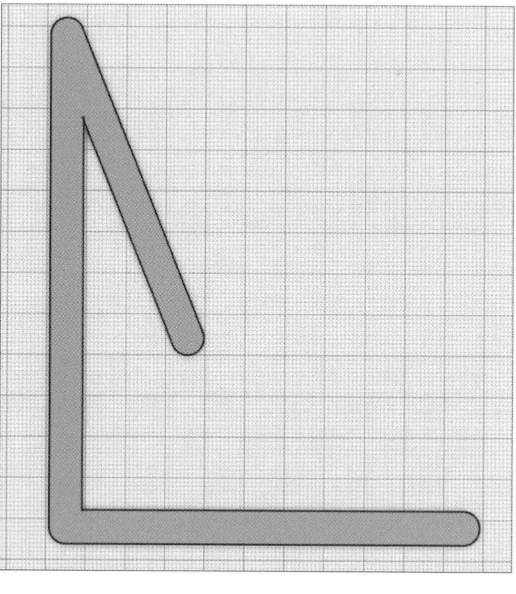

● 남은 쉐이프 중 2개를 사용합니다.

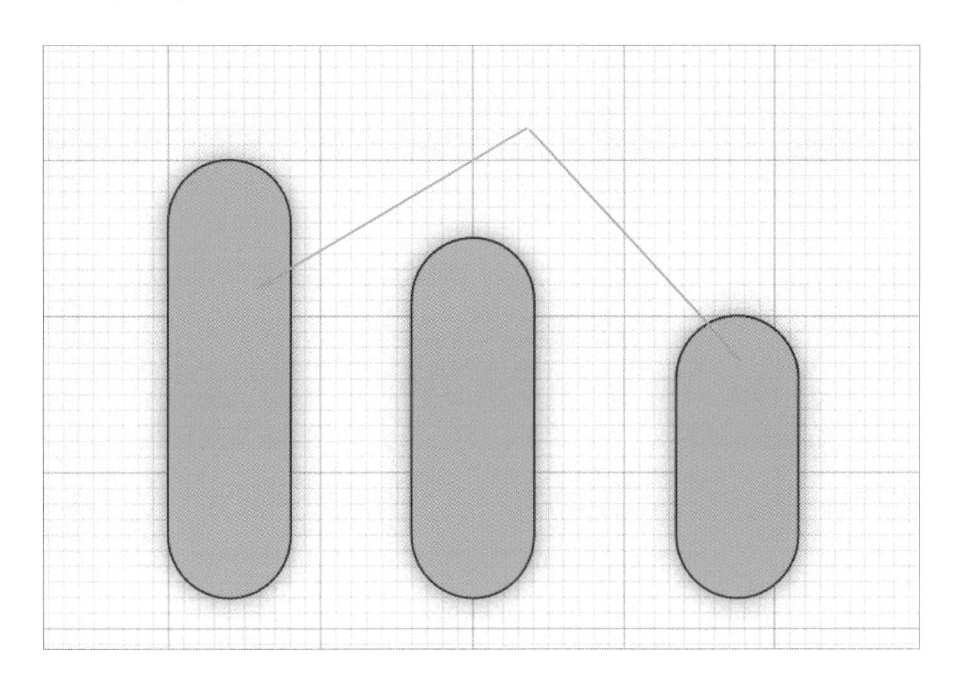

● 쉐이프를 클릭한 후 **[회전 화살표]**를 드래그하여 90° 회전을 합니다.

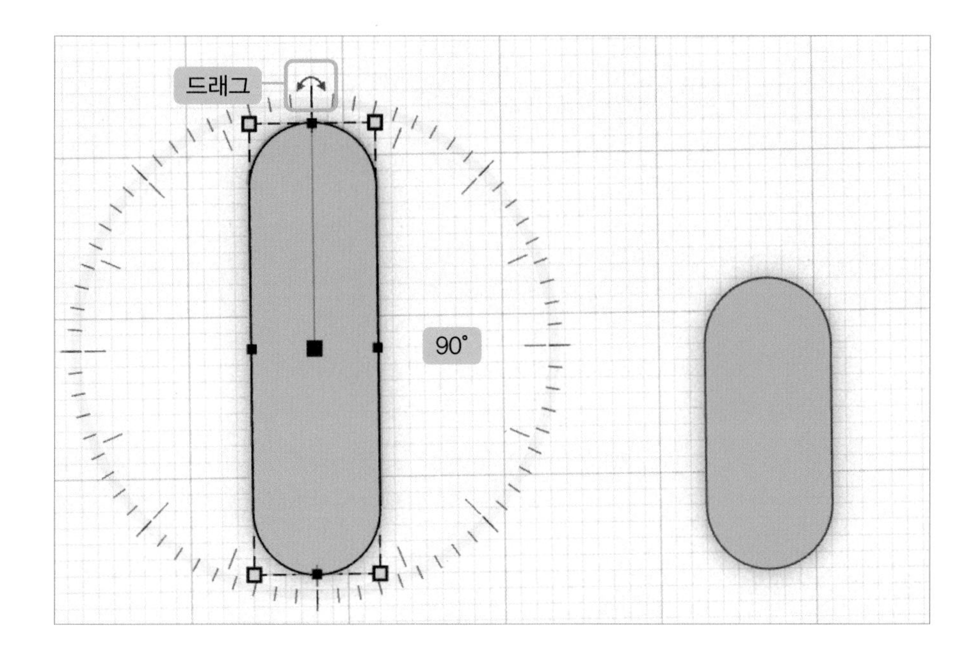

- 쉐이프를 전체 지정한 후 **[정렬]**을 클릭합니다.
  [세로 아랫점], **[가로 오른쪽 점]**을 클릭합니다.
  전체 지정한 후 **[그룹화]**를 합니다.

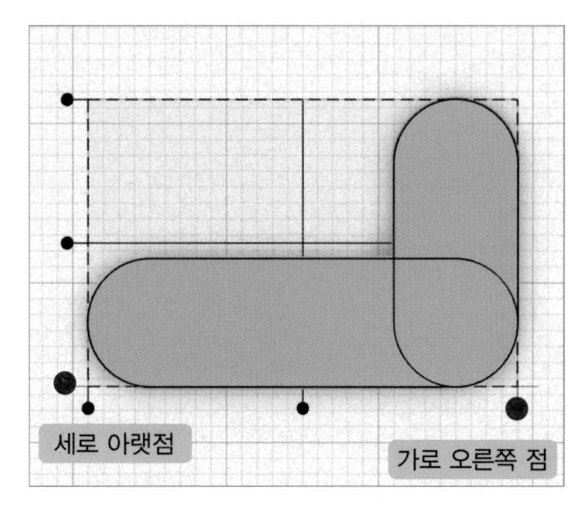

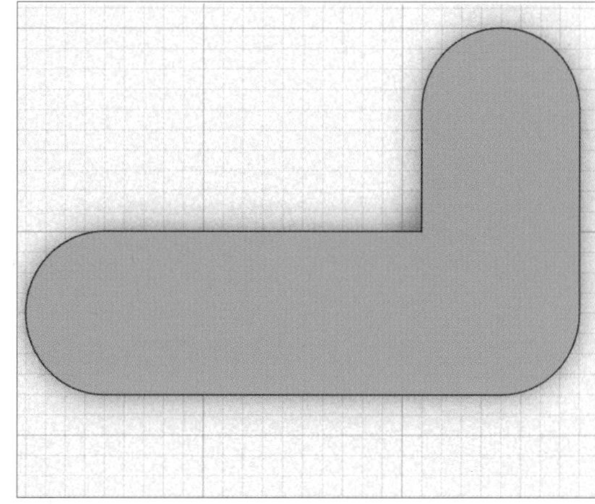

- 마우스 휠을 위로 돌리며 **[화면 확대]**를 합니다.
  정밀하게 쉐이프 이동을 하기 위해 **[그리드 스냅]**을 0.1mm 변경 후 배치합니다.

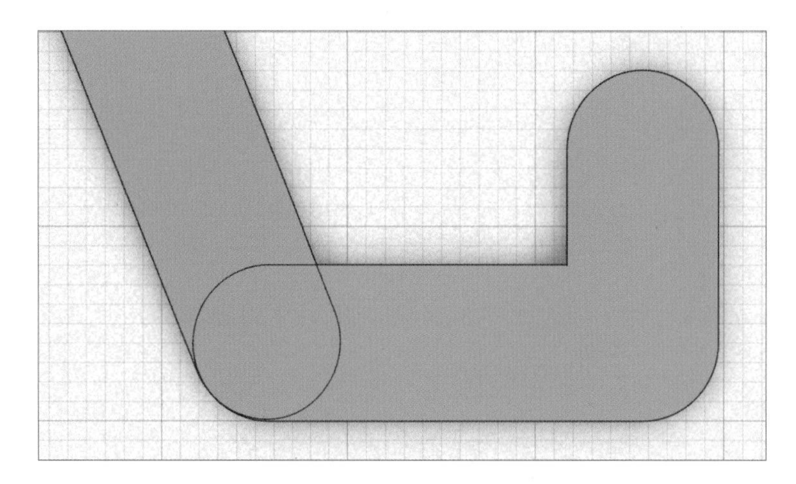

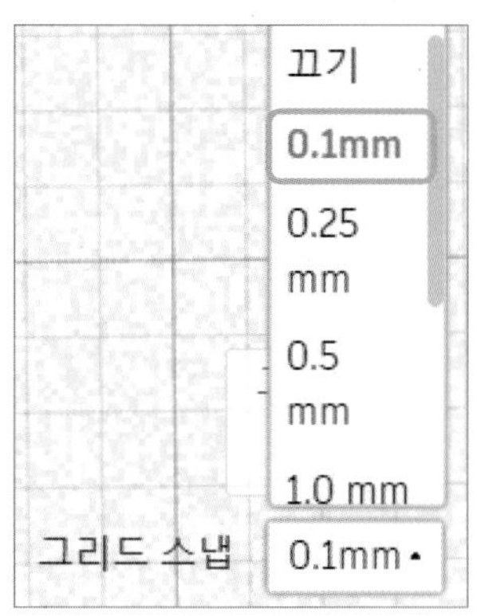

- 쉐이프를 전체 지정한 후 **[그룹화]**를 합니다.

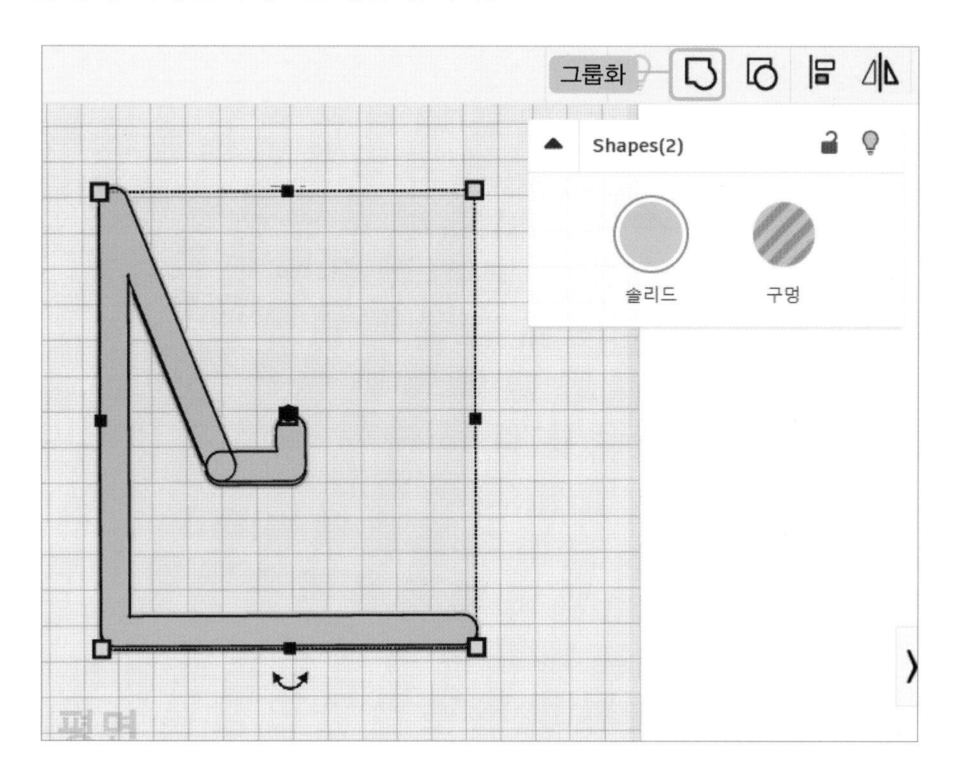

- 쉐이프를 클릭한 후 높이를 조절합니다. (높이 60)

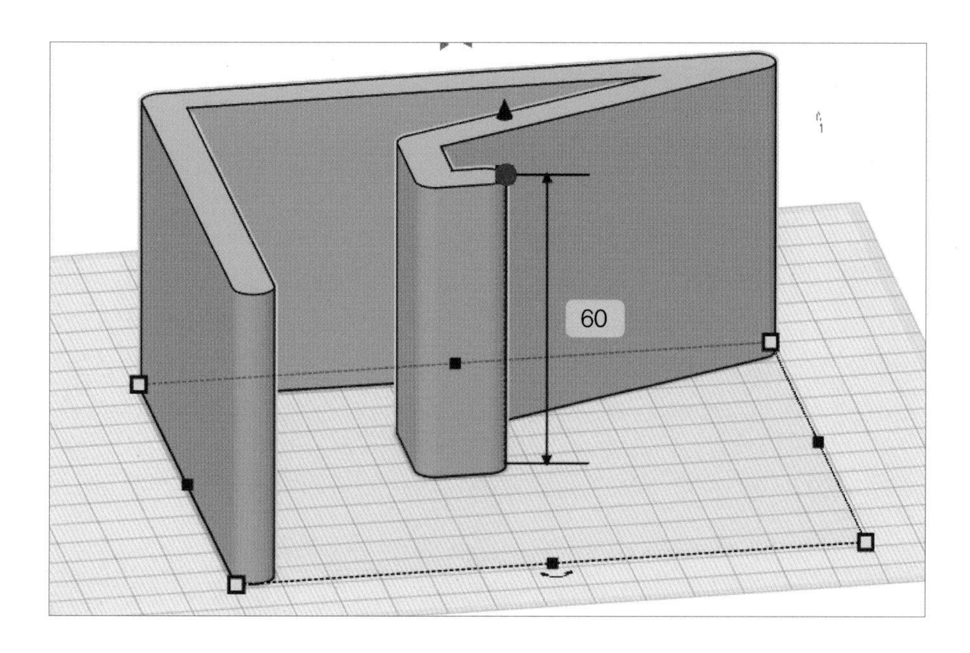

- 남은 쉐이프를 클릭한 후 **[구멍]**을 클릭합니다.
  구멍 쉐이프의 크기를 조절합니다. (가로 10)

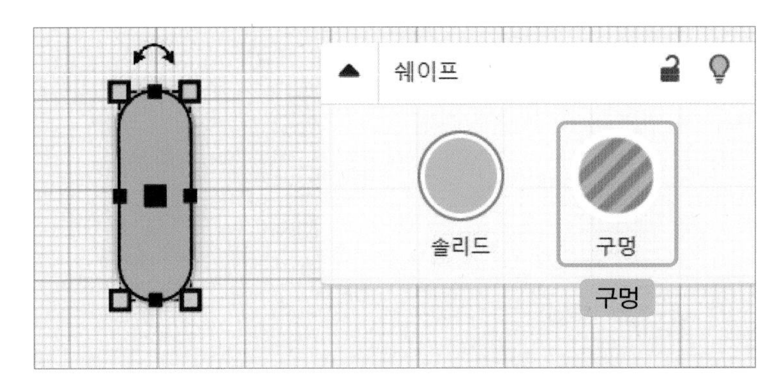

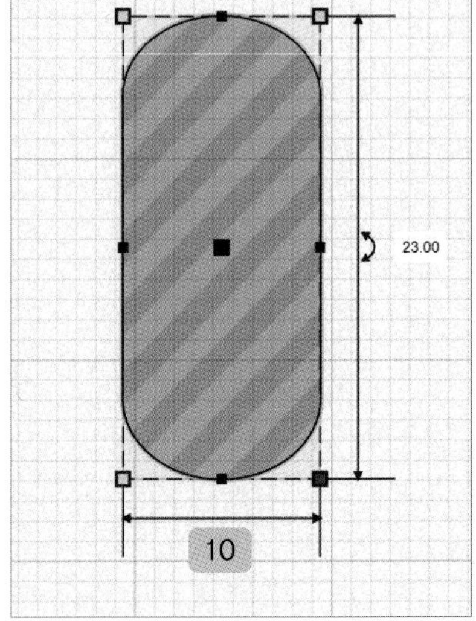

- 쉐이프를 클릭한 후 **[회전 화살표]**를 드래그하여 90° 회전을 합니다.

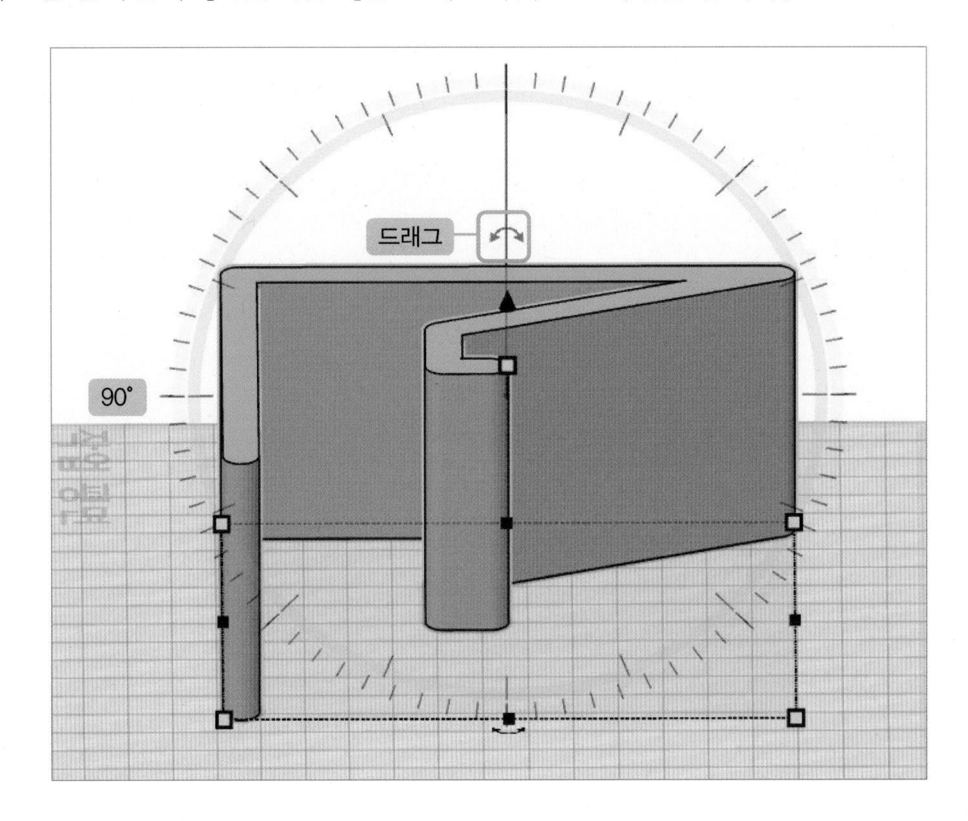

● 쉐이프를 전체 지정한 후 **[회전 화살표]**를 드래그하여 −90° 회전을 합니다.

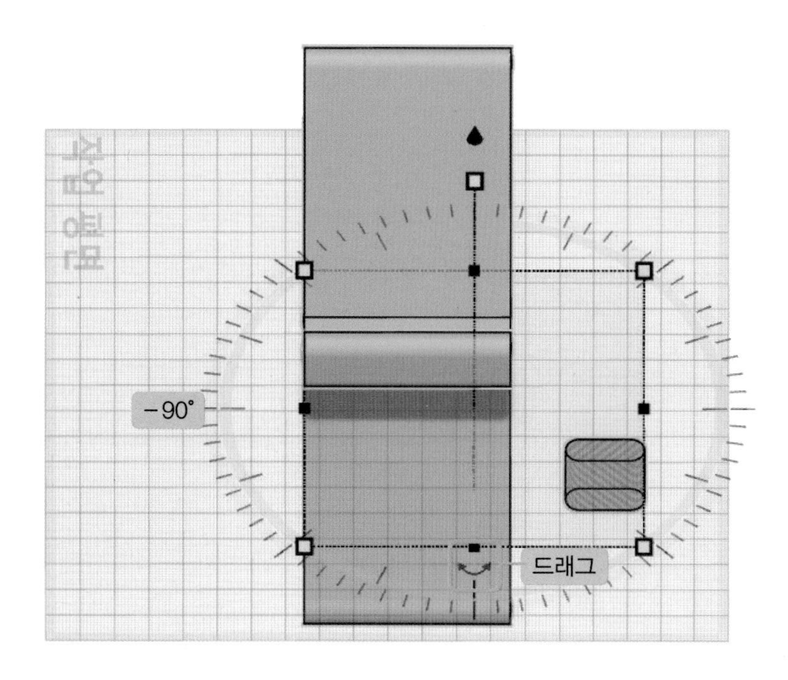

● 핸드폰 거치대 쉐이프를 클릭한 후 키보드 D를 눌러 작업 평면에 붙여줍니다.

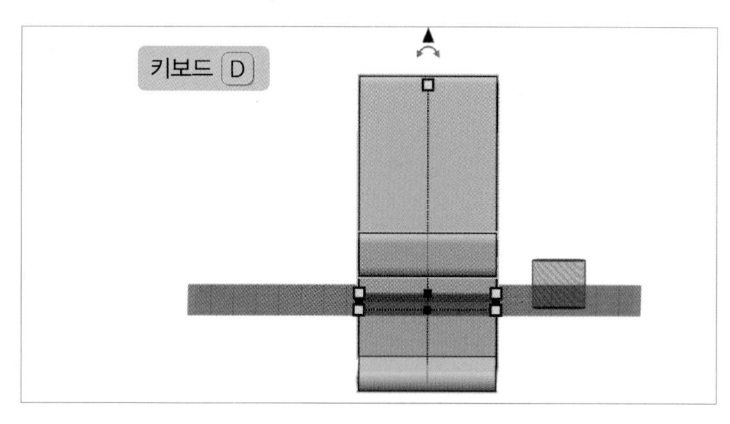

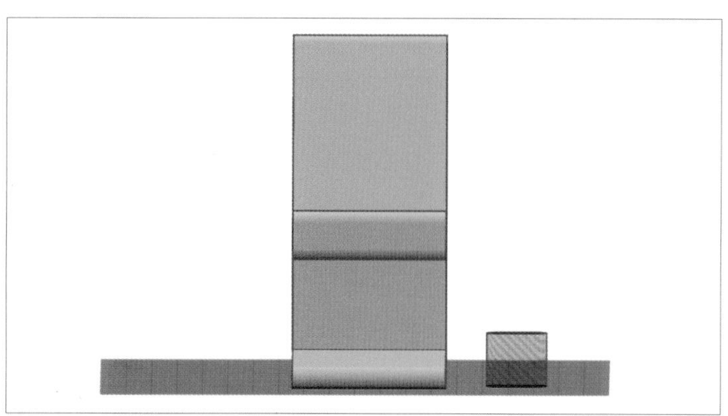

2 새로운 작업 평면에 쉐이프 옮기기

- **[작업 평면]**을 클릭한 후 구멍 쉐이프를 옮겨놓을 면을 클릭합니다.

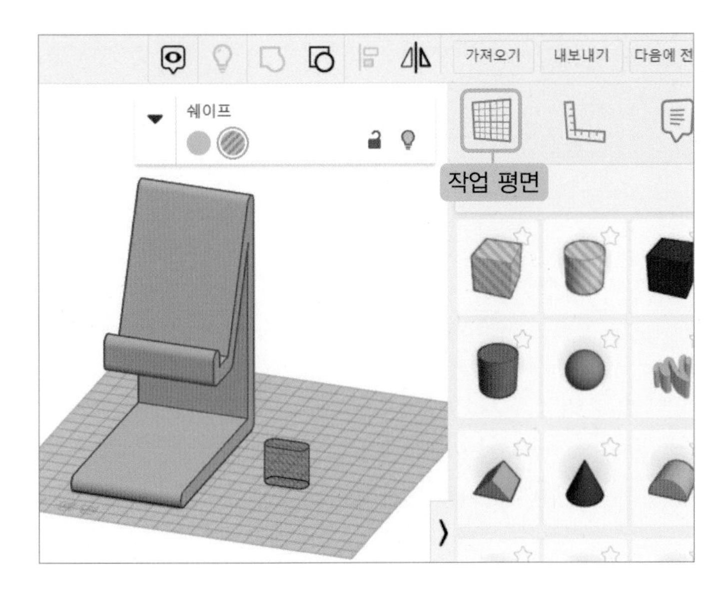

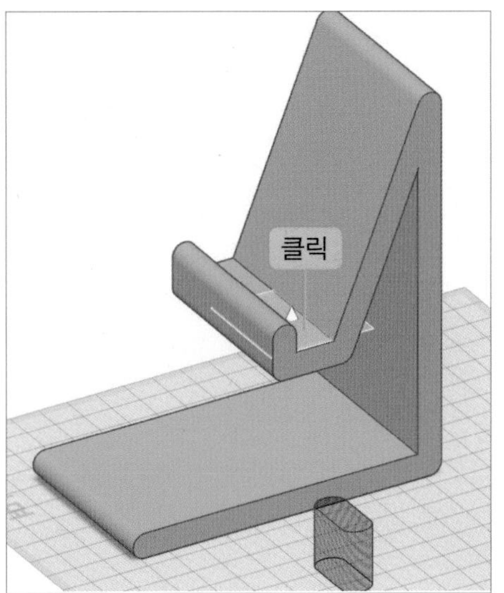

- 구멍 쉐이프를 클릭한 후 **[복사]**를 합니다. (Ctrl+C)
  새로 생긴 작업 평면을 클릭한 후 **[붙여넣기]**를 합니다. (Ctrl+V)

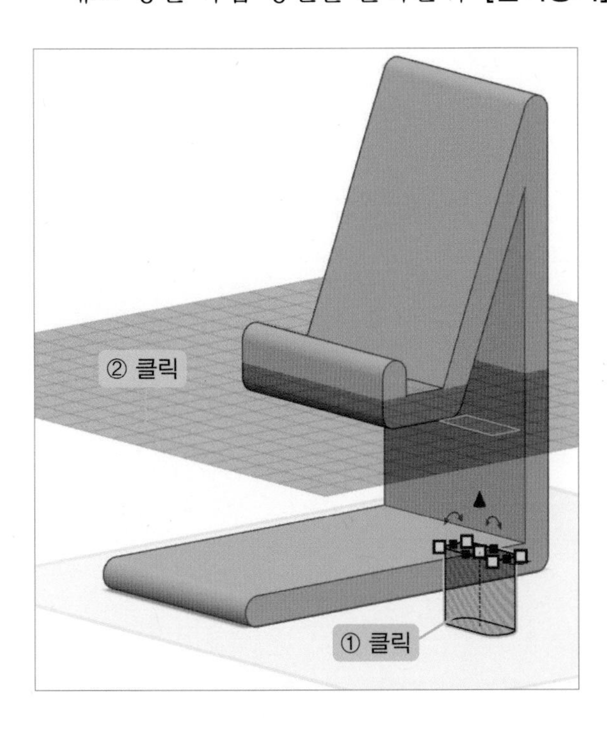

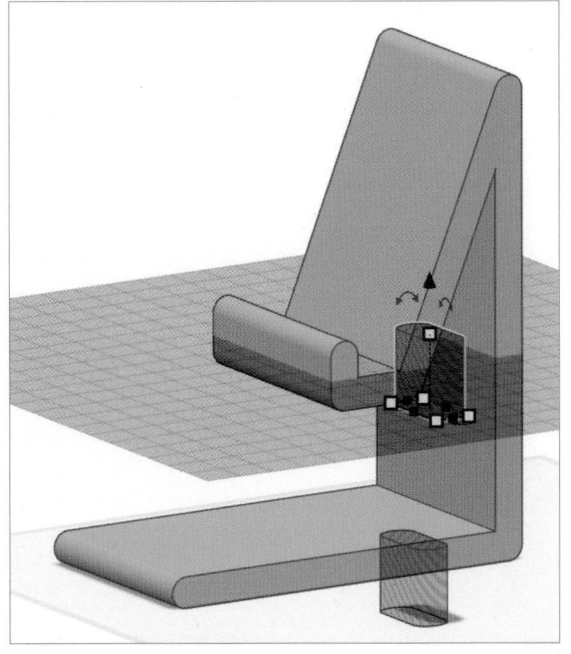

- 구멍 쉐이프를 배치합니다.
  관통이 되도록 쉐이프를 아래로 내립니다.

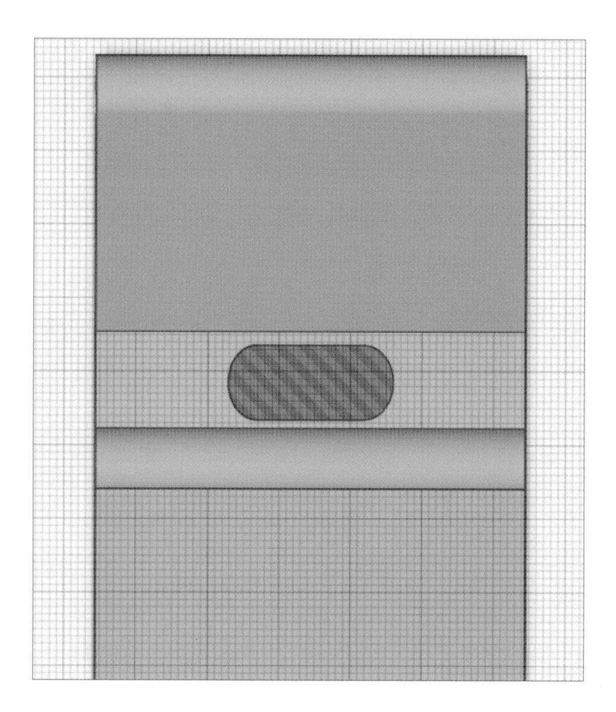

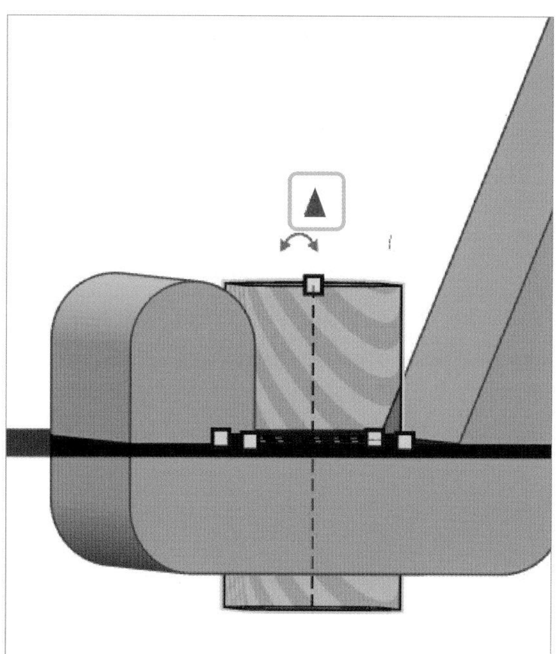

- 작업 평면 해제를 위해 **[작업 평면]**을 클릭한 후 빈 공간을 클릭합니다.

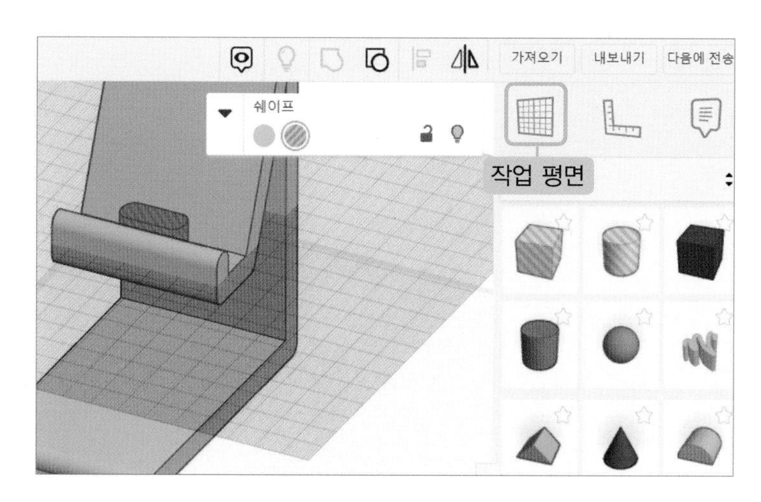

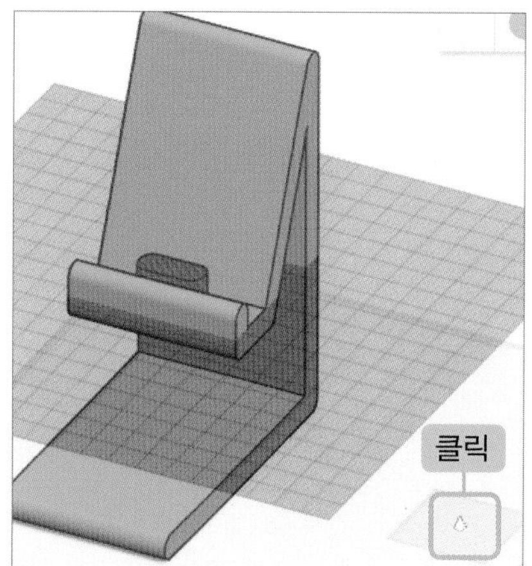

- 쉐이프를 전체 지정한 후 **[그룹화]**를 합니다.

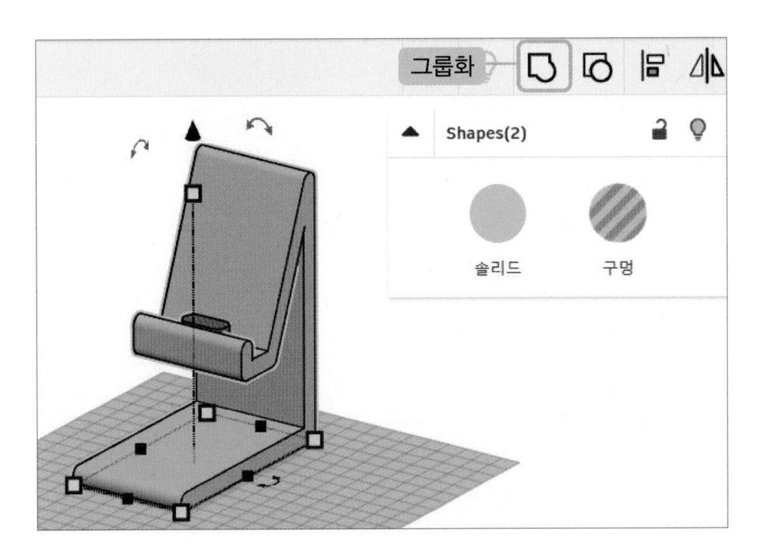

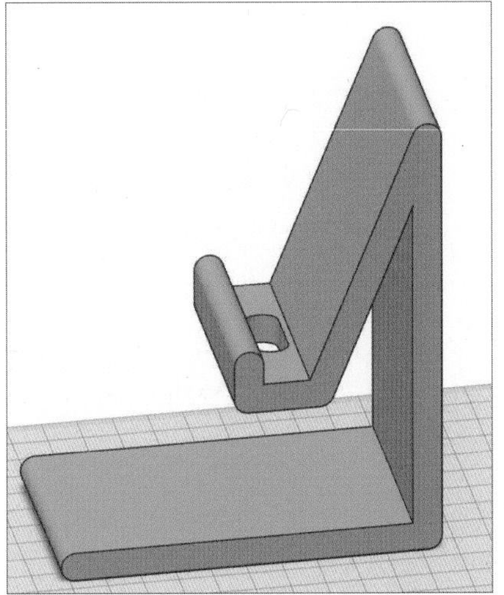

- **[가져오기]**를 클릭합니다. **[파일 선택]**을 클릭한 후 SVG 파일을 불러옵니다.

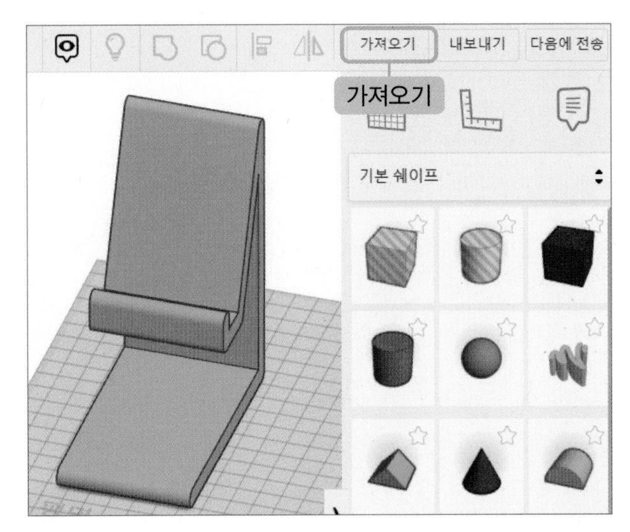

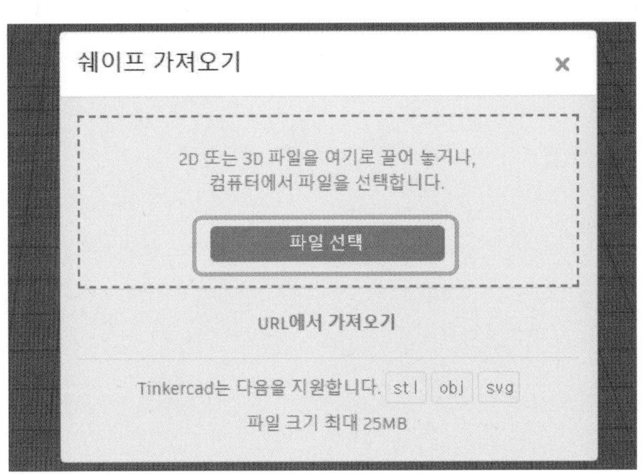

- **[축척]** 또는 **[치수]**로 크기를 조절합니다. (작은 크기로 조절하기)
  크기가 너무 크면 가져오기 중 오류가 나거나 시간이 오래 걸립니다.
  [가져오기]를 클릭합니다.

- 고양이 쉐이프를 **[구멍]**으로 설정하고, 원하는 크기로 조절합니다.

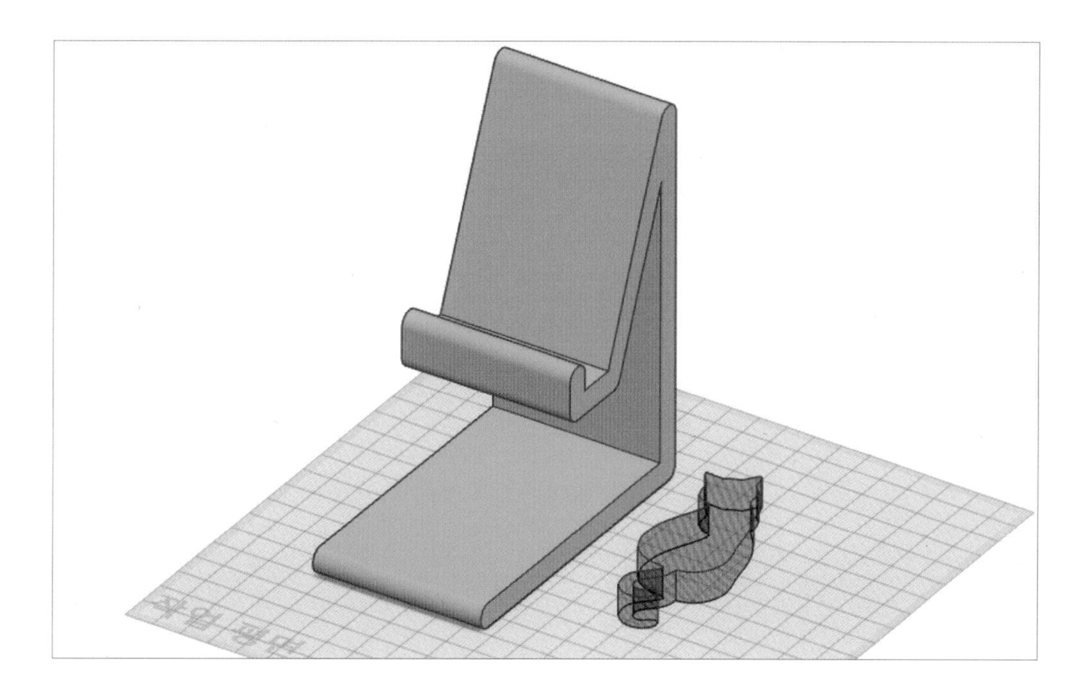

- **[작업 평면]**을 클릭한 후 고양이 쉐이프를 옮길 면을 클릭합니다.

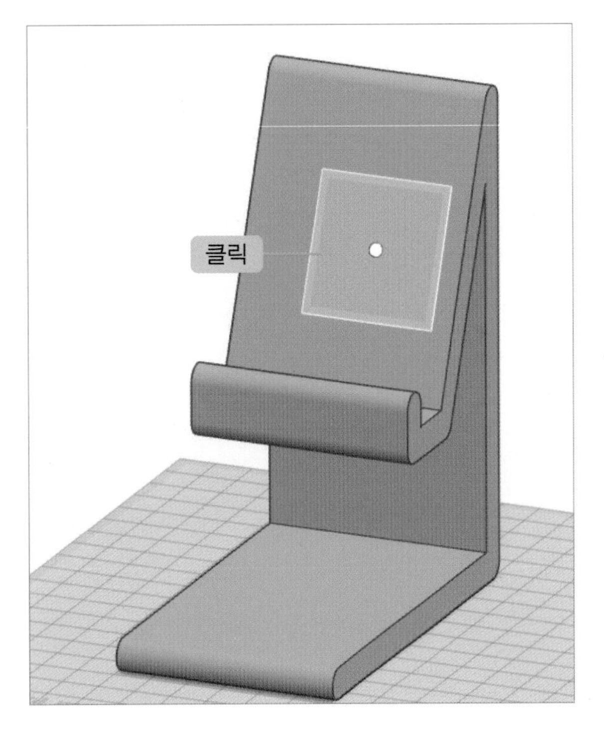

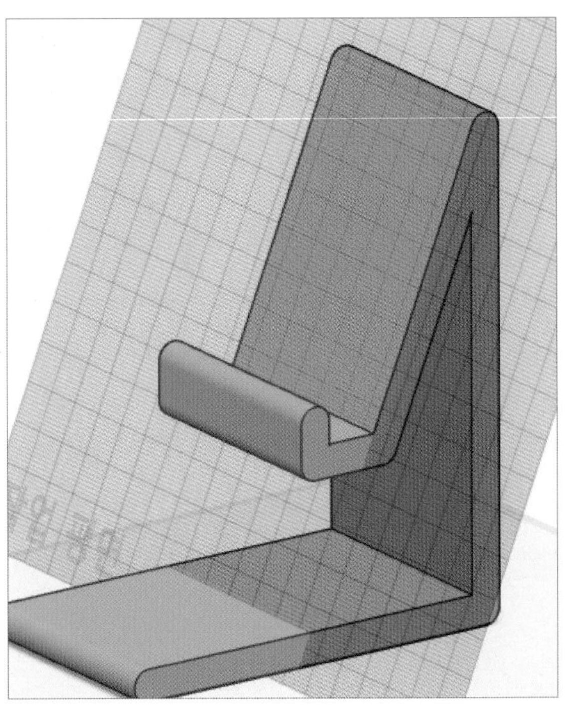

- 구멍 쉐이프를 복사한 후 작업 평면을 클릭하여 **[붙여넣기]**를 합니다.

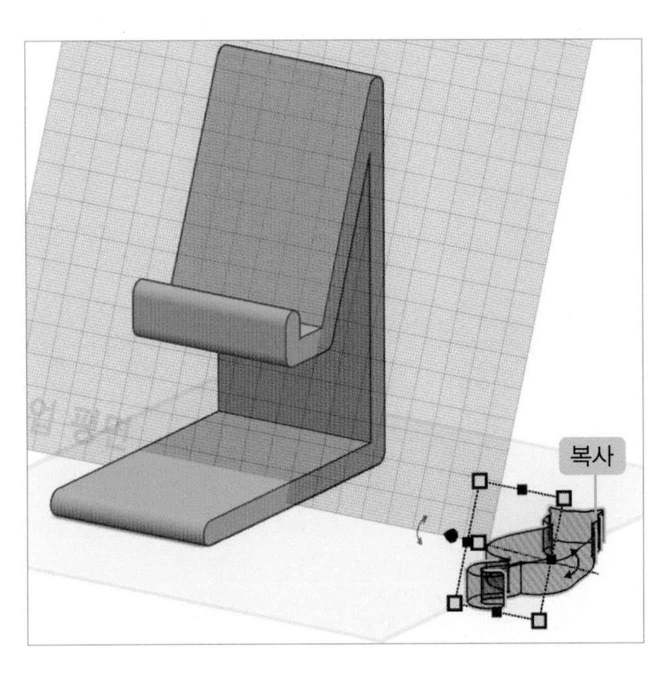

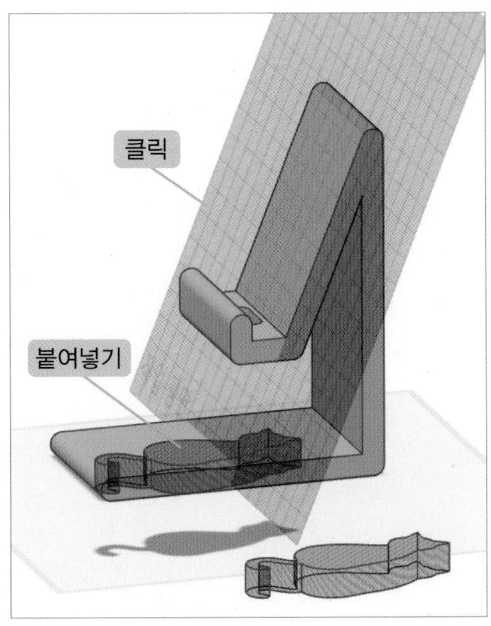

- 구멍 쉐이프를 클릭한 후 **[회전 화살표]**를 드래그하여 67.5° 회전을 합니다.

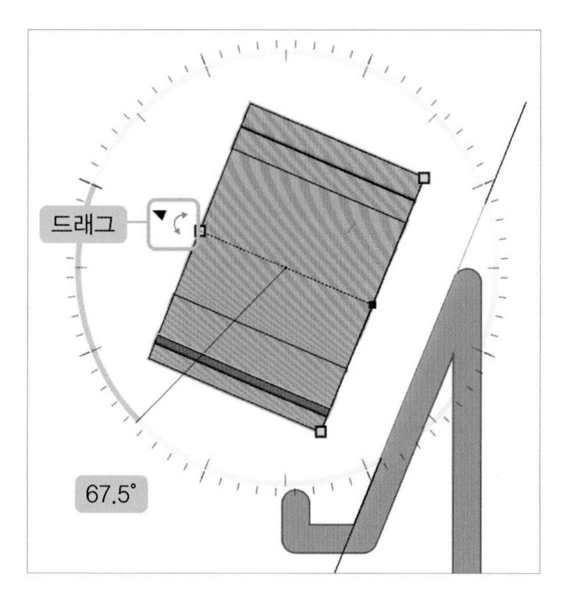

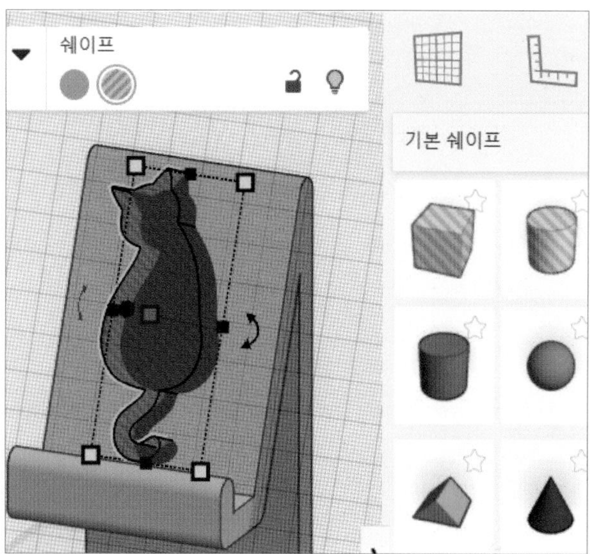

- 고양이 쉐이프의 크기, 위치를 조절합니다.
  [작업 평면]을 클릭한 후 빈 공간을 클릭하여 작업 평면 해제를 합니다.

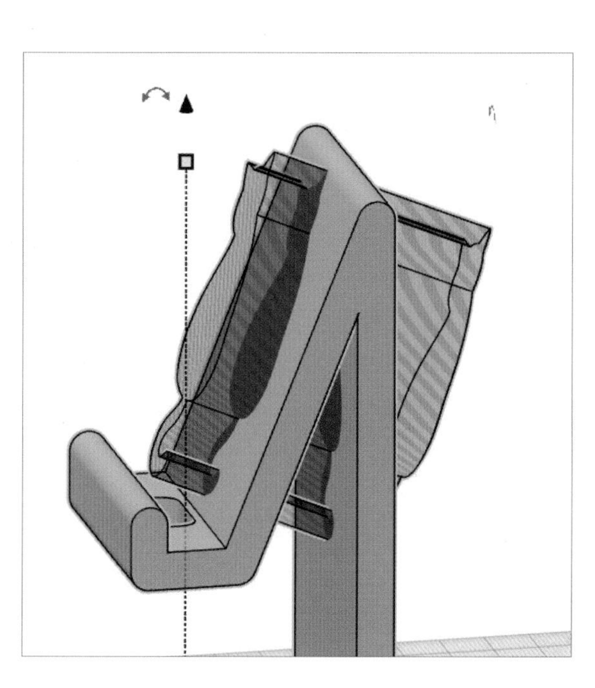

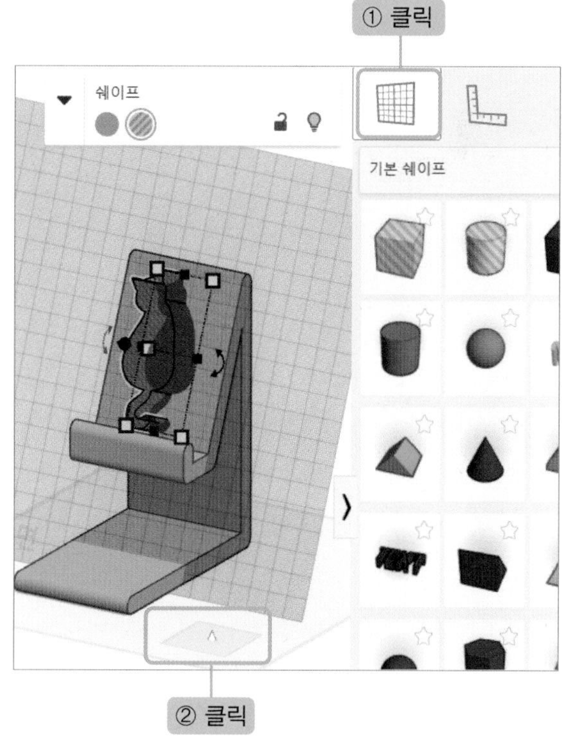

● 쉐이프를 전체 지정한 후 **[그룹화]**를 합니다.

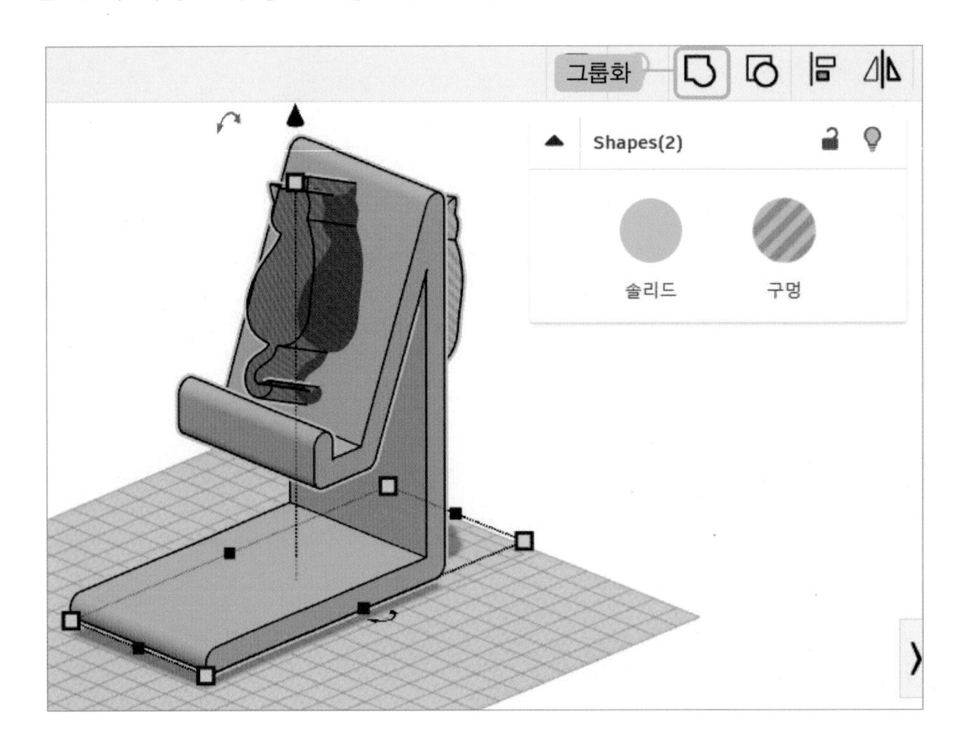

● 핸드폰 거치대를 완성했어요!

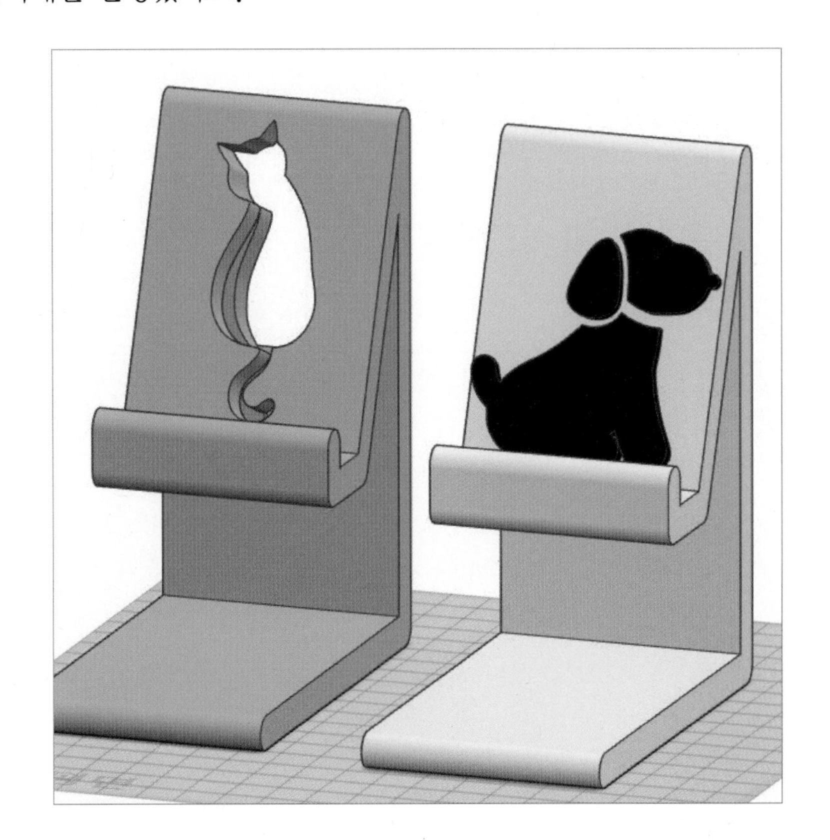

다양한 쉐이프를 이용하여 핸드폰 거치대를 만들어 보세요.

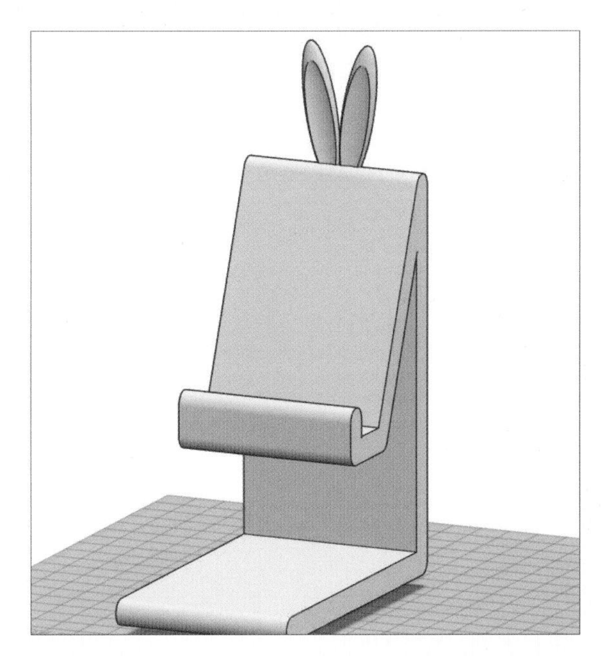

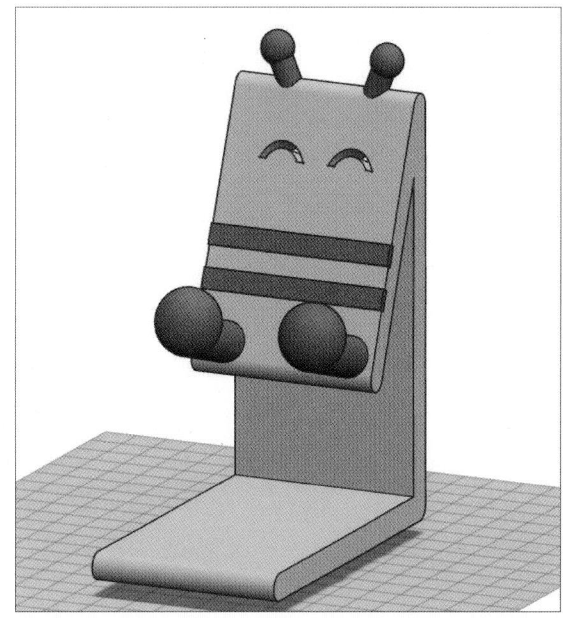

Tip 캐릭터 쉐이프를 사용하여 모델링을 했어요!

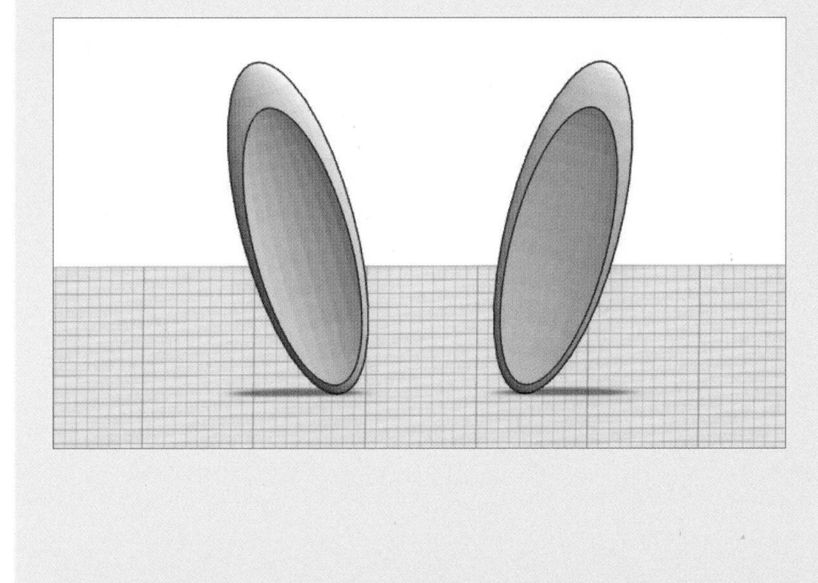

10차 코로나 바이러스

태그 #쉐이프 생성기 #다중점 원통 #정면도 #밑면도 #쉐이프 패턴 복사

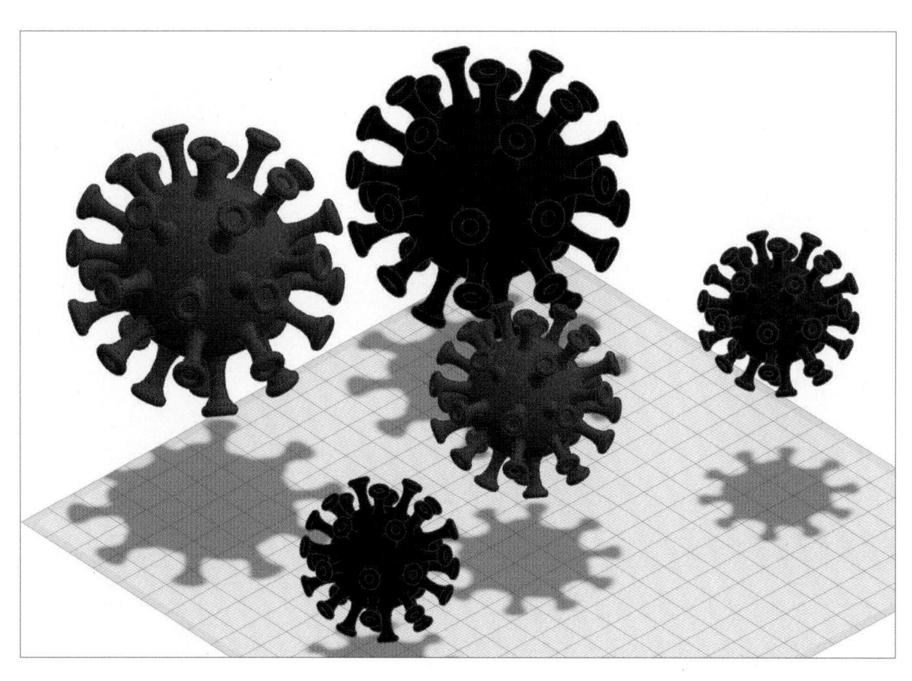

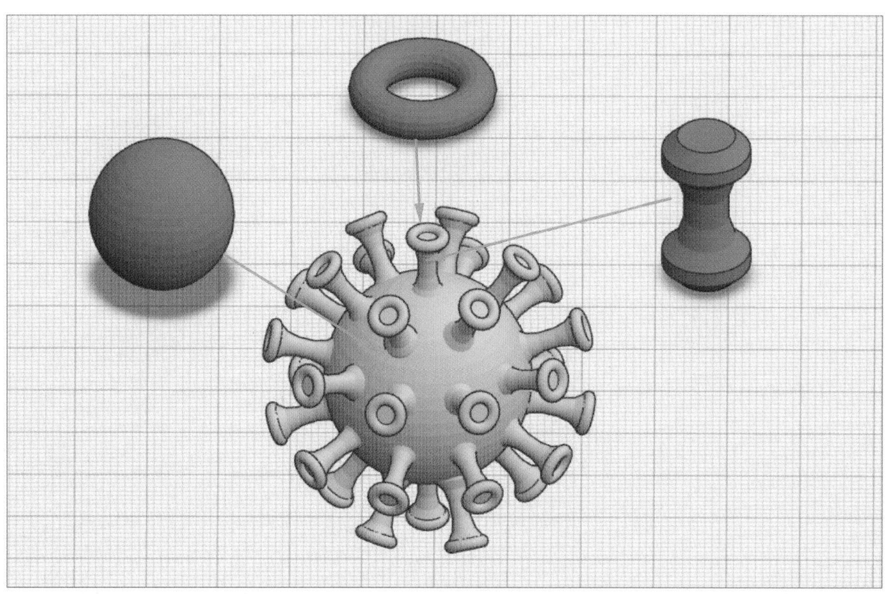

1 쉐이프 준비하기

- **[새 디자인 작성]**을 클릭하여 모델링을 시작합니다.

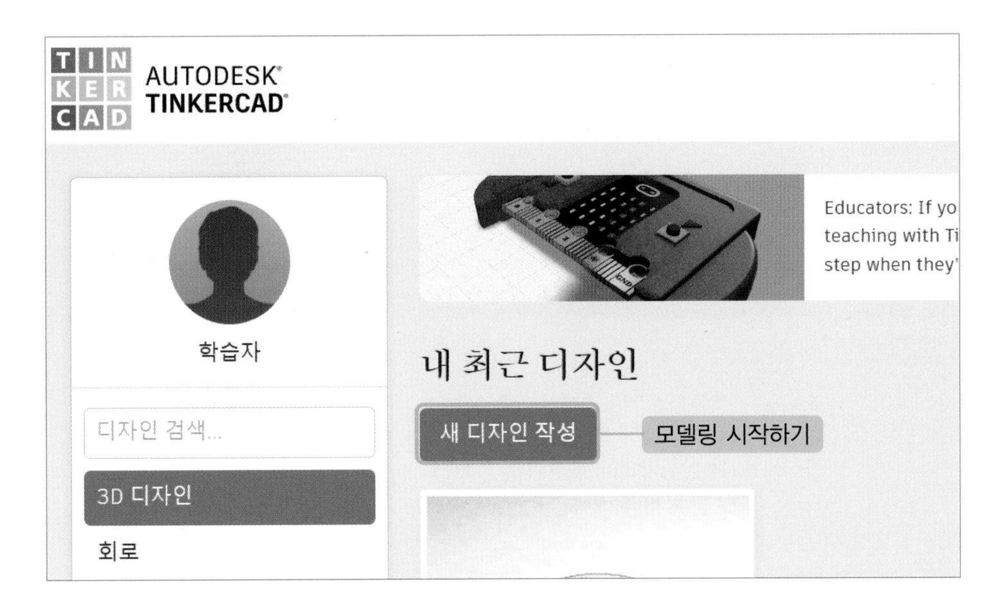

- 기본 쉐이프에서 **[구]**, **[토러스]**를 드래그하여 작업 평면에 놓아주세요.
  쉐이프 생성기에서 **[다중점 원통]**을 드래그하여 작업 평면에 놓아주세요.

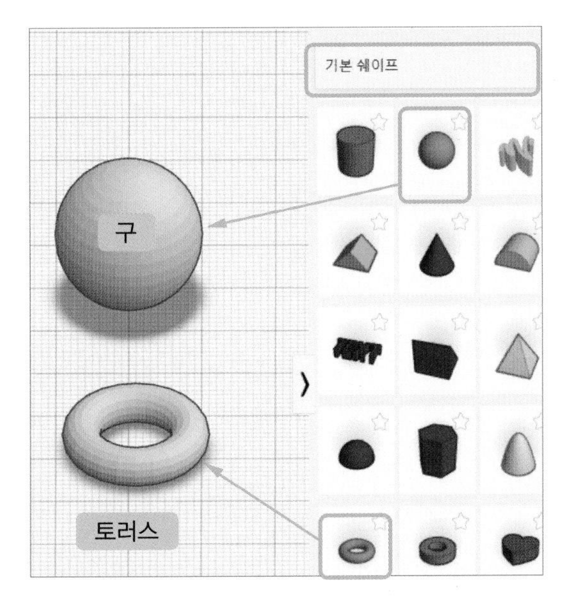

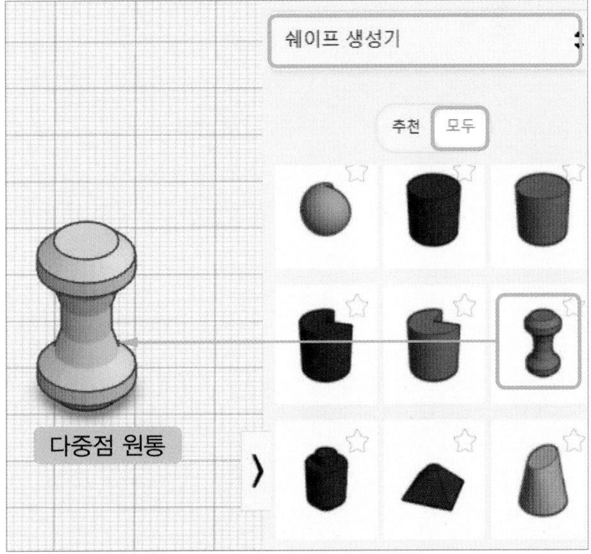

- 구를 클릭한 후 쉐이프 창에서 **[단계]**를 24로 조절합니다.
  구의 크기를 조절합니다. (가로, 세로, 높이 50)

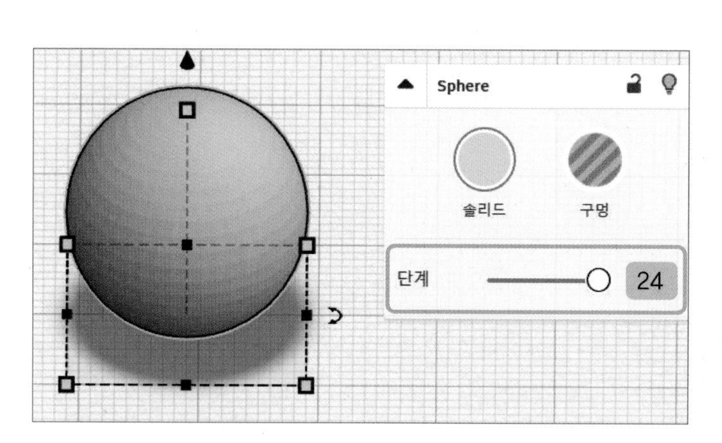

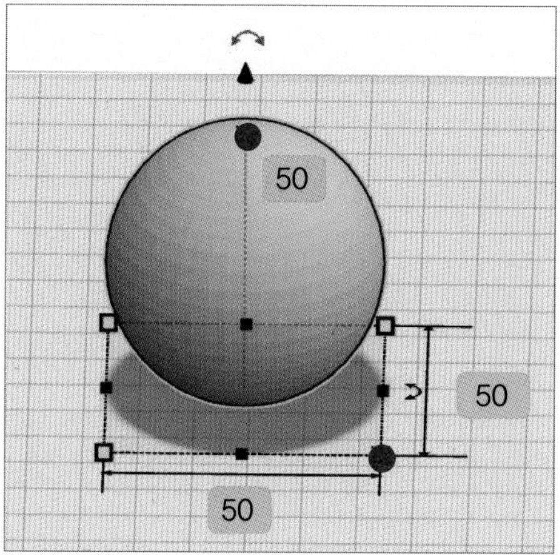

- 토러스를 클릭한 후 쉐이프 창에서 **[측면]**을 24로 조절합니다.
  토러스의 크기를 조절합니다. (가로 10, 세로 10, 높이 2.5)

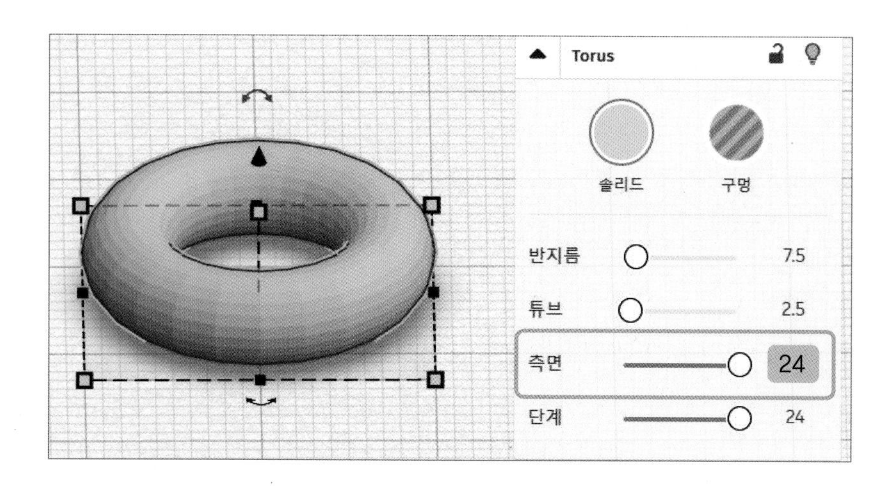

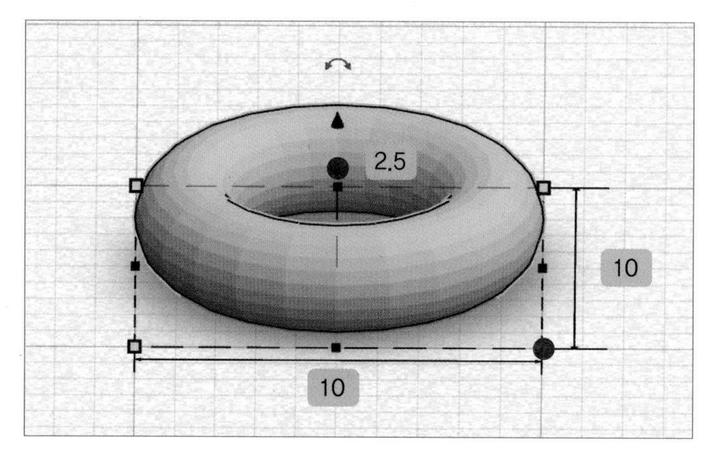

- 다중점 원통의 크기를 조절합니다. (가로 8.31, 세로 8, 높이 22.09)

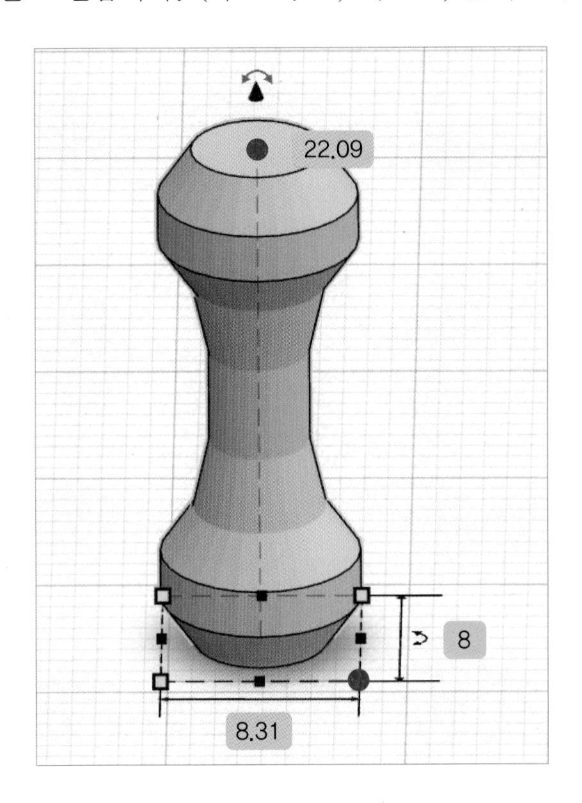

- 구멍 상자 2개를 작업 평면에 놓아줍니다.
  각각의 구멍 상자의 높이를 조절합니다. (높이 3, 높이 6)

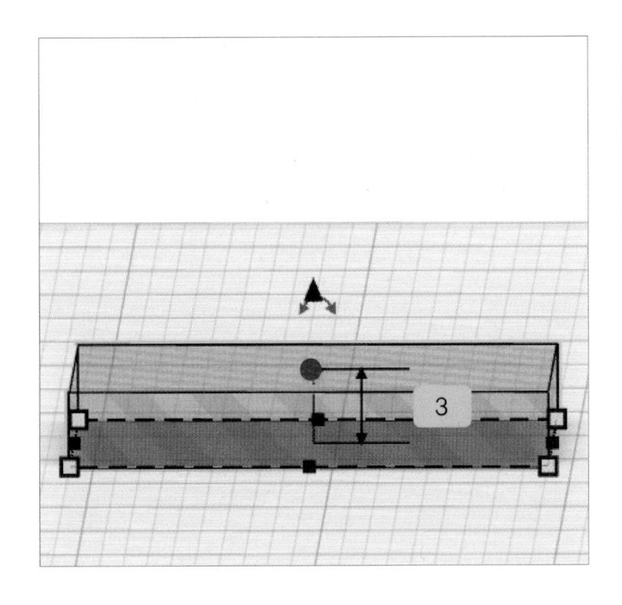

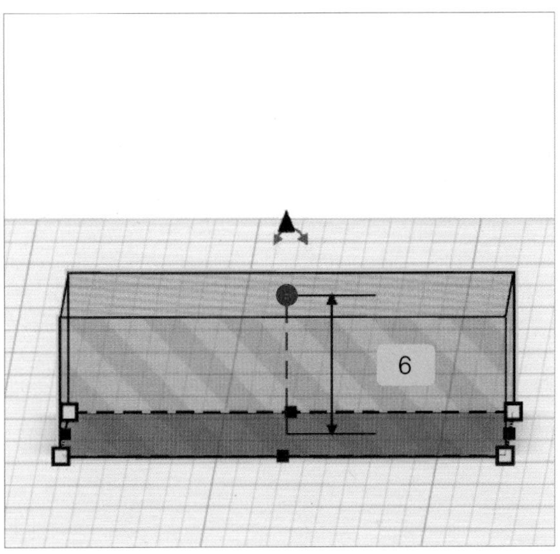

- 높이 6짜리 구멍 상자의 **[화살표]**를 드래그하여 위쪽으로 19만큼 올려줍니다.

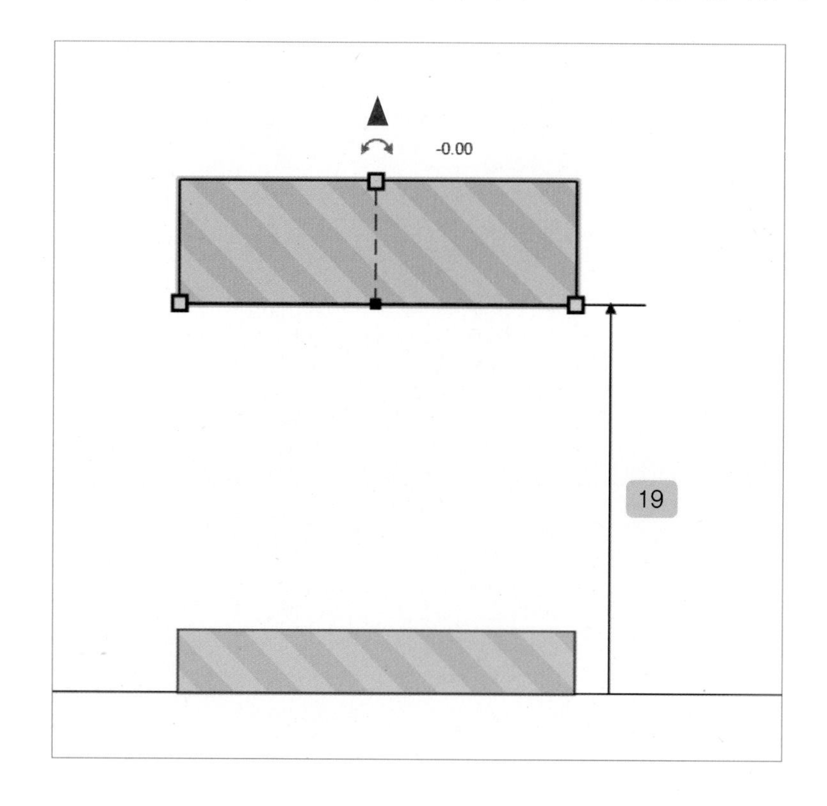

- **[직교]**를 클릭합니다.
  [뷰 박스]의 정면도를 클릭하여 정면에서 바라보는 시점으로 만듭니다.

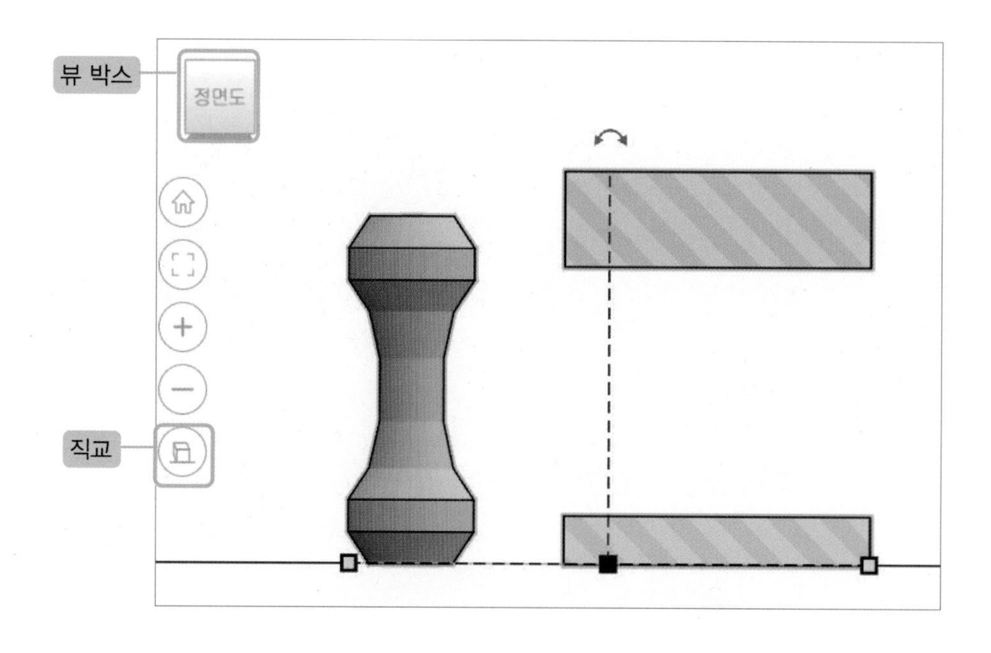

- 쉐이프를 전체 지정한 후 **[정렬]**을 클릭합니다.
  [가로 가운뎃점], **[세로 가운뎃점]**을 클릭합니다.

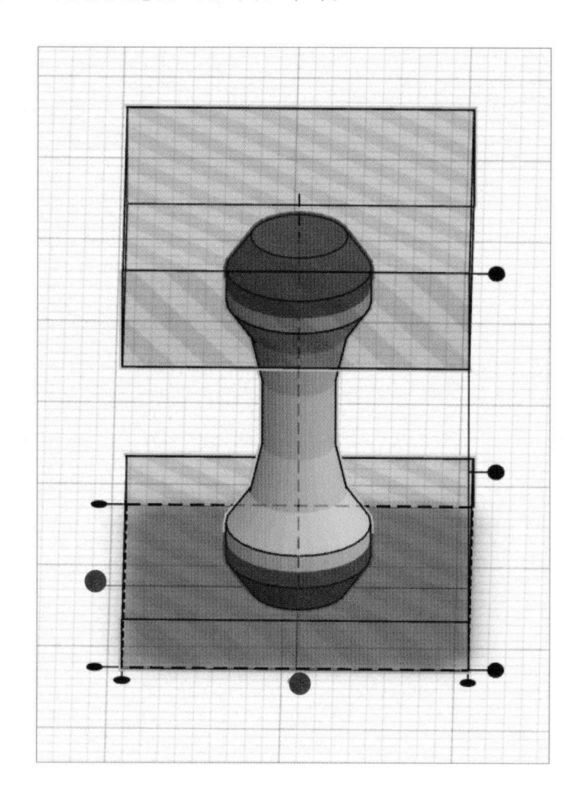

- 쉐이프를 전체 지정한 후 **[그룹화]**를 클릭합니다.

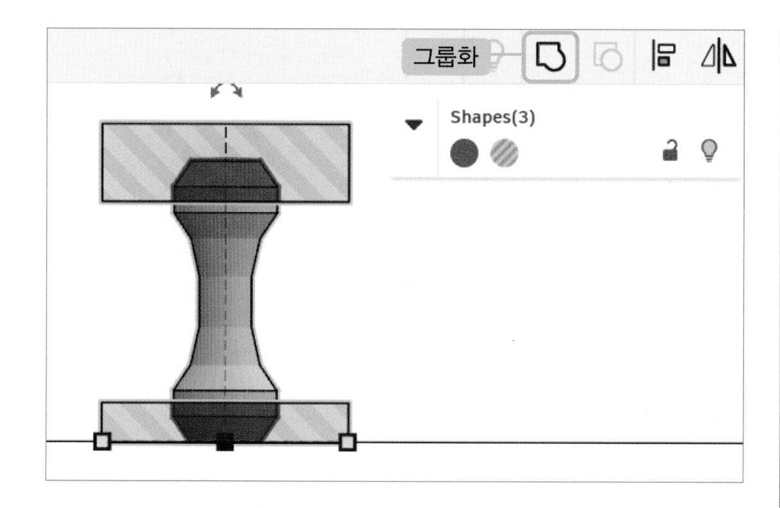

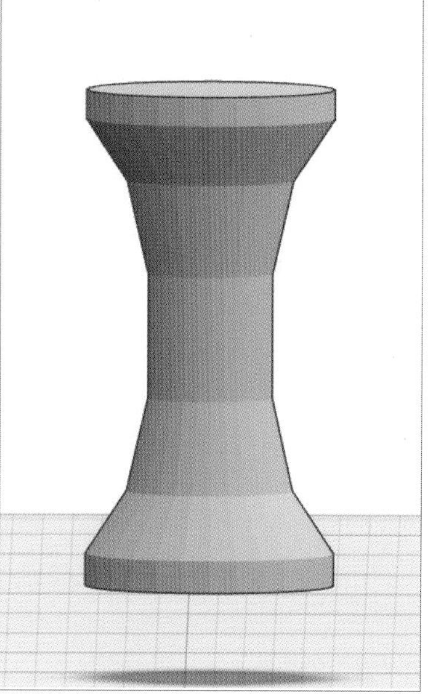

● 쉐이프를 클릭한 후 키보드 D를 눌러 쉐이프를 작업 평면에 붙여줍니다.

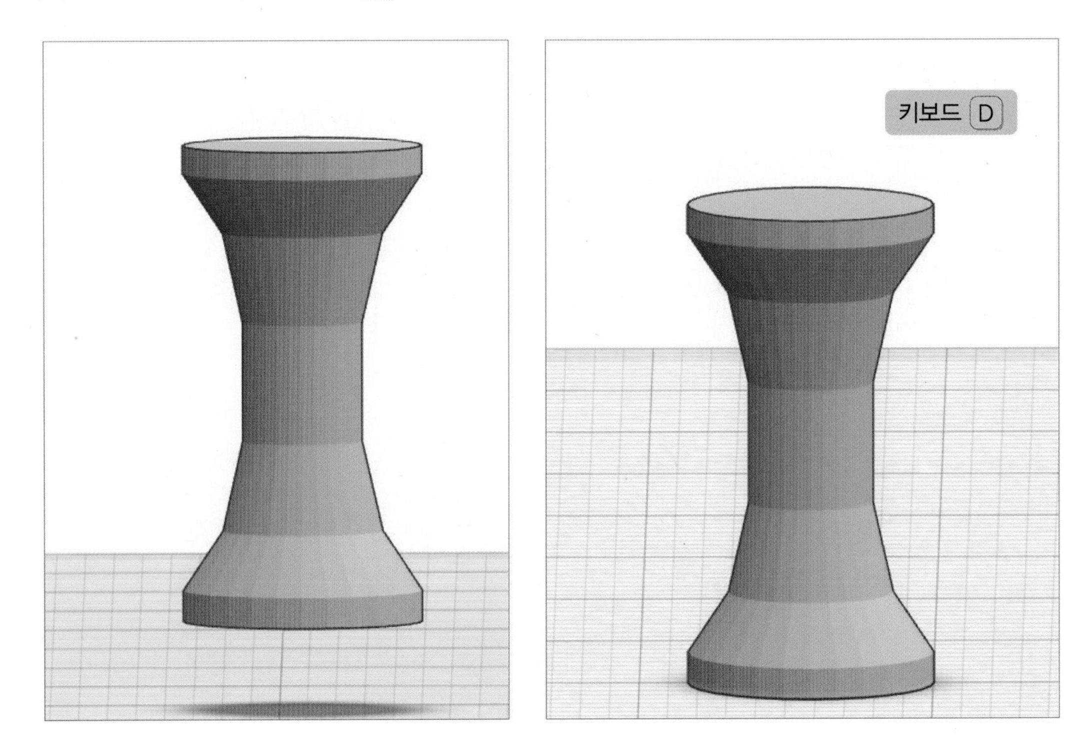

● 토러스의 **[화살표]**를 드래그하여 위쪽으로 15만큼 올려줍니다.

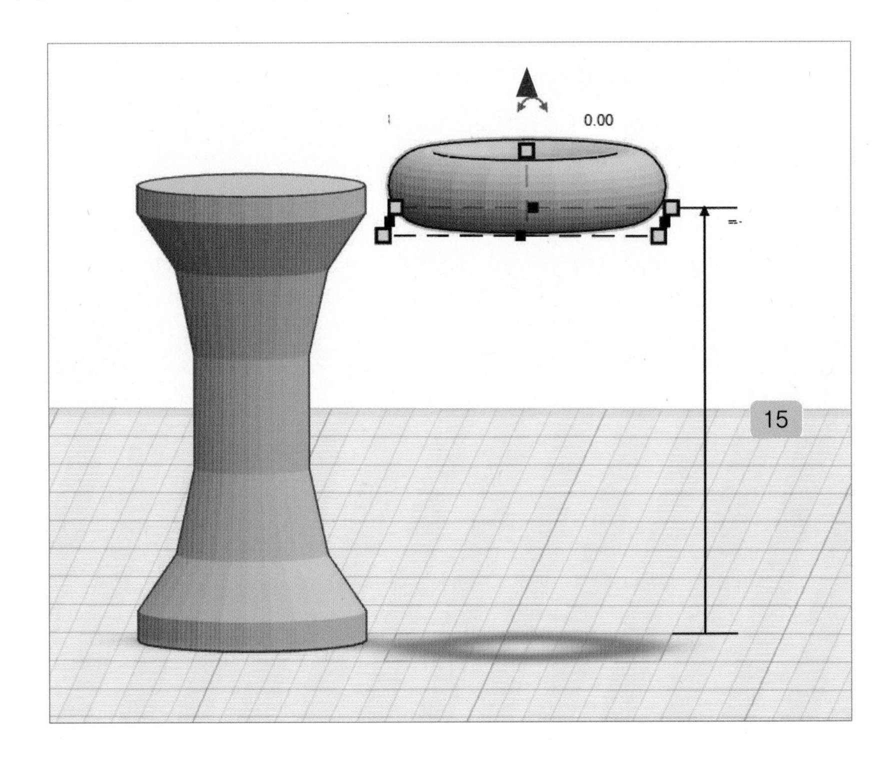

- 쉐이프를 전체 지정한 후 **[정렬]**을 클릭합니다.
  [가로 가운뎃점], **[세로 가운뎃점]**을 클릭합니다.
  쉐이프를 전체 지정한 후 **[그룹화]**를 합니다.

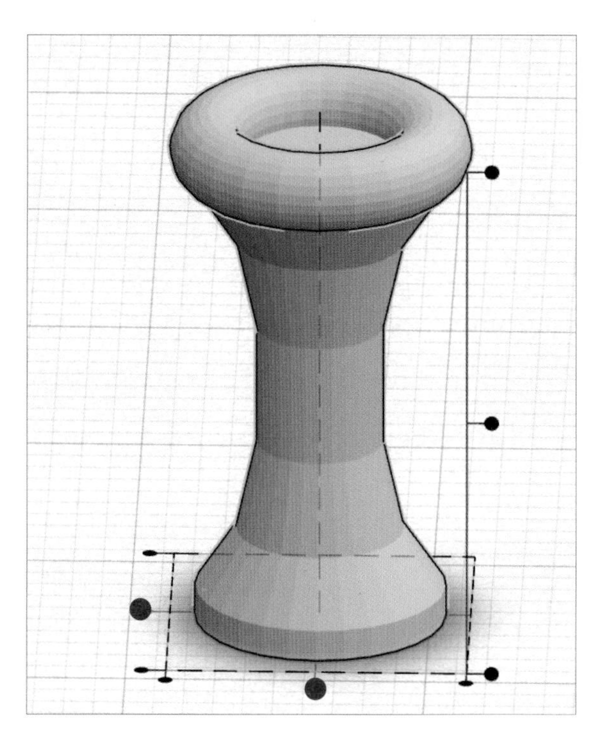
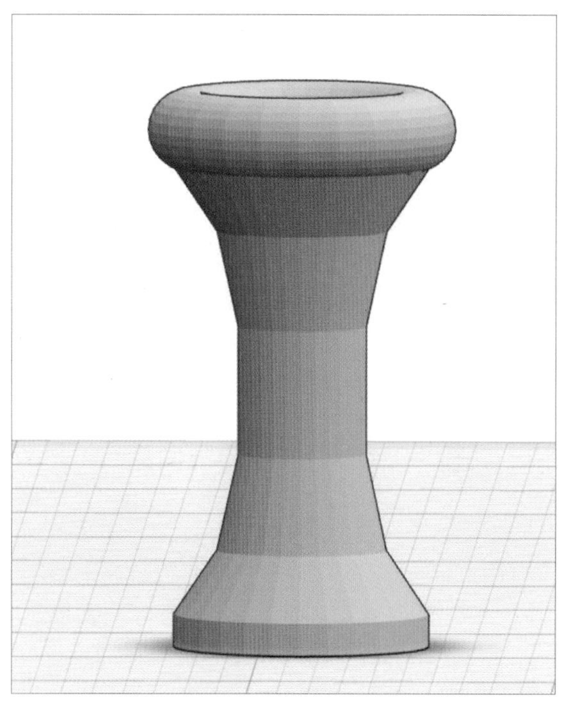

- 쉐이프를 **[복사]**하여 **[붙여넣기]**를 합니다. (Ctrl+C, Ctrl+V)
  쉐이프 1개를 클릭한 후 **[회전 화살표]**를 드래그하여 180° 회전을 합니다.

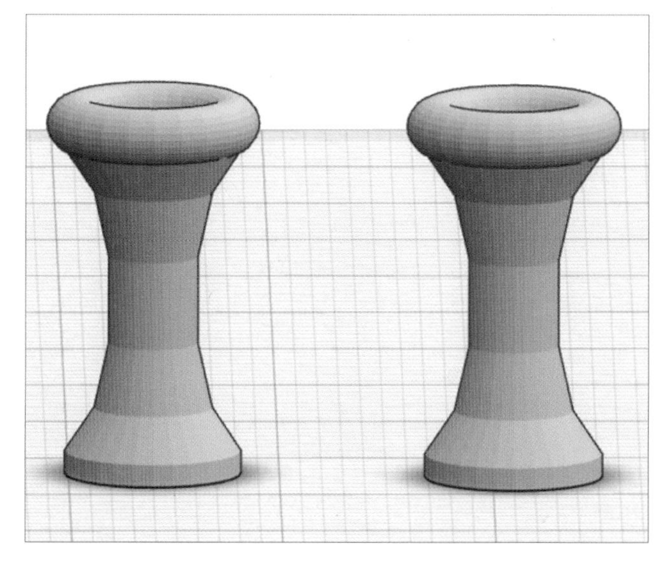
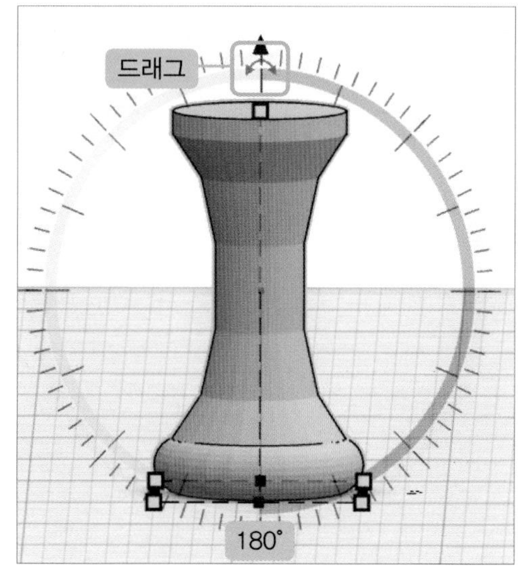

- **[그리드 스냅]**을 0.5로 설정합니다.

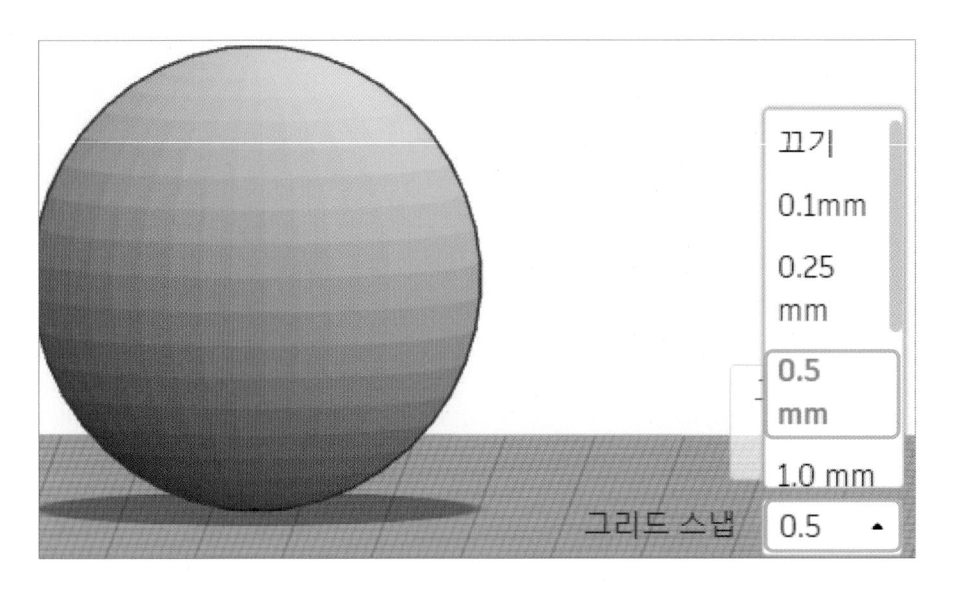

- 회전한 쉐이프의 **[화살표]**를 드래그하여 아래쪽으로 **-15.5**만큼 내려줍니다.

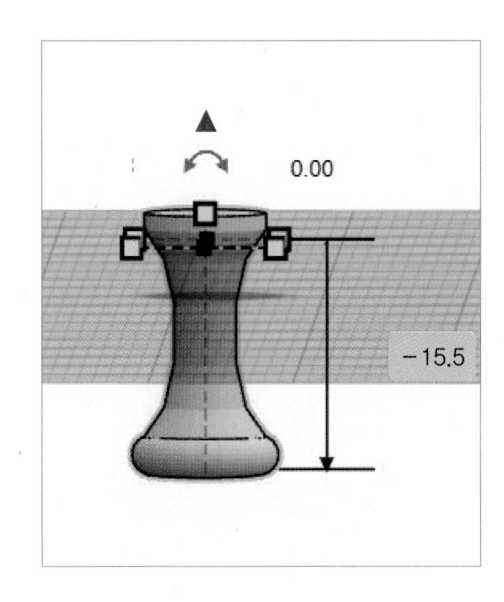

- 위쪽이 둥근 쉐이프의 **[화살표]**를 드래그하여 48만큼 위쪽으로 올려줍니다.

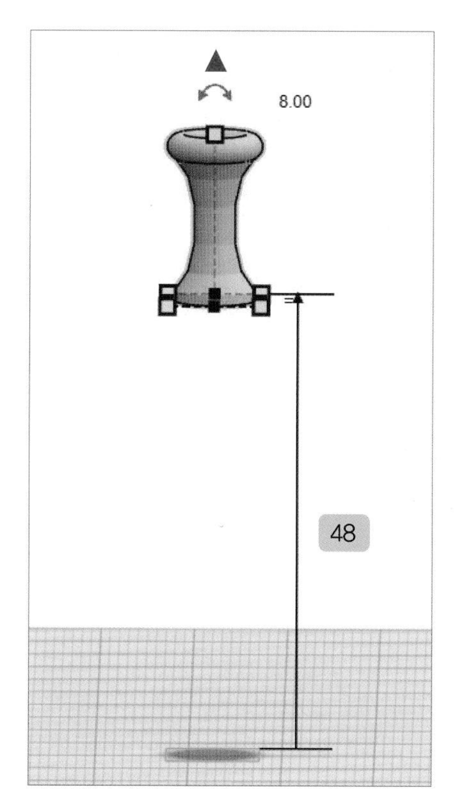

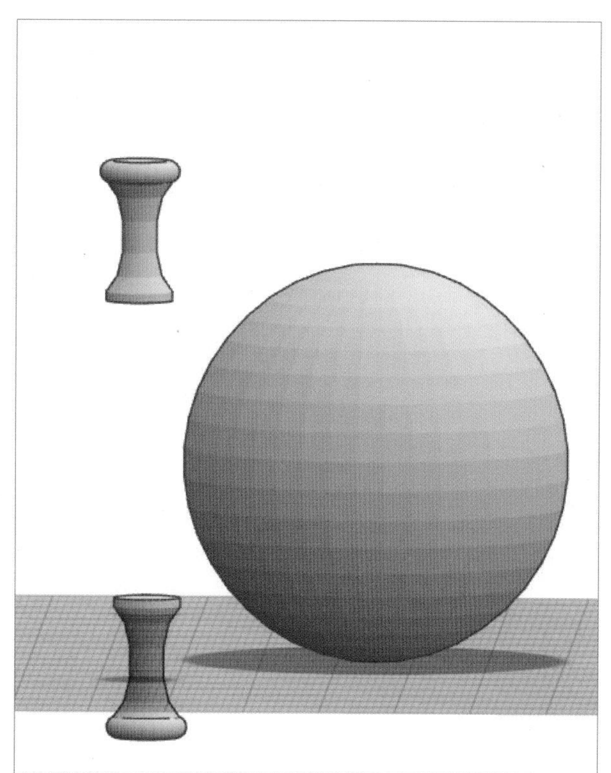

- 쉐이프를 전체 지정한 후 **[정렬]**을 클릭합니다.
  [가로 가운뎃점], **[세로 가운뎃점]**을 클릭합니다.

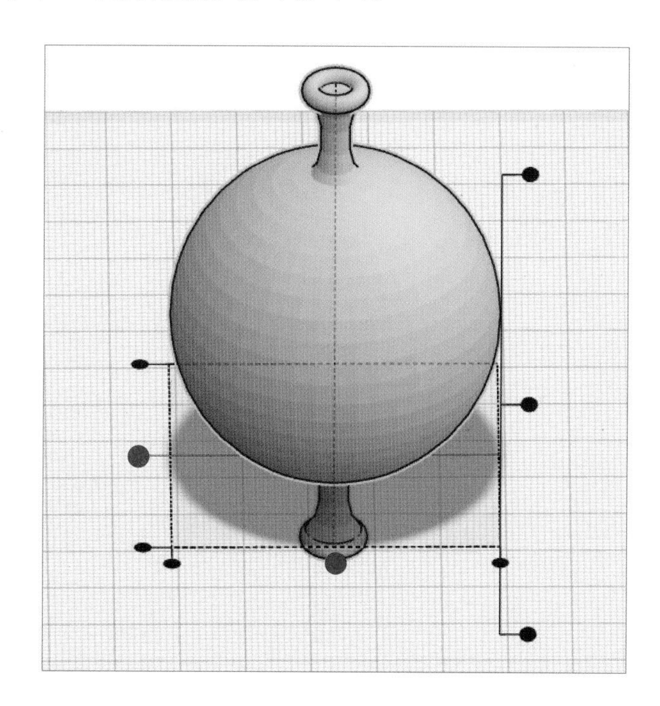

- Shift+쉐이프를 클릭하여 2개의 쉐이프를 선택 지정합니다.

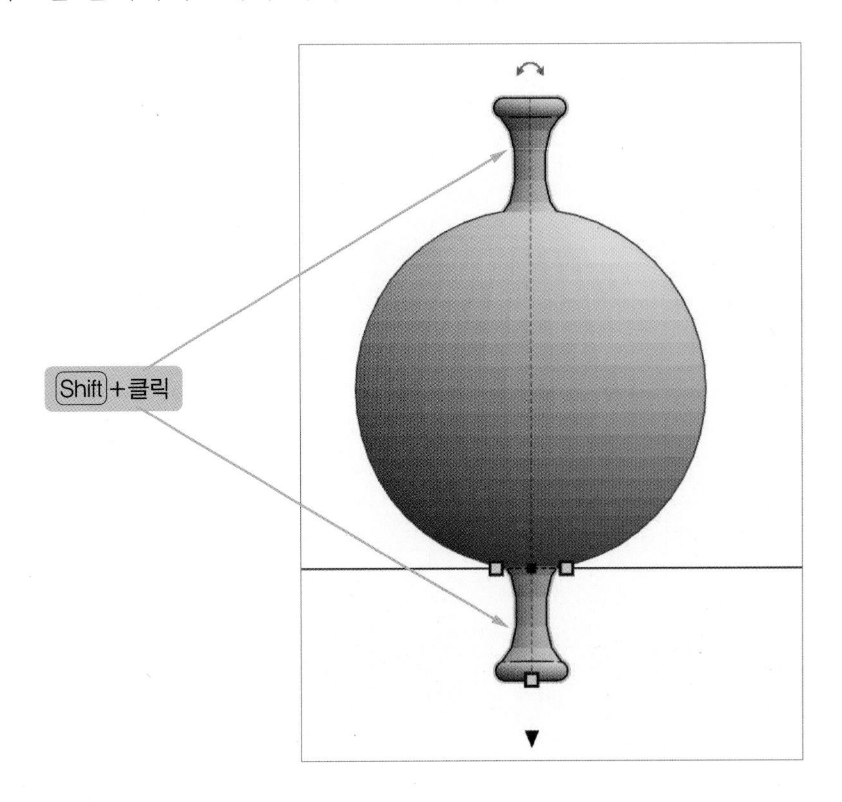

- Ctrl+D를 눌러 제자리 복사한 후 **[회전 화살표]**를 드래그하여 35° 회전을 합니다. 다시 Ctrl+D를 누르면 패턴 복사가 됩니다.

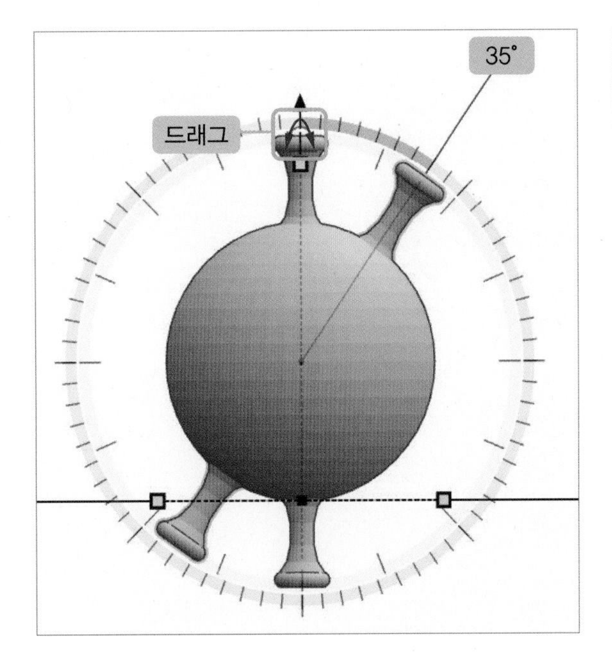

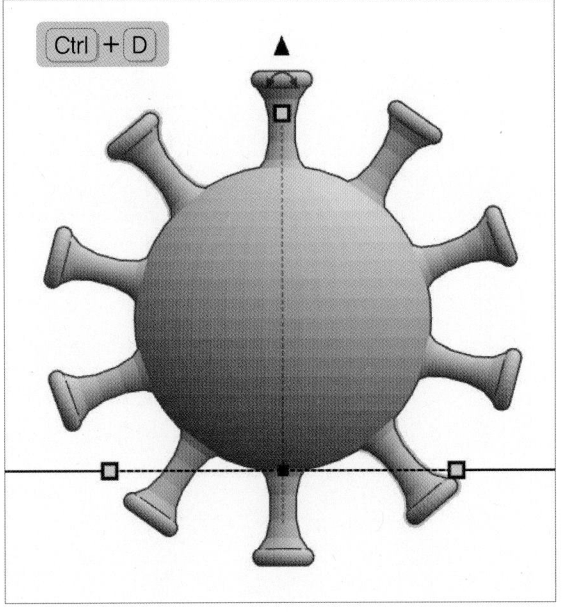

- **[직교]**를 클릭한 후 **[뷰 박스]**의 평면도를 클릭하여 위에서 바라보는 시점으로 만듭니다. Shift+쉐이프를 클릭하여 2개의 쉐이프를 선택 지정합니다.

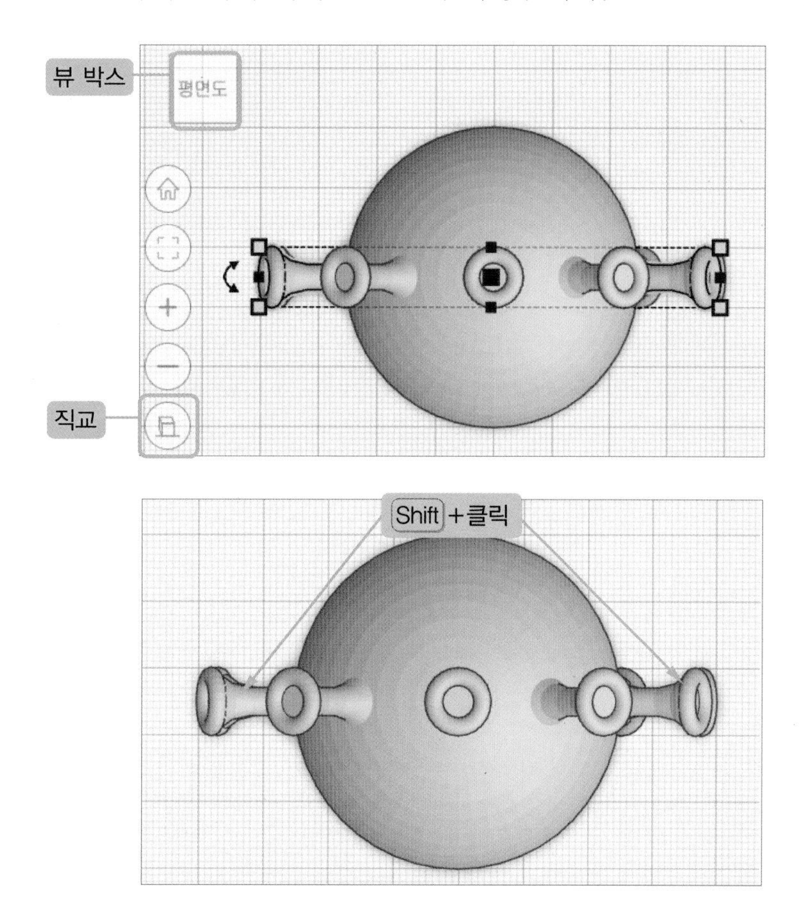

- Ctrl+D를 눌러 제자리 복사한 후 **[회전 화살표]**를 드래그하여 −35° 회전을 합니다. 다시 Ctrl+D를 누르면 패턴 복사가 됩니다.

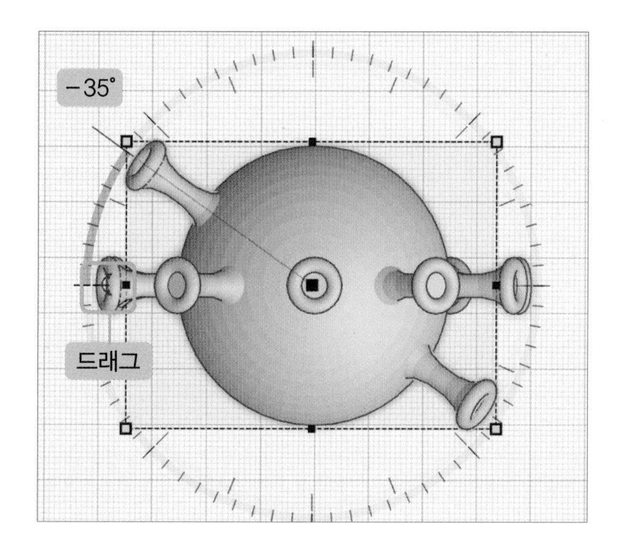

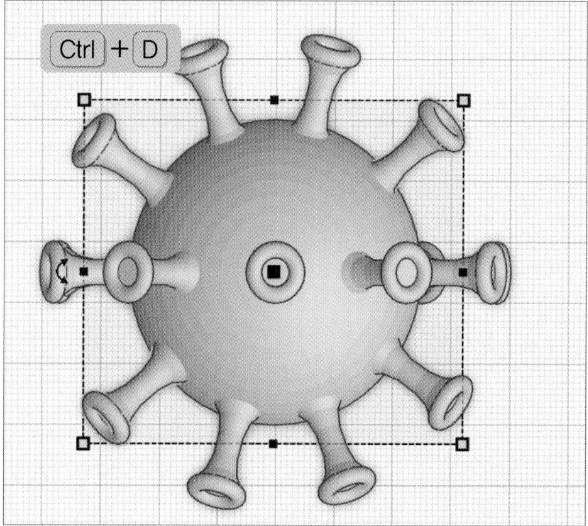

- Shift+쉐이프를 클릭하여 2개의 쉐이프를 선택 지정합니다.

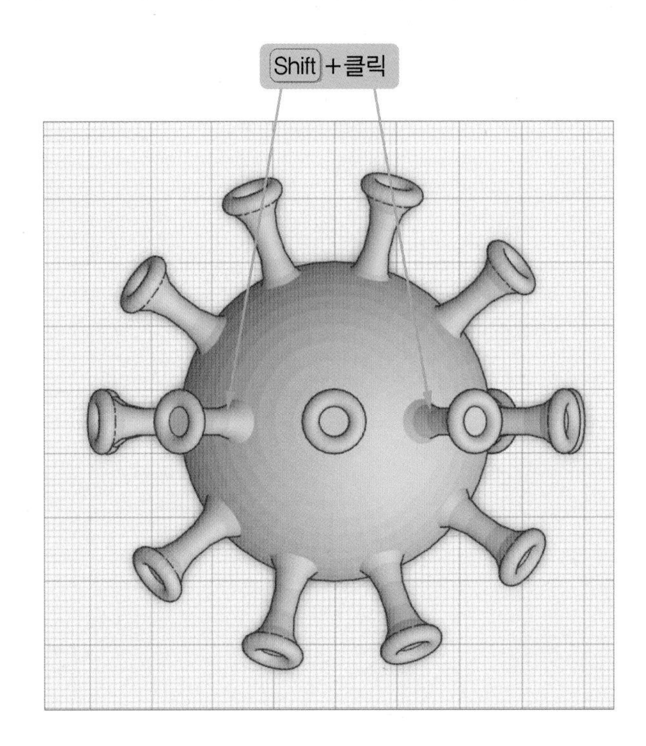

- Ctrl+D를 눌러 제자리 복사한 후 **[회전 화살표]**를 드래그하여 −55° 회전을 합니다. 다시 Ctrl+D를 누르면 패턴 복사가 됩니다.

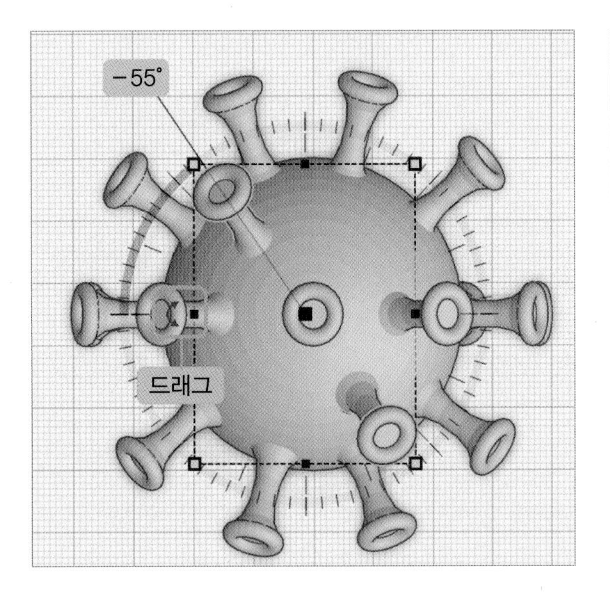

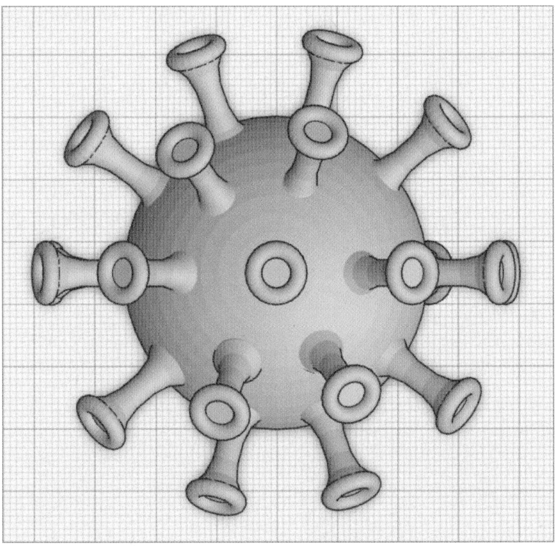

- **[뷰 박스]**의 **[밑면도]**를 클릭하여 아래에서 바라보는 시점으로 만듭니다. Shift+쉐이프를 클릭하여 2개의 쉐이프를 선택 지정합니다.

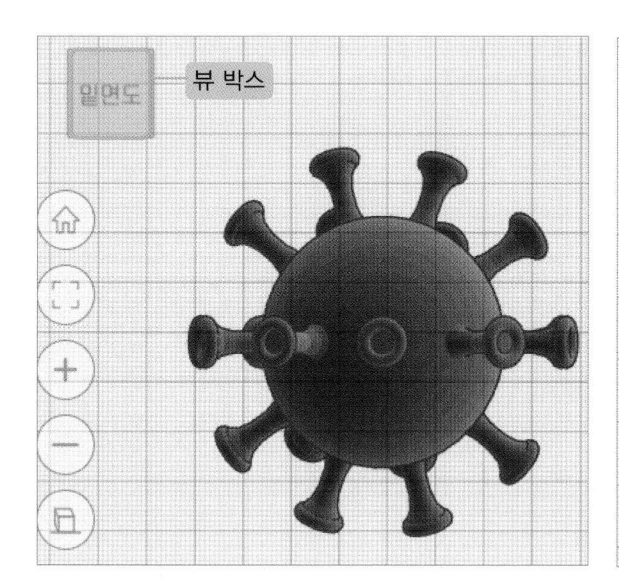

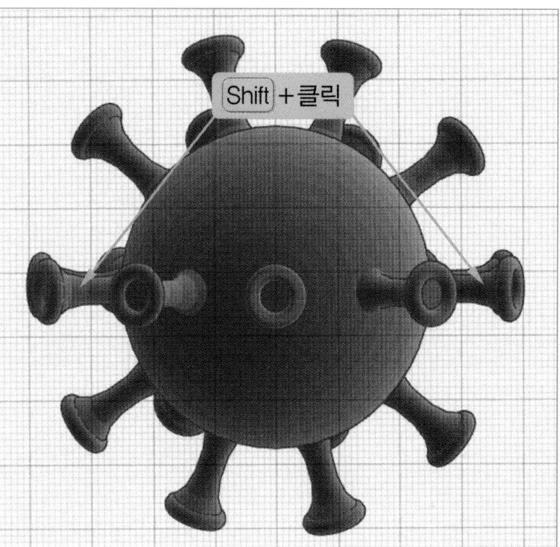

- Ctrl+D를 눌러 제자리 복사한 후 **[회전 화살표]**를 드래그하여 −35° 회전을 합니다. 다시 Ctrl+D를 누르면 패턴 복사가 됩니다.

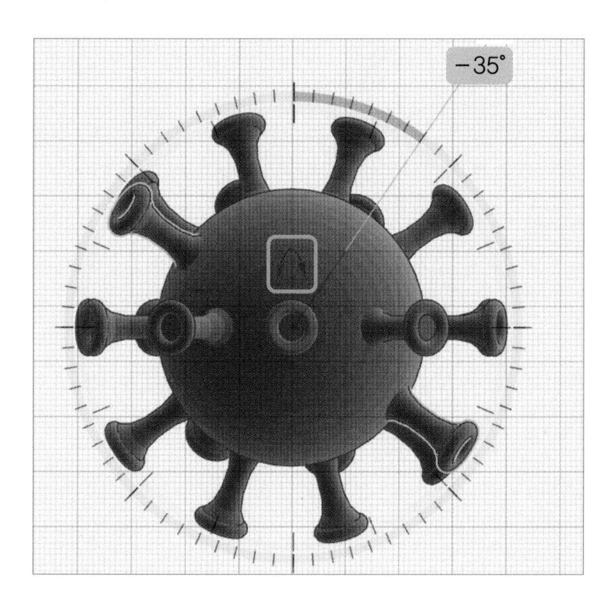

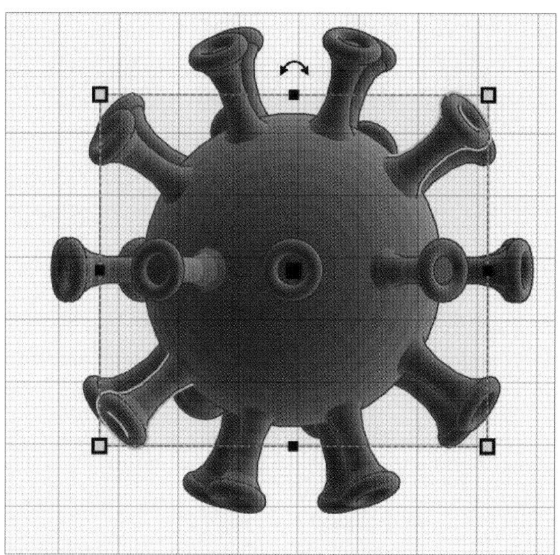

- Shift+쉐이프를 클릭하여 2개의 쉐이프를 선택 지정합니다.

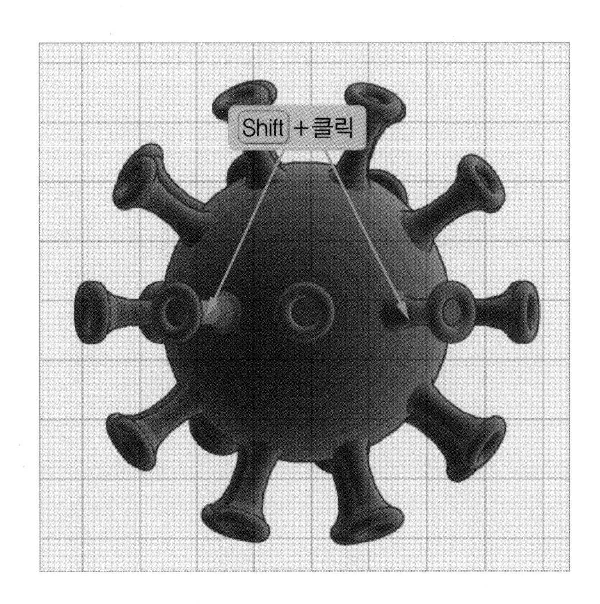

- Ctrl+D를 눌러 제자리 복사한 후 **[회전 화살표]**를 드래그하여 −55° 회전을 합니다. 다시 Ctrl+D를 누르면 패턴 복사가 됩니다.

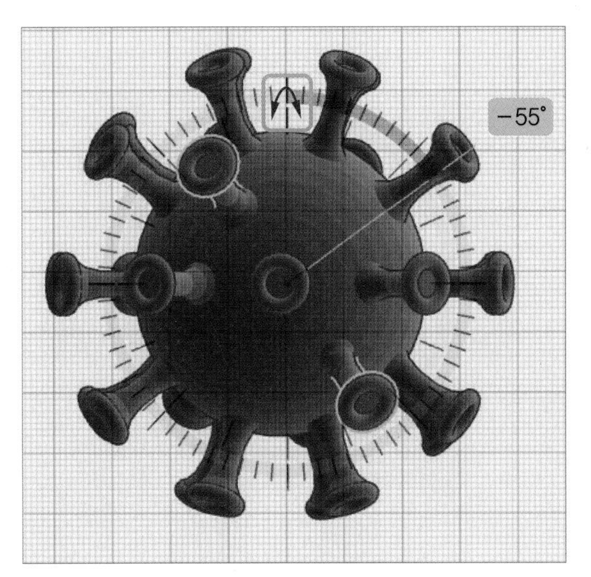

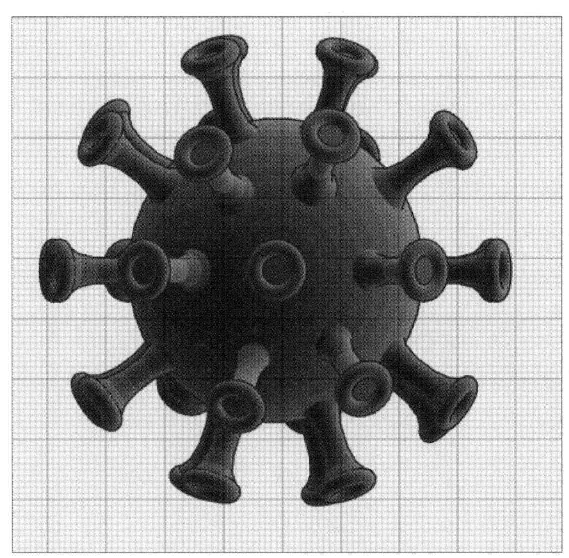

- 코로나 바이러스 모형이 완성되었어요!

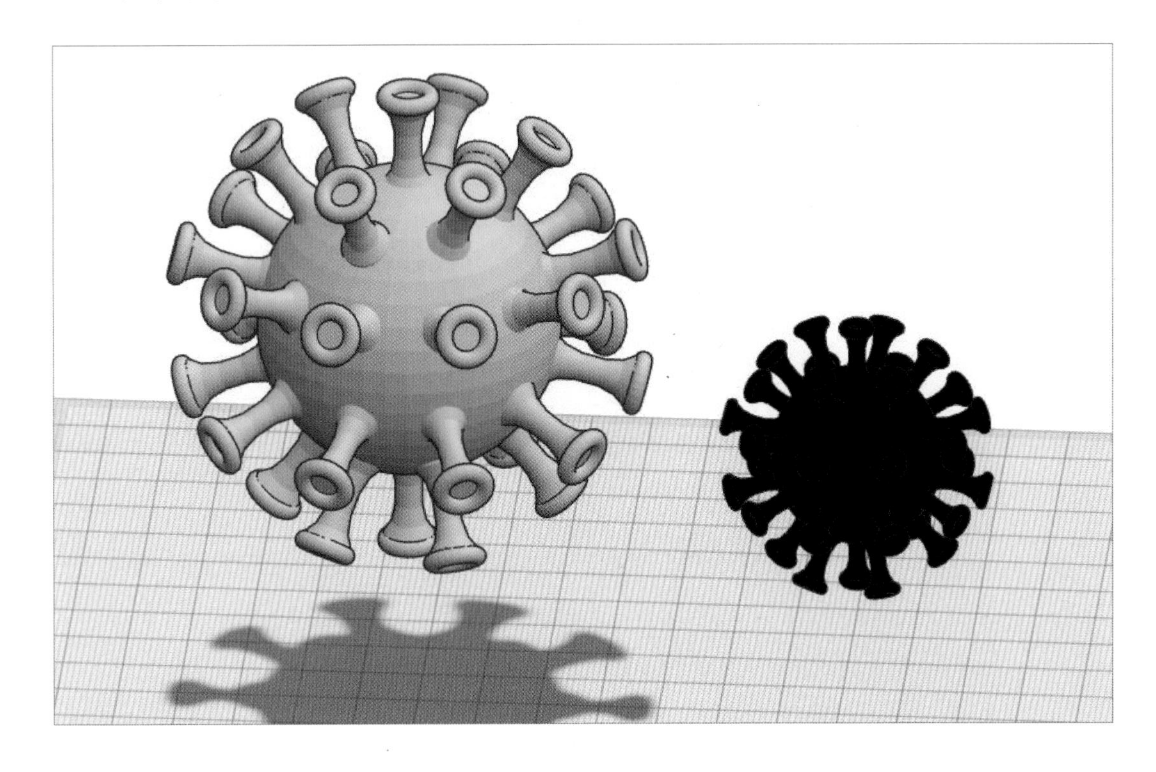

변이 바이러스 모형을 만들어 보세요.

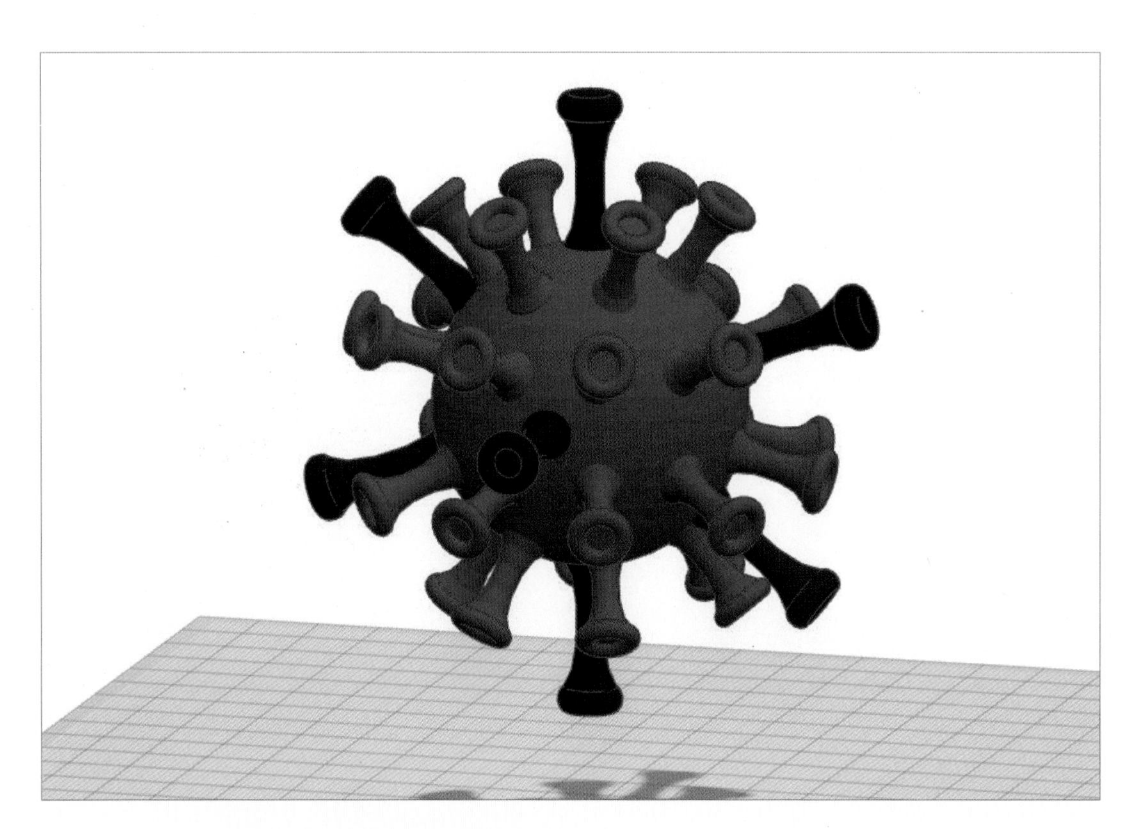

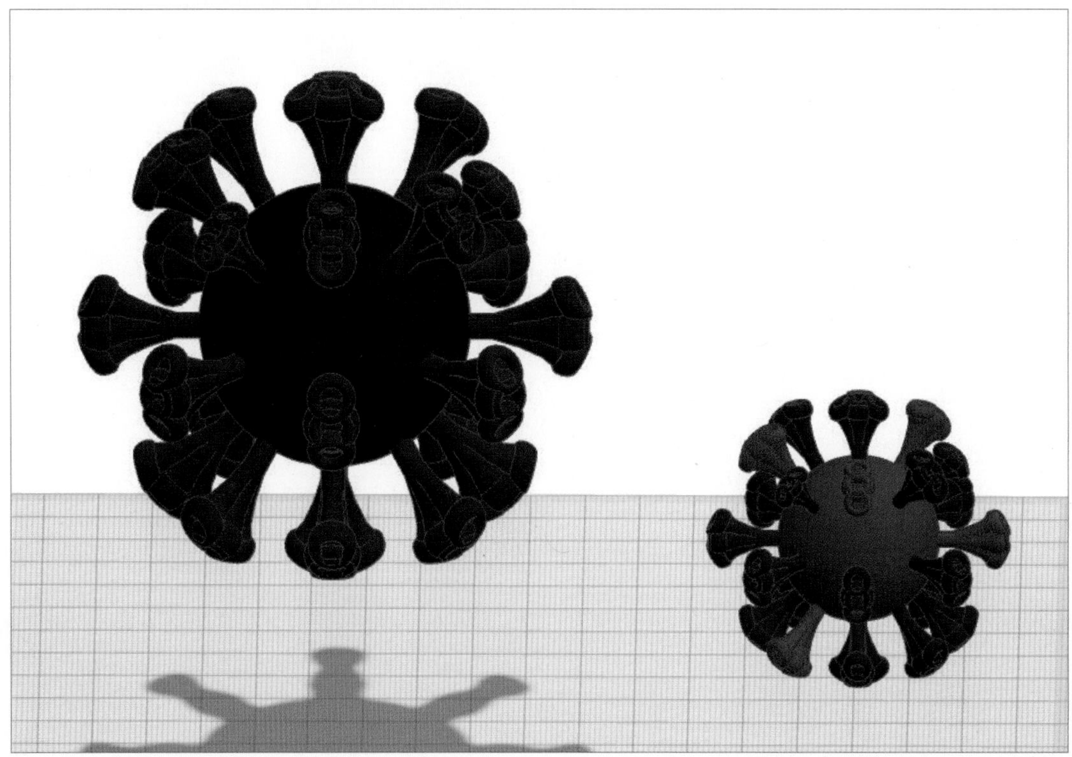

11차 생일 토퍼

태그 #파워포인트 #글꼴 #텍스트 상자 #낱글자

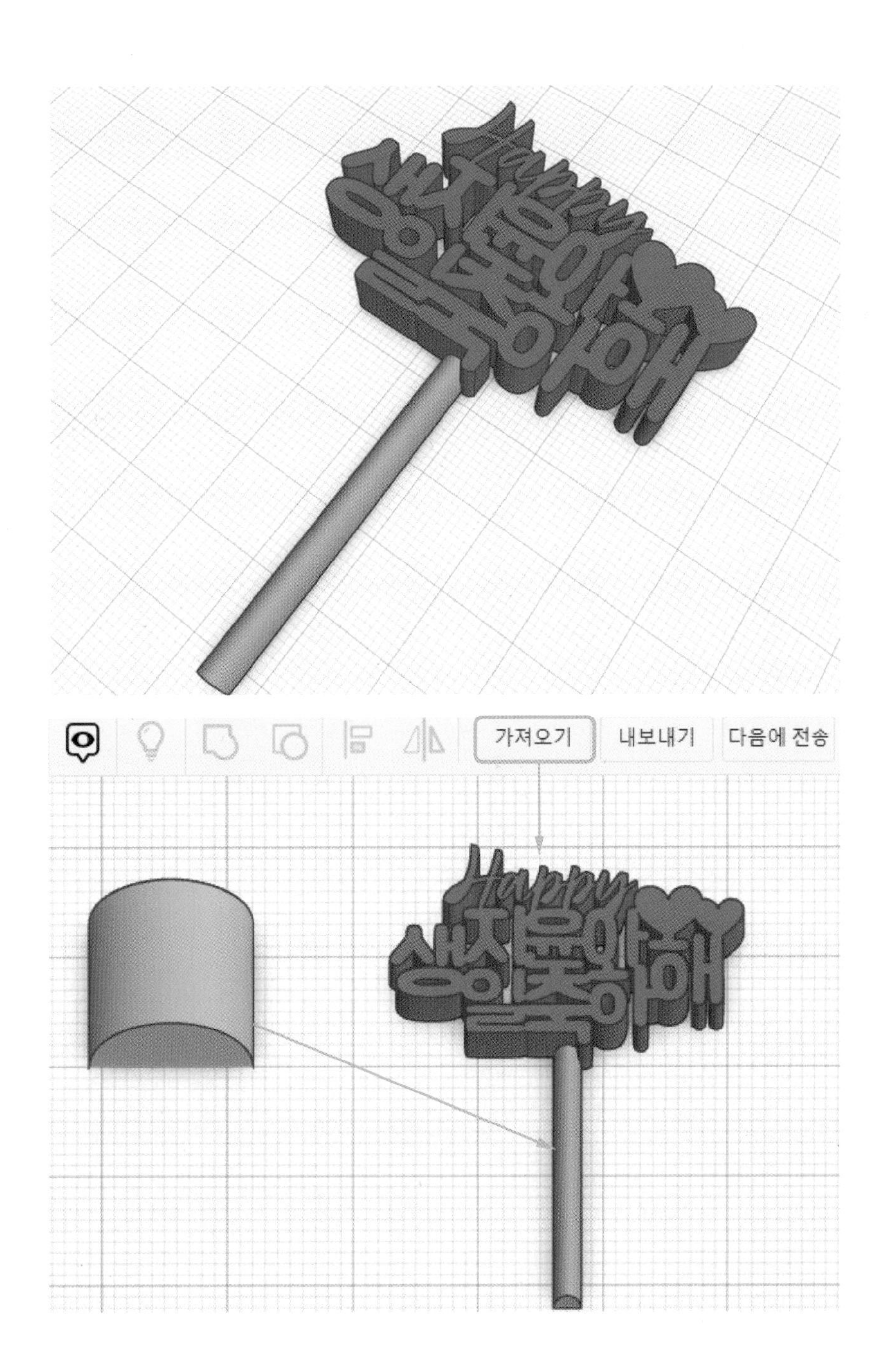

파워포인트를 사용하여 모델링하기

- 파워포인트를 실행합니다.

(파워포인트 외에도 글자를 입력하고 수정할 수 있는 프로그램 어디서든 가능합니다.)

- [새 프레젠테이션]을 클릭합니다.

- [삽입]에서 [텍스트 상자]를 클릭하여 글자를 입력합니다.

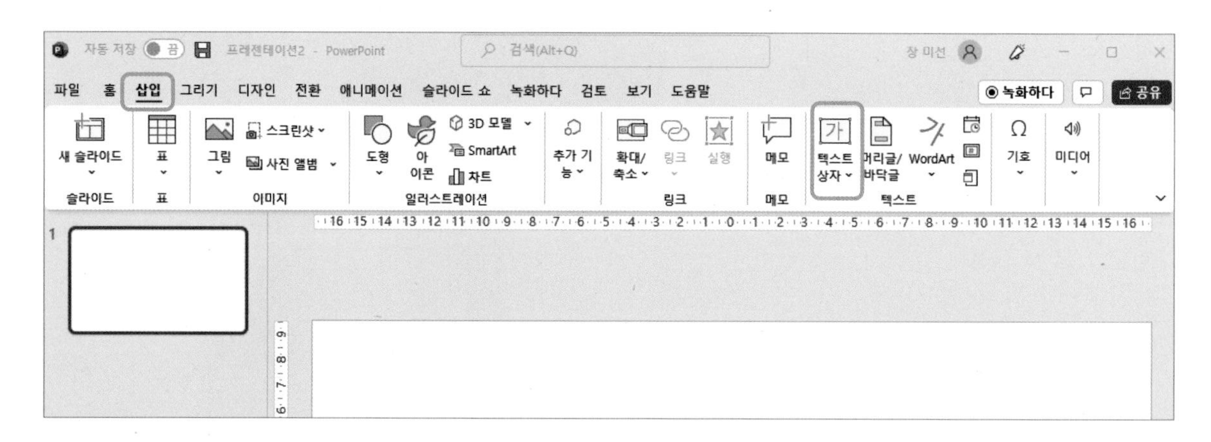

● 원하는 **[글꼴]**을 선택합니다.

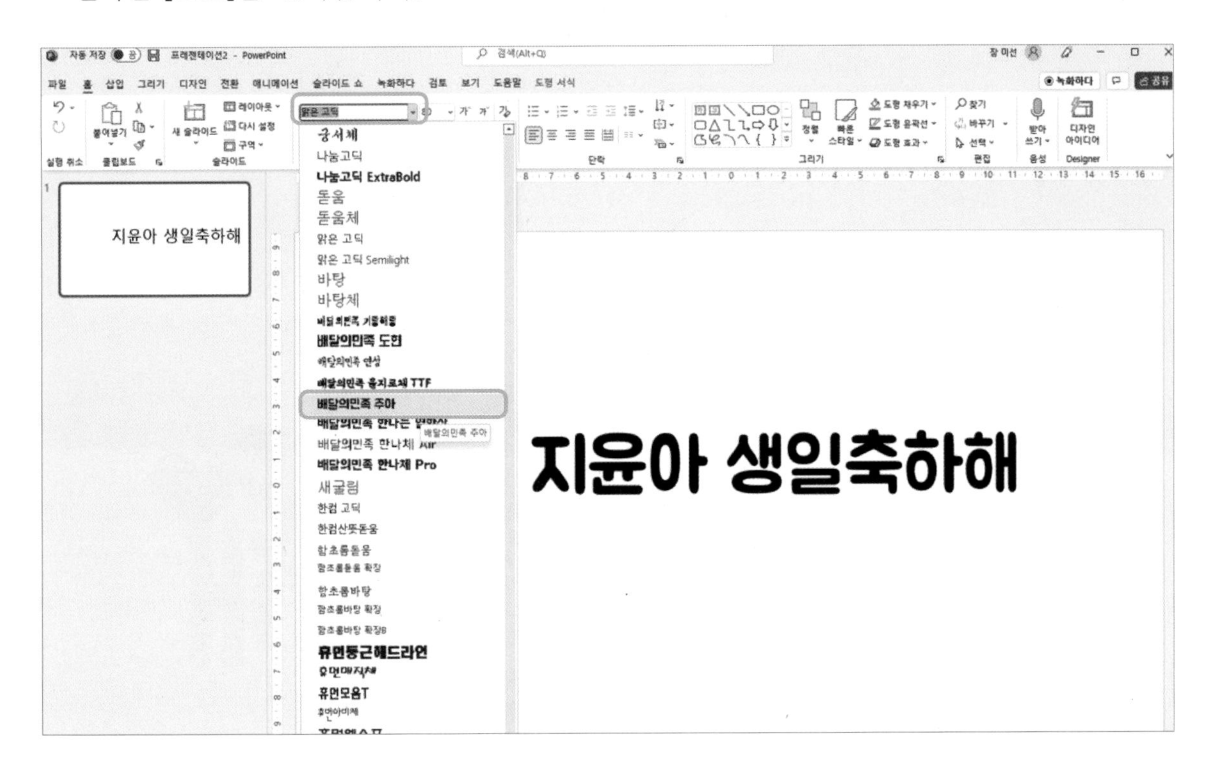

● 원하는 문구를 텍스트 상자 한 개에 낱글자 한 개씩 입력하여 문구를 만듭니다.

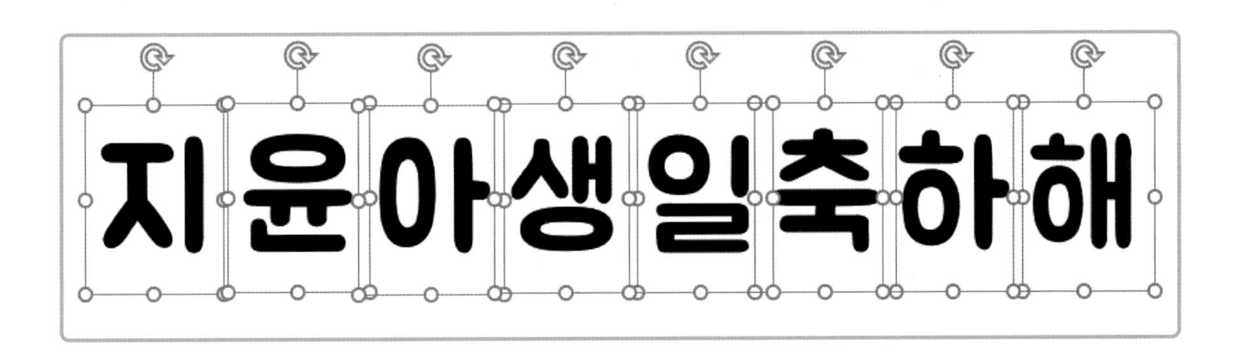

- 텍스트 상자를 배치하여 생일 토퍼 모양을 만듭니다.
  더 필요한 문구와 기호를 넣어서 꾸며줍니다.

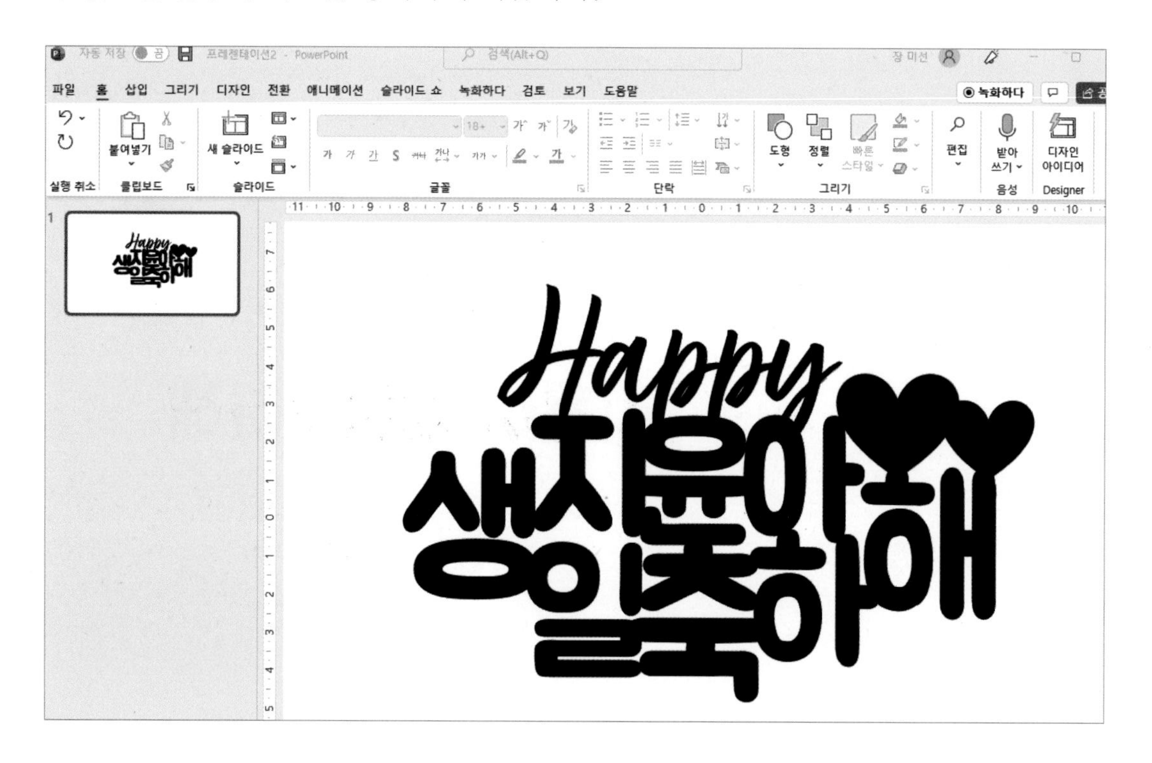

글자 배치하기 팁

3D프린팅을 하기 위해 글자가 서로 붙어있어야 해요!

글자가 떨어지면 안 돼요.

3D프린팅을 하면 글자가 떨어져서 출력이 돼요.

모든 글자가 서로 붙어있어야 돼요.

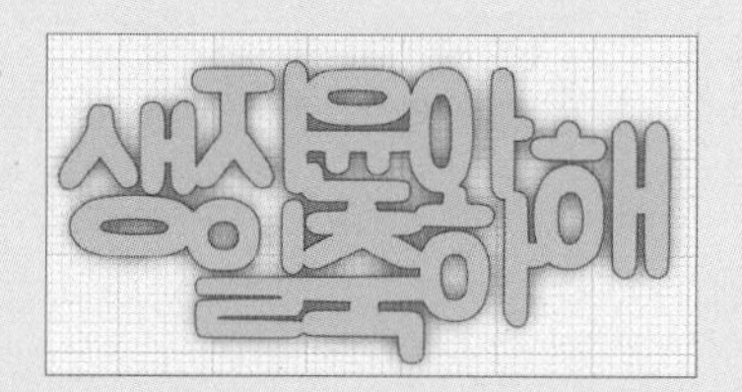

3D프린팅을 하면 글자끼리 잘 붙어서 출력이 돼요.

- 완성된 것을 이미지 캡처하여 내컴퓨터에 이미지를 저장합니다.

- **이미지 컨버터** 홈페이지에서 캡처한 이미지를 SVG로 변환합니다.

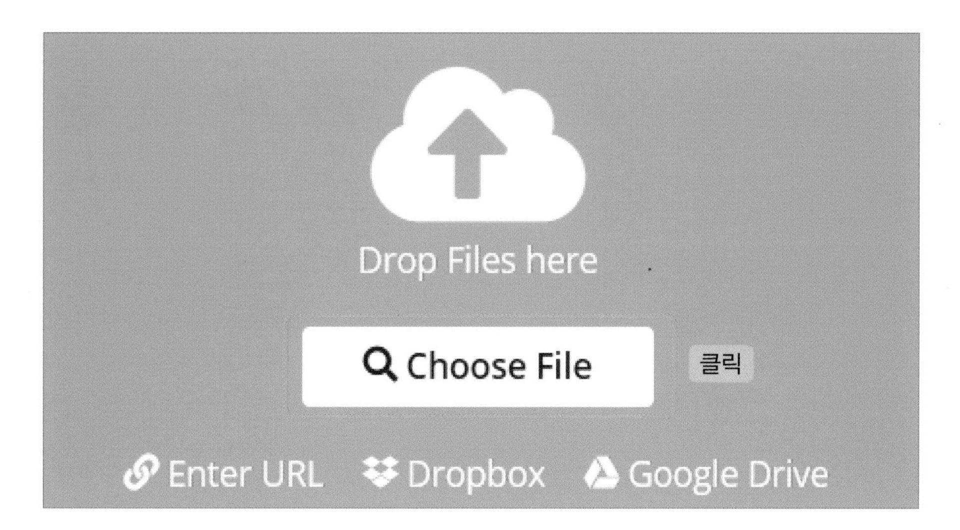

2 쉐이프 준비하기

- **[새 디자인 작성]**을 클릭하여 모델링을 시작합니다.

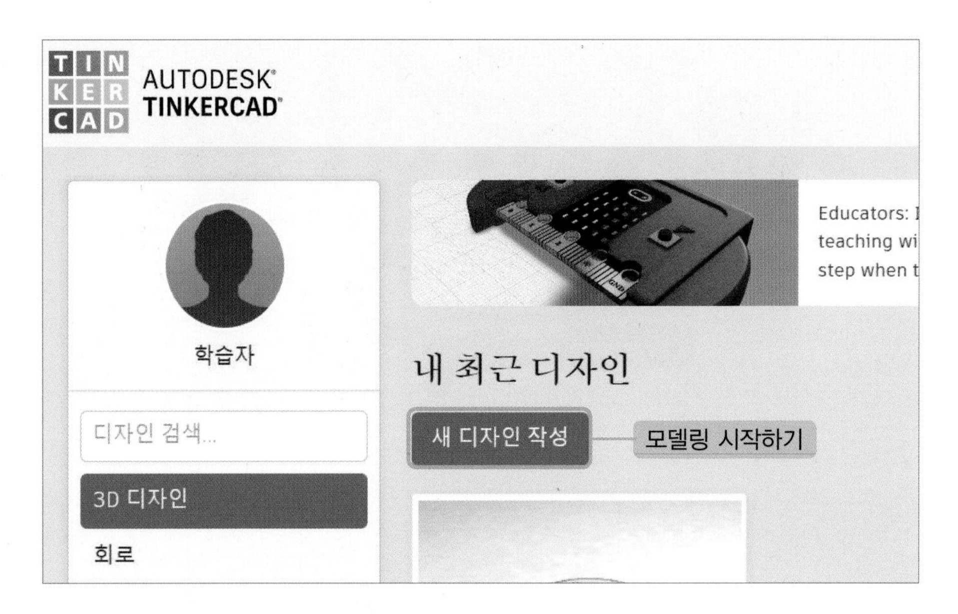

- **[가져오기]**를 클릭하여 생일 토퍼 SVG 파일을 불러옵니다.

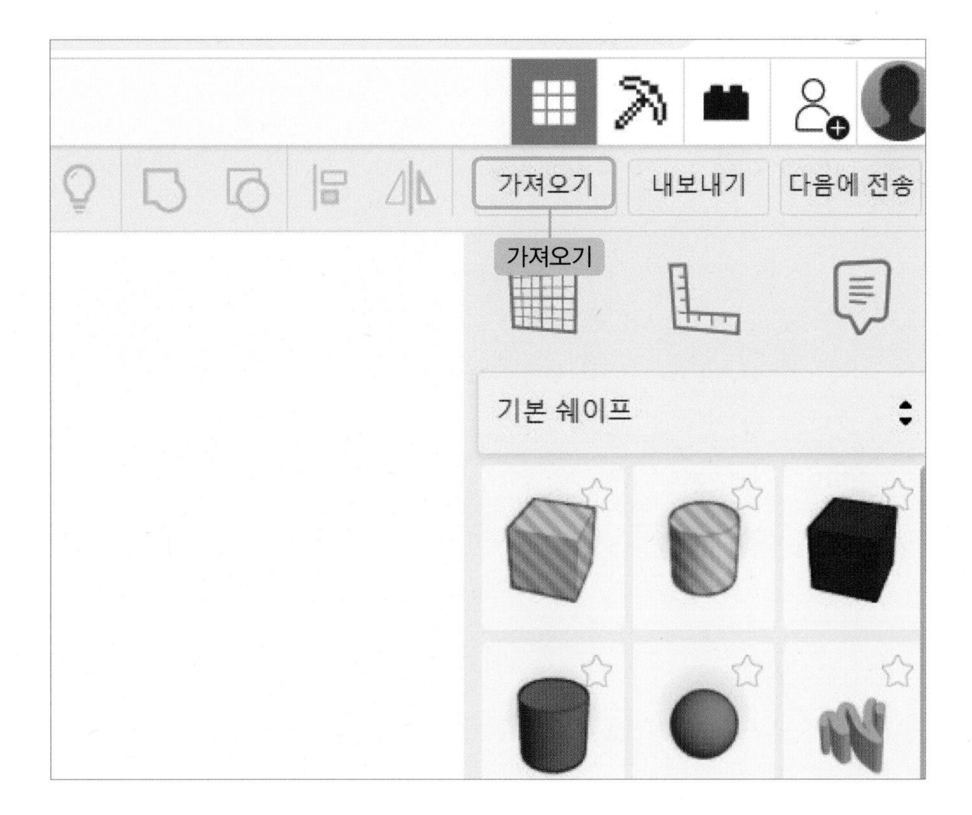

- **[축척]** 또는 **[치수]**로 크기를 조절합니다. (작은 크기로 조절하기)
  [가져오기]를 클릭합니다.

- 토퍼의 크기를 조절합니다.
  (가로 92.75, 세로 59.64, 높이 5)

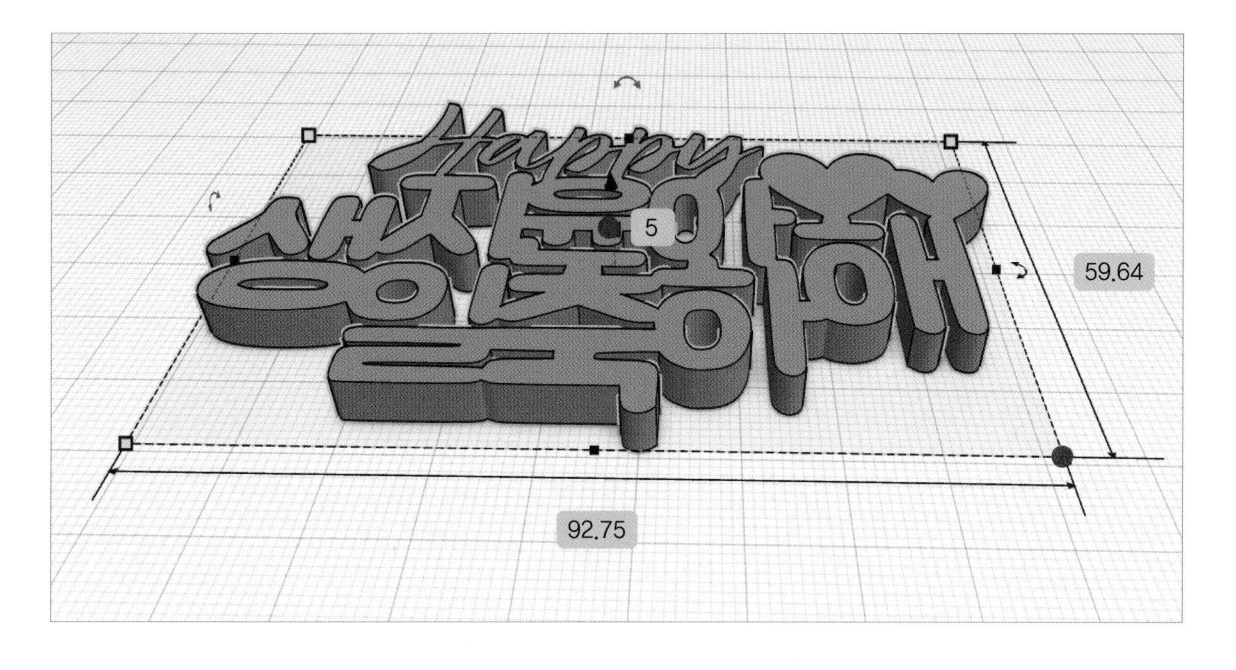

3 토퍼 손잡이 만들기

- 기본 쉐이프의 **[원형 지붕]**을 작업 평면에 놓아줍니다.
  원형 지붕의 크기를 조절합니다. (가로 5, 세로 120, 높이 5)

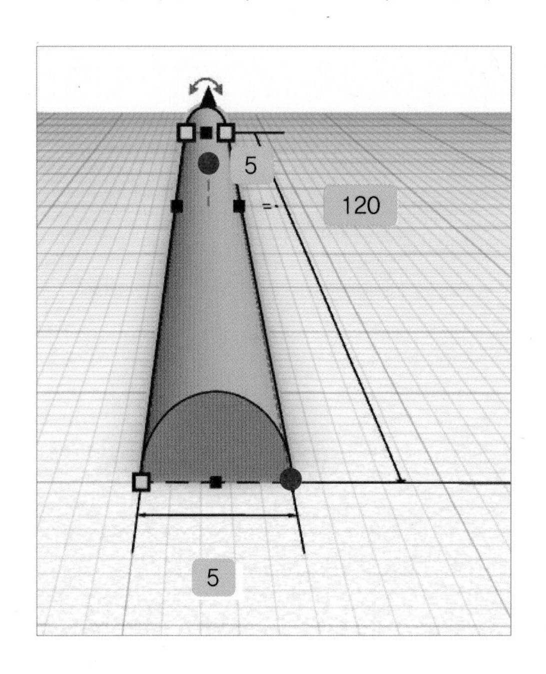

- 쉐이프를 전체 지정한 후 **[정렬]**을 클릭합니다.
  [가로 가운뎃점]을 클릭합니다.

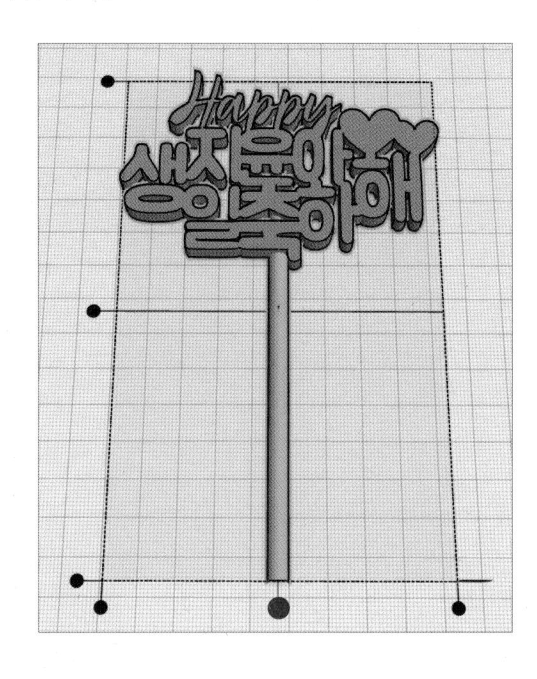

● 원형 지붕이 글자의 위쪽까지 오도록 배치합니다.
(3D프린팅 시 글자를 잘 지탱할 수 있는 위치로 배치합니다.)

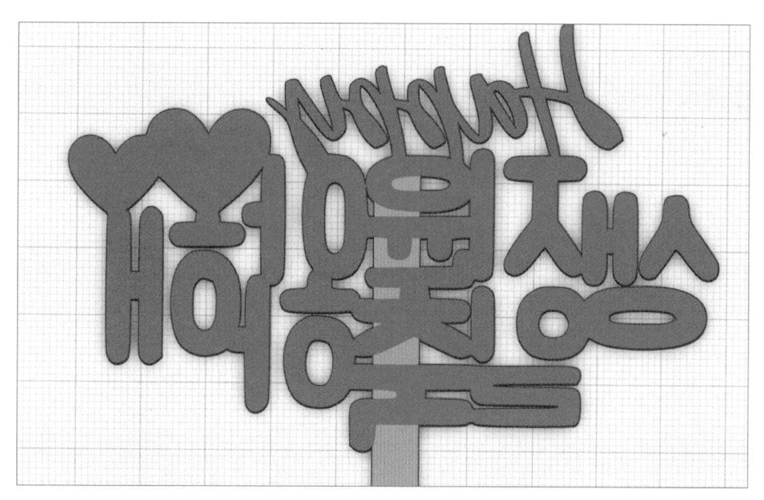

- 쉐이프를 전체 지정한 후 **[그룹화]**를 합니다.

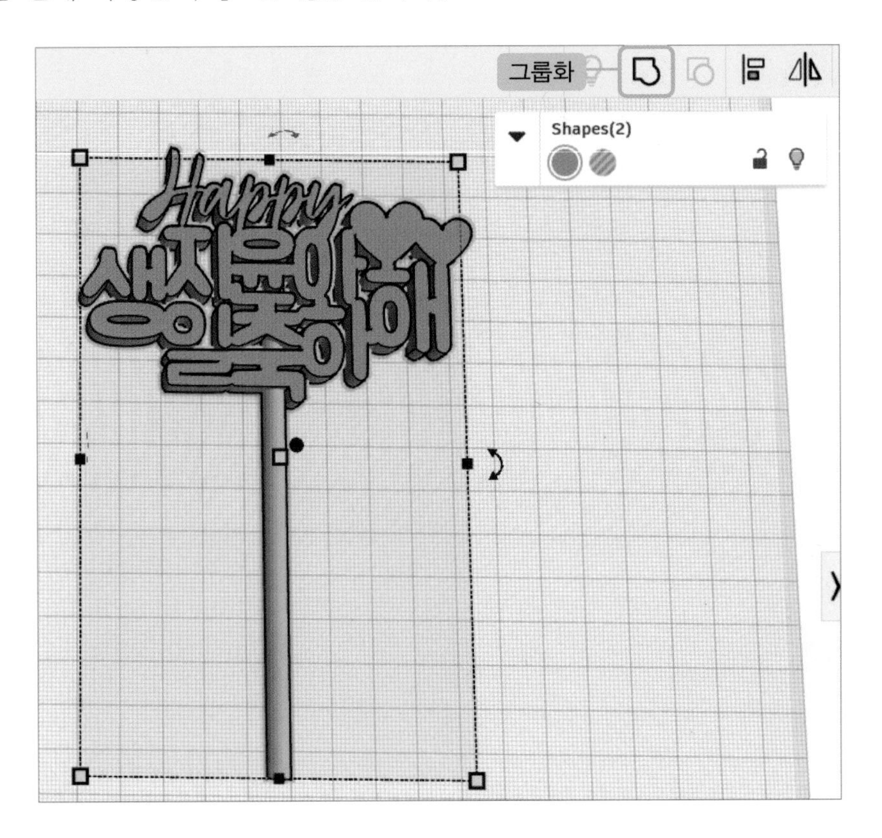

- 생일 토퍼가 완성되었어요!

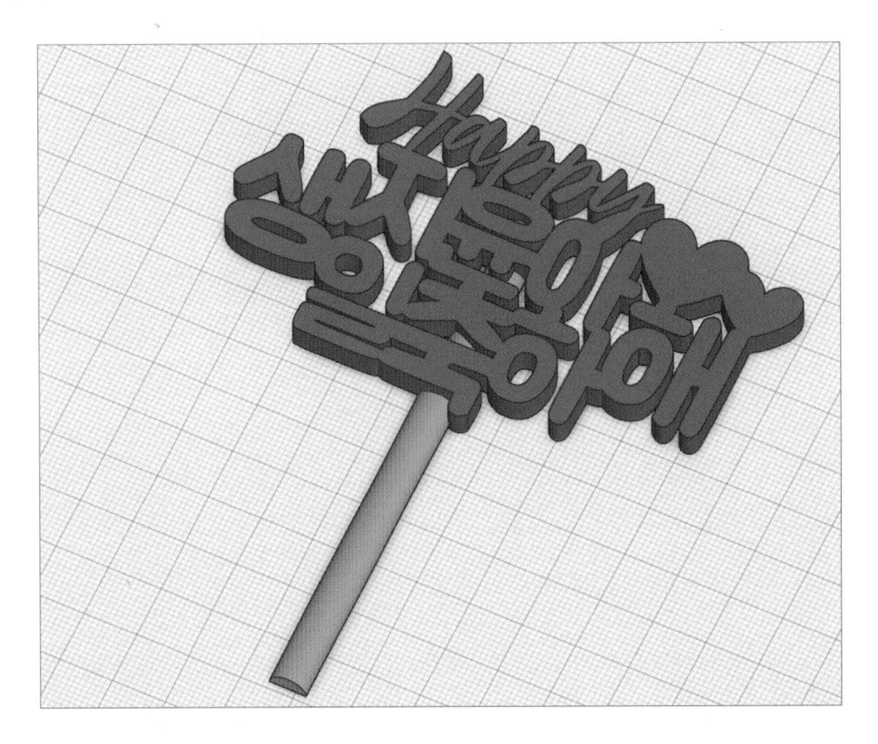

생일 토퍼와 사진 토퍼를 만들어 보세요.

한글 문서에서 글자 모양을 만들었어요.

12차 호랑이 캐릭터

태그 #스프링 #선택 항목 숨기기 #모두 표시

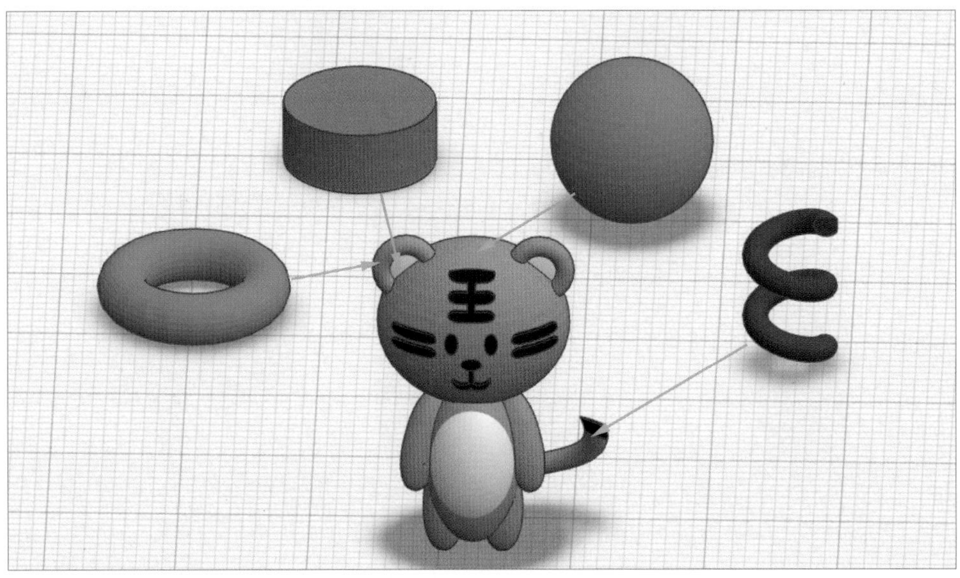

1 쉐이프 준비하기

- **[새 디자인 작성]**을 클릭하여 모델링을 시작합니다.

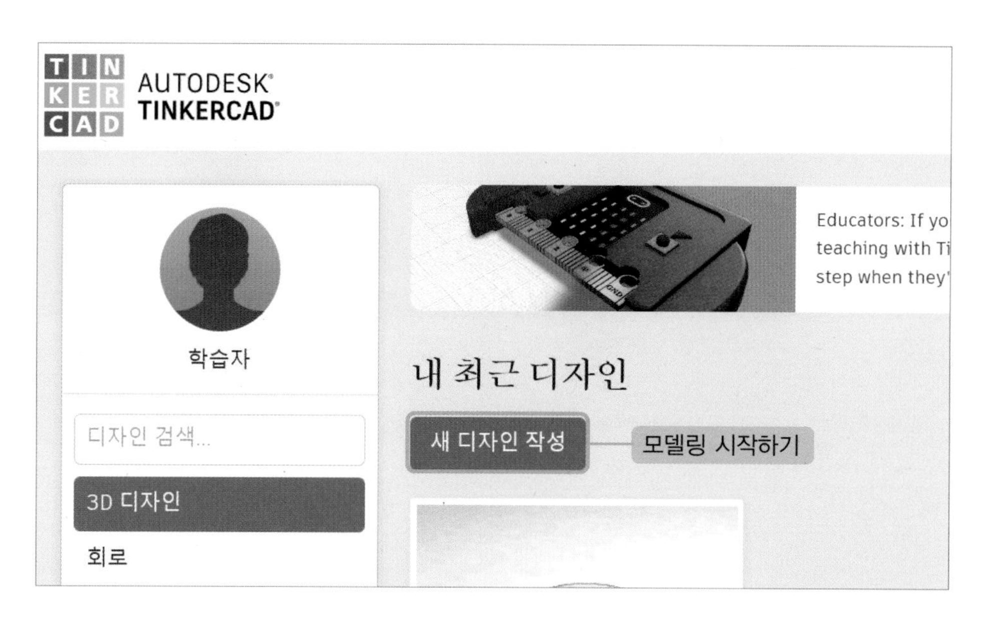

- 기본 쉐이프에서 **[상자]**, **[원통]**, **[구]**, **[원형 지붕]**, **[튜브]**를 드래그하여 작업 평면에 놓아줍니다. 쉐이프 생성기에서 **[추천]** – **[스프링]**을 드래그하여 작업 평면에 놓아줍니다.

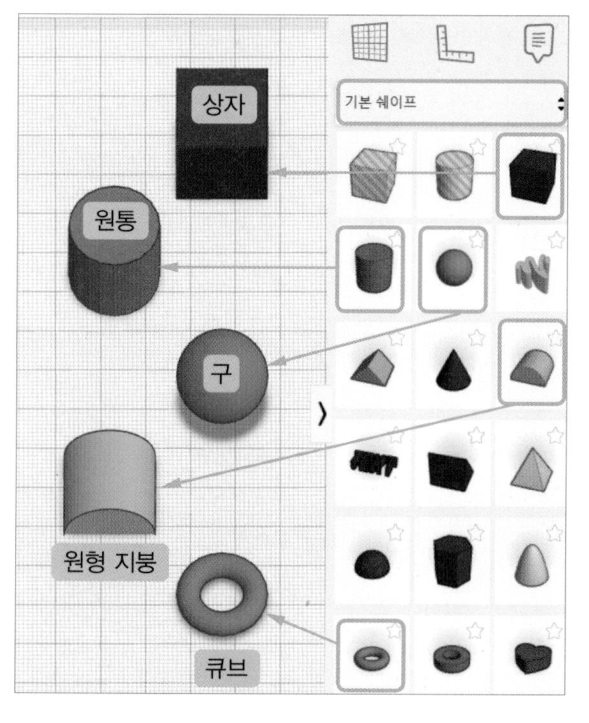

2 호랑이 귀 만들기

- 토러스를 클릭한 후 쉐이프 창에서 **[측면]**을 24로 조절합니다. **[솔리드]**를 클릭하여 원하는 색상을 클릭합니다.

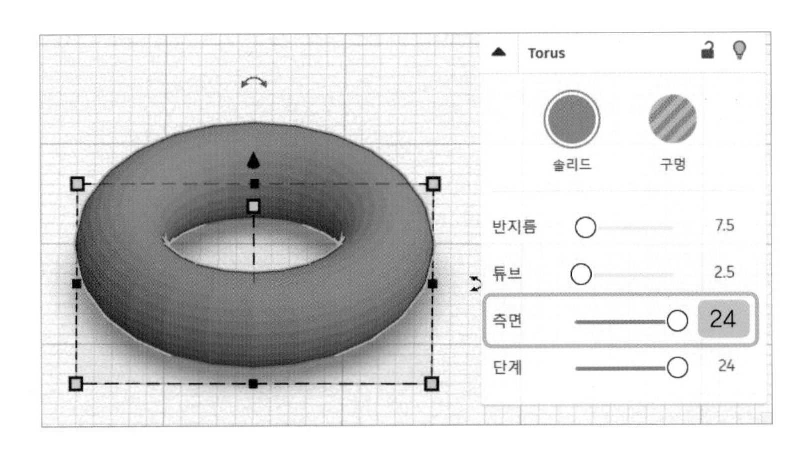

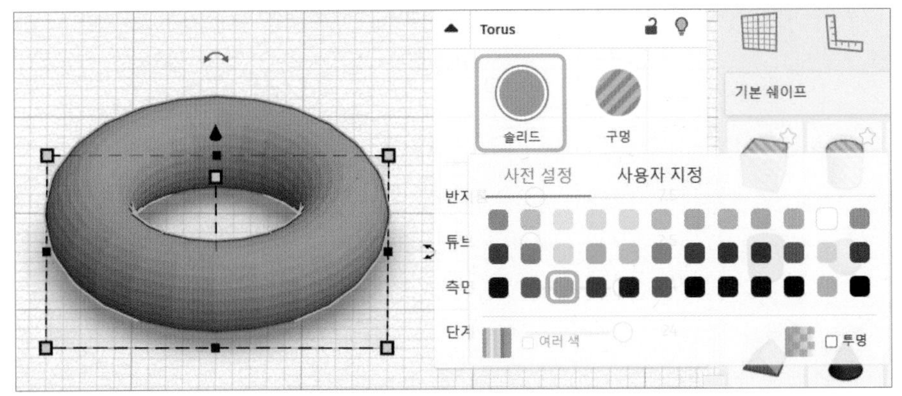

- 토러스를 클릭한 후 크기를 조절합니다. (가로 7, 세로 7, 높이 2)

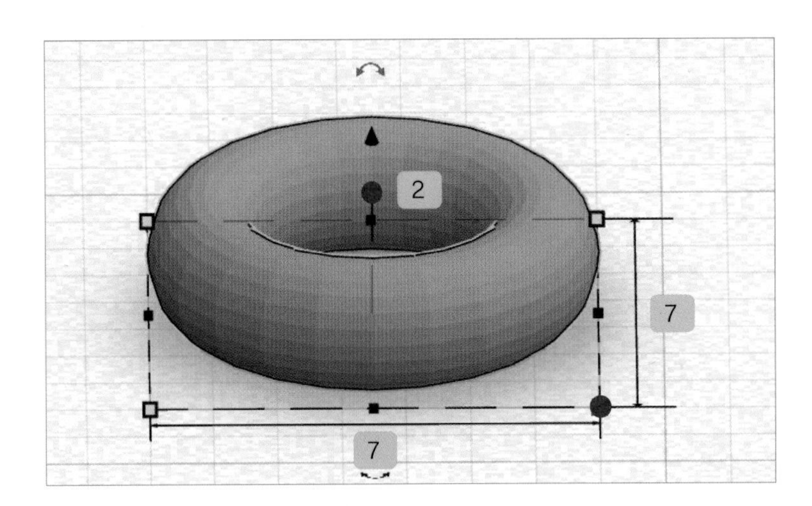

- 구를 클릭한 후 쉐이프 창에서 **[단계]**를 24로 조절합니다. **[솔리드]**를 클릭한 후 **[흰색]**을 클릭합니다.

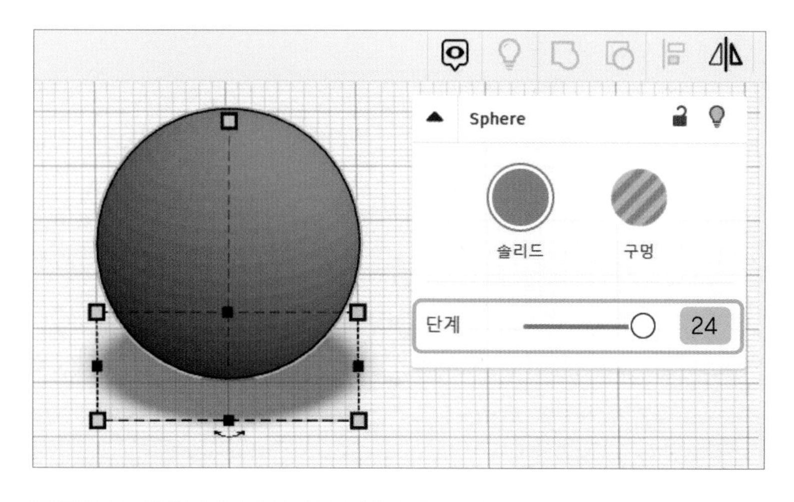

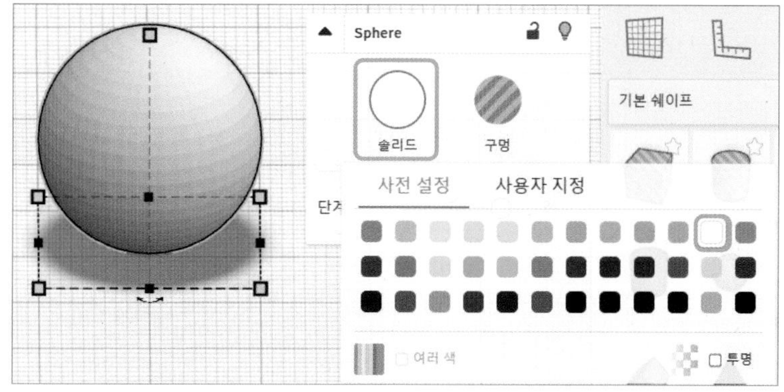

- 구를 클릭한 후 크기를 조절합니다. (가로 5, 세로 5, 높이 1.33)

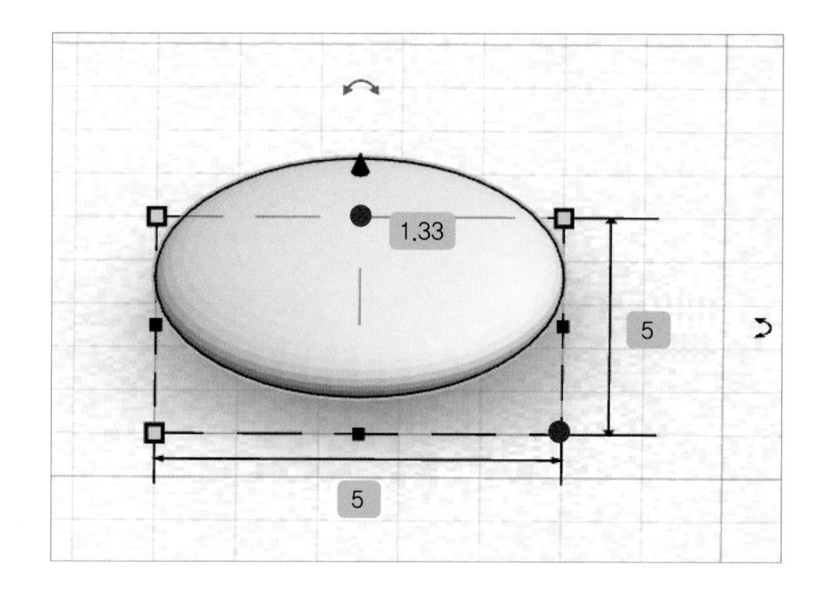

- 쉐이프를 전체 지정한 후 **[정렬]**을 클릭합니다.
  [가로 가운뎃점], **[세로 가운뎃점]**, **[아랫점]**을 클릭합니다.

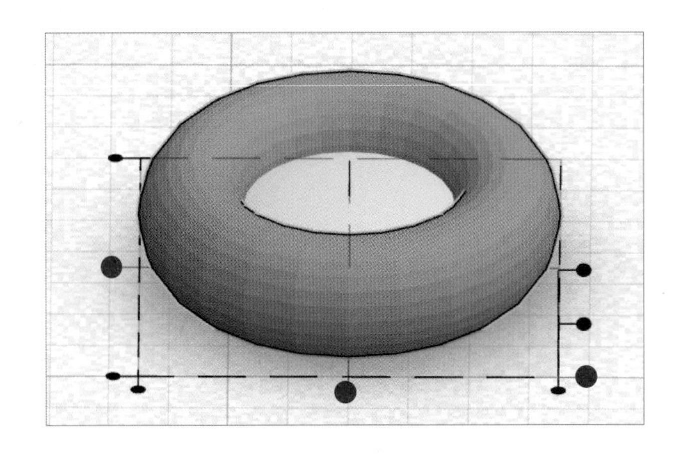

- 쉐이프를 전체 지정한 후 **[그룹화]**를 합니다.
  (한 가지 색으로 변하면 **[솔리드]**를 클릭한 후 **[여러 색]**을 체크하세요!)

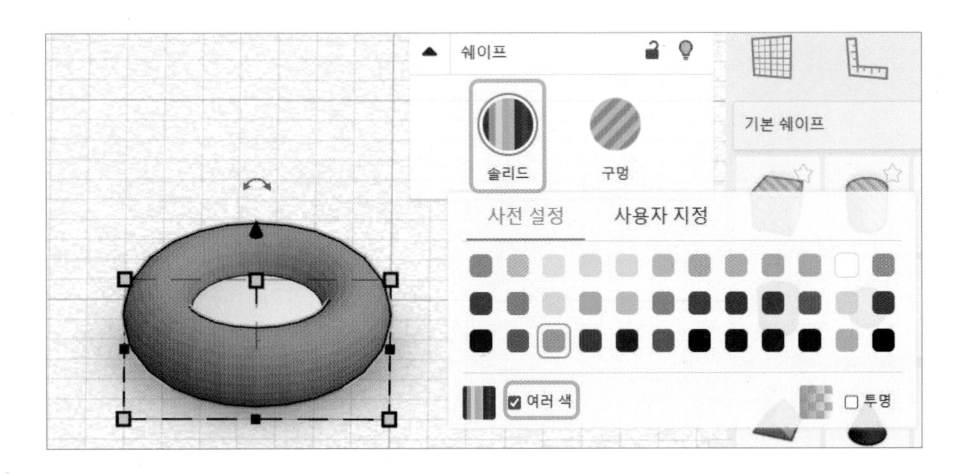

- 쉐이프를 클릭한 후 **[복사]**를 합니다. (Ctrl+C, Ctrl+V)

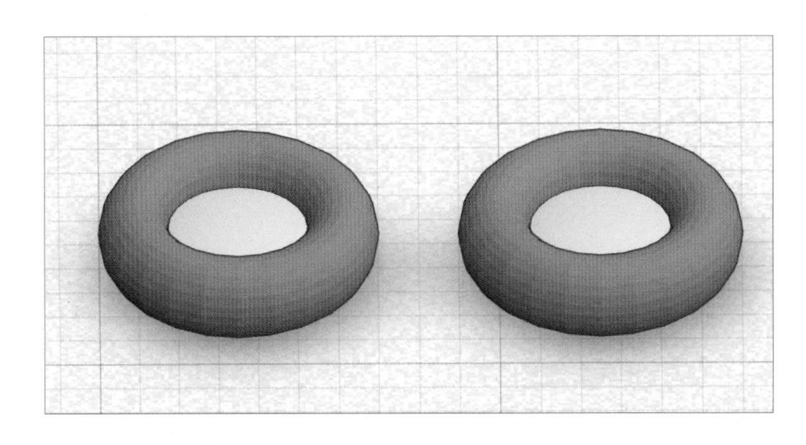

3 호랑이 줄무늬 만들기

- 구를 클릭한 후 쉐이프 창에서 **[단계]**를 24로 조절합니다.
  구를 클릭한 후 색상과 크기를 조절합니다. (가로 20, 세로 16, 높이 17)

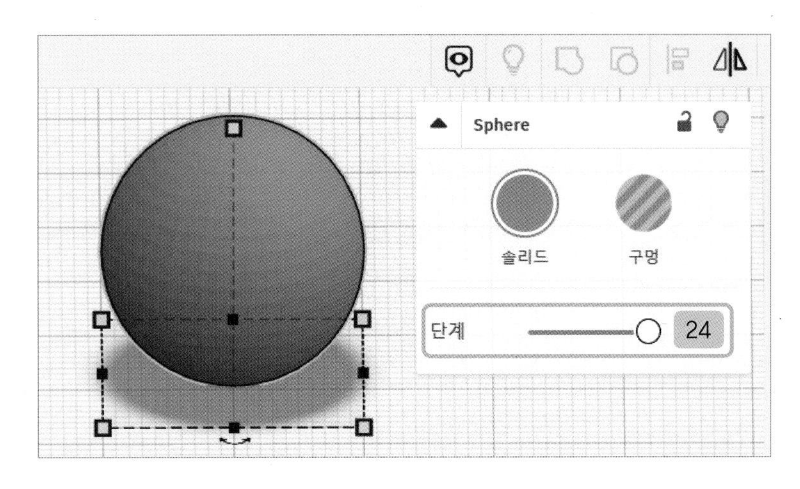

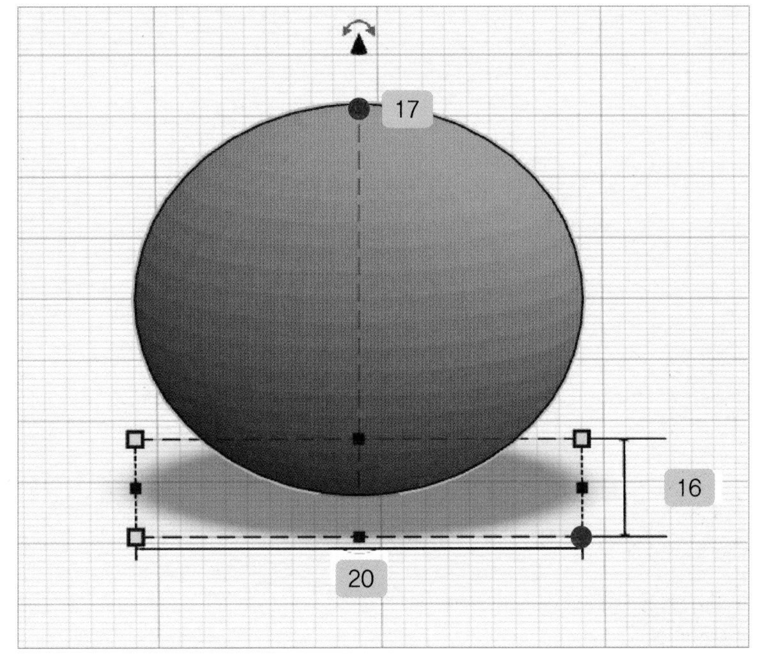

- 상자를 클릭한 후 색상과 크기를 조절합니다.
  (검은색, 가로 2.76, 세로 0.9, 높이 6)

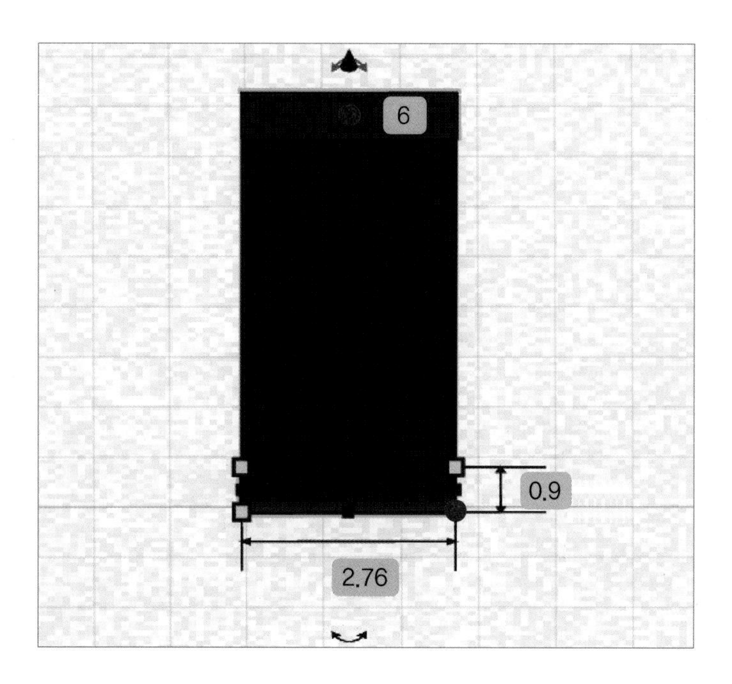

- 원통을 클릭한 후 색상과 크기를 조절합니다.
  원통 1개를 **[복사]**합니다.
  (검은색, 가로 1.84, 세로 0.9, 높이 6, 측면 64)

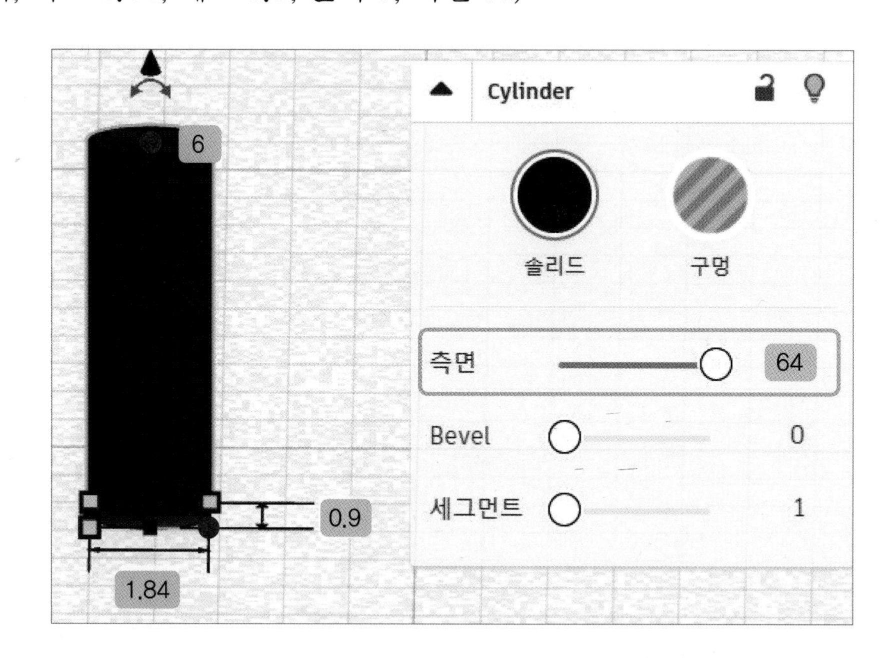

- [**직교**]를 클릭합니다.
  [**뷰 박스**]의 평면도를 클릭하여 위에서 바라보는 시점으로 만듭니다.
  [**그리드 스냅**]을 클릭하여 **끄기** 또는 0.1로 설정합니다.

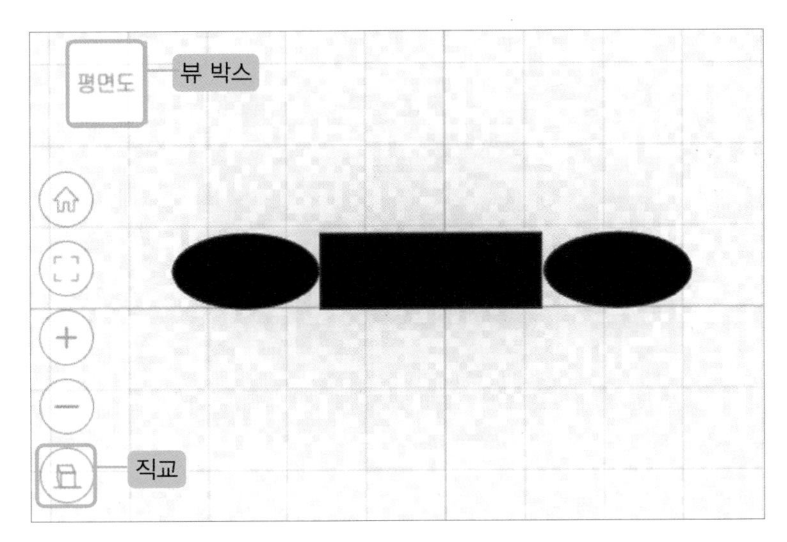

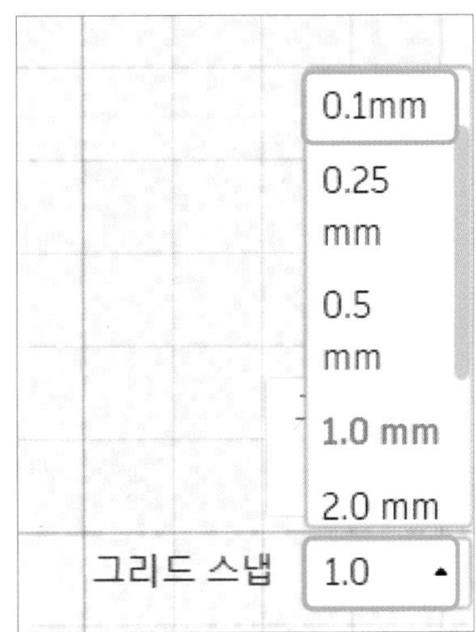

- 원통의 검은색 점과 상자의 끝선을 맞추어 배치합니다.

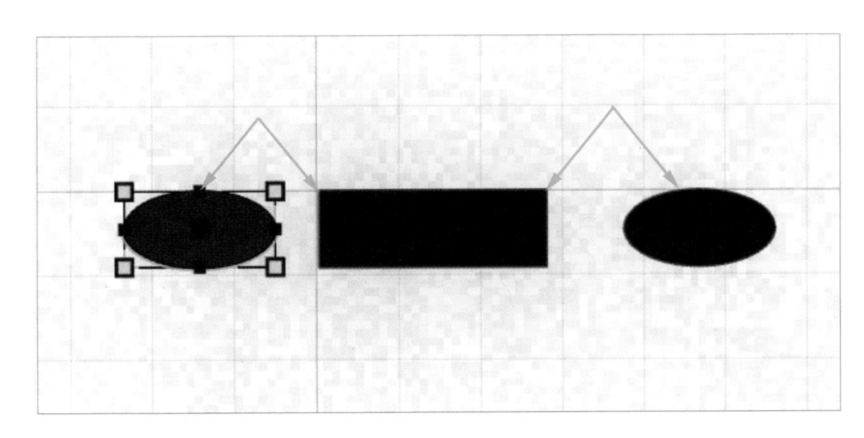

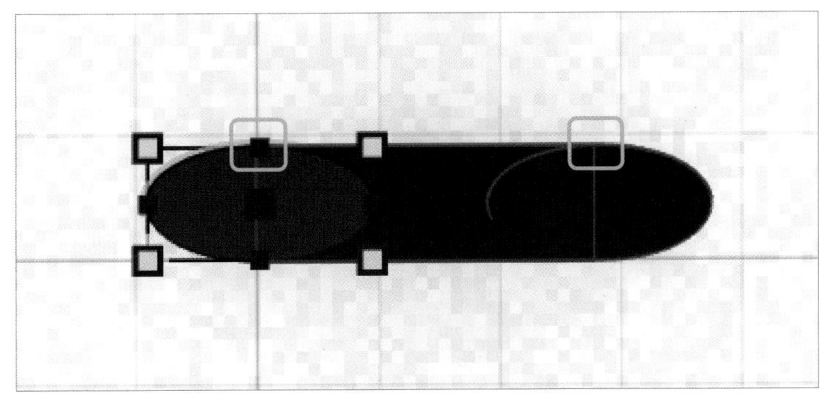

- 쉐이프를 전체 지정한 후 **[그룹화]**를 합니다.
  쉐이프를 복사하여 9개를 준비하고, 필요할 때마다 복사를 하여 사용합니다.

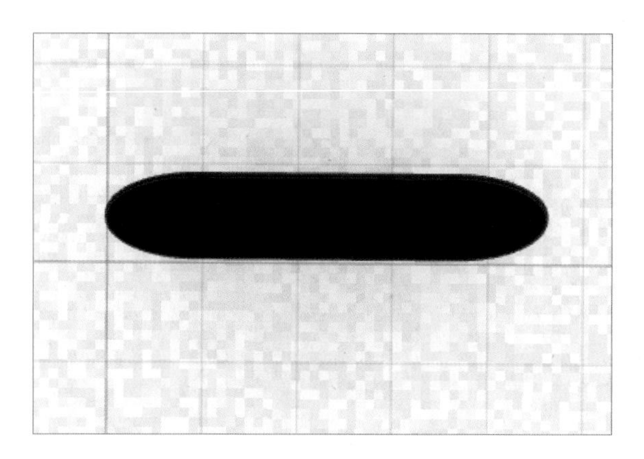

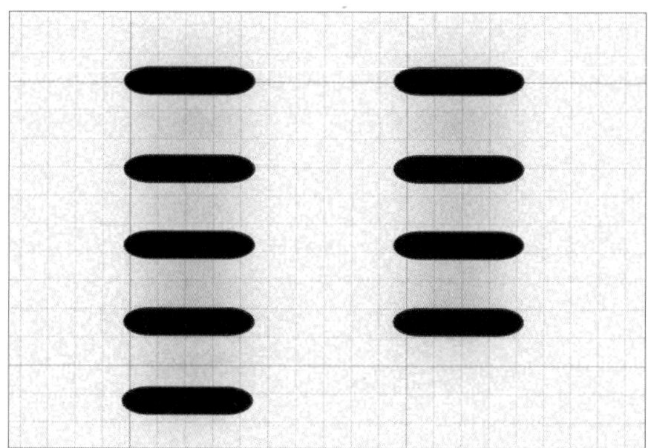

- **[그리드 스냅]**을 0.5로 설정합니다.
  쉐이프를 클릭한 후 Ctrl+D를 눌러 제자리 복사 후 키보드 방향키로 이동을 합니다.
  (위로 3번 이동)
  다시 Ctrl+D를 누르면 패턴 복사가 됩니다.

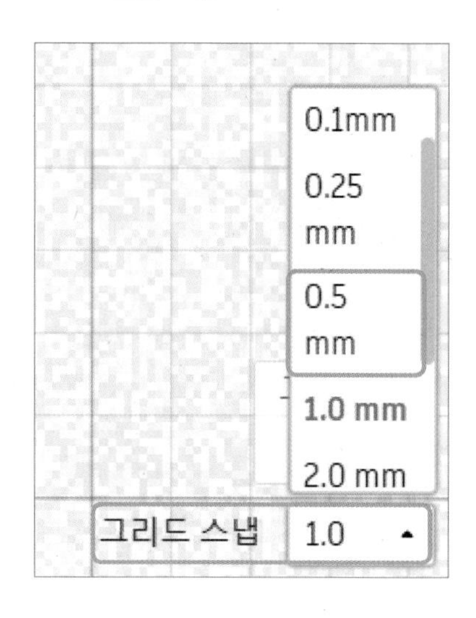

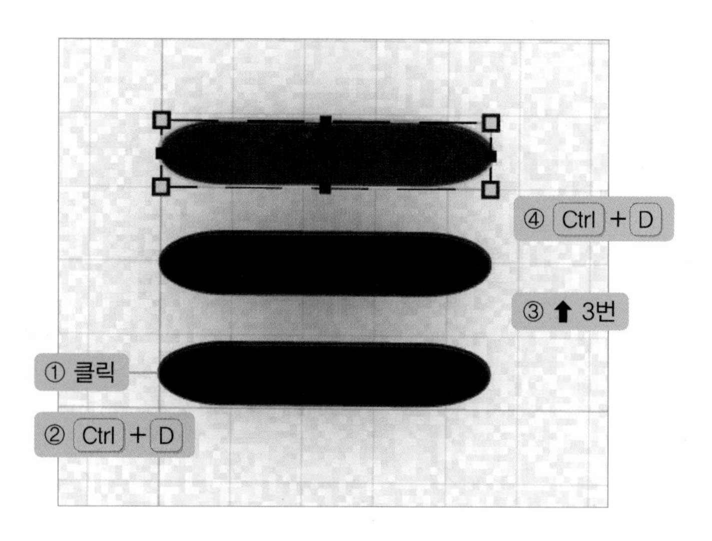

- 쉐이프를 전체 지정한 후 **[그룹화]**를 합니다.
  남은 하나의 쉐이프 길이를 조절한 후 **[정렬]**, **[그룹화]**를 합니다. (세로 3.7)

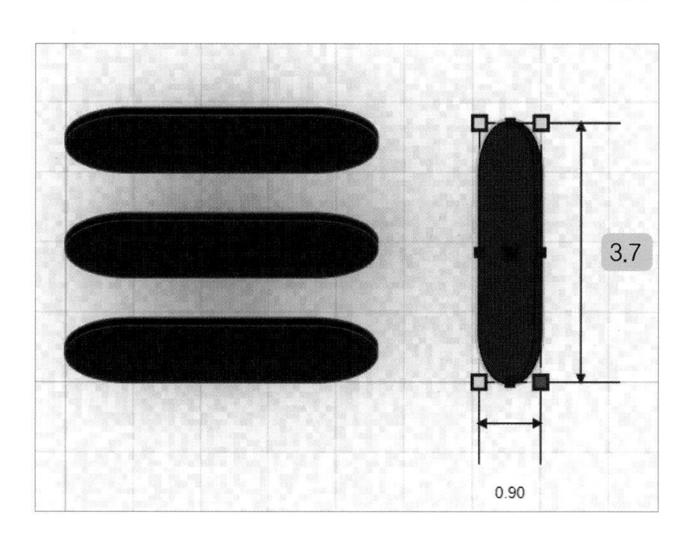

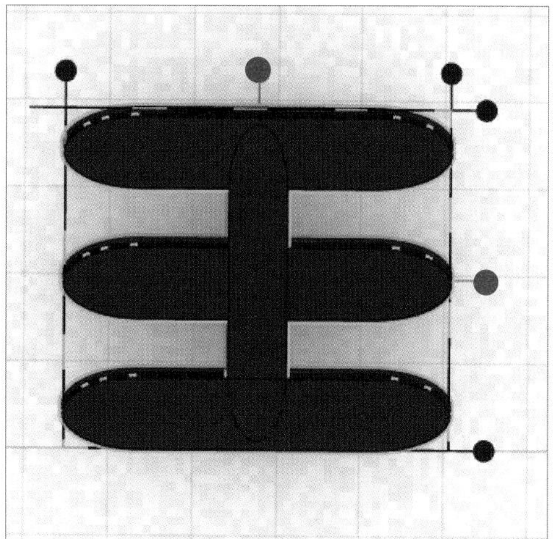

- 줄무늬 쉐이프 1개를 준비합니다.
  쉐이프를 클릭한 후 Ctrl+D를 눌러 제자리 복사 후 키보드 방향키로 이동을 합니다. (위로 3번 이동)

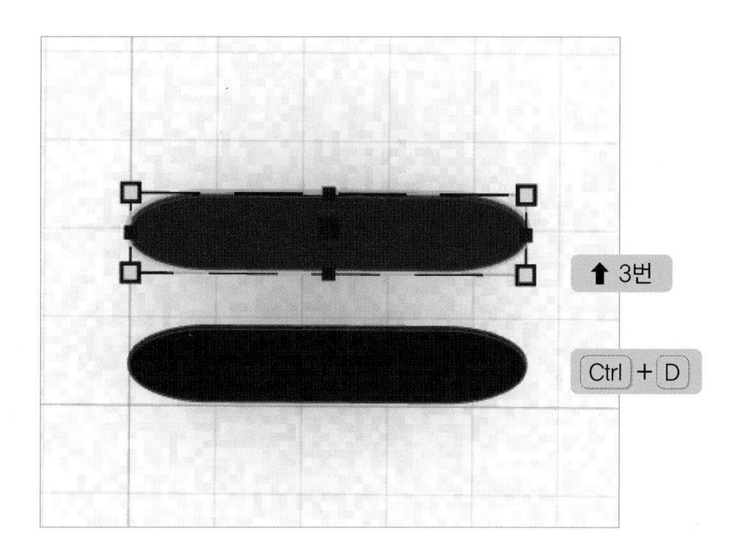

- 쉐이프를 전체 지정한 후 **[그룹화]**를 합니다.
  그룹화한 줄무늬 쉐이프를 **[복사]**합니다.

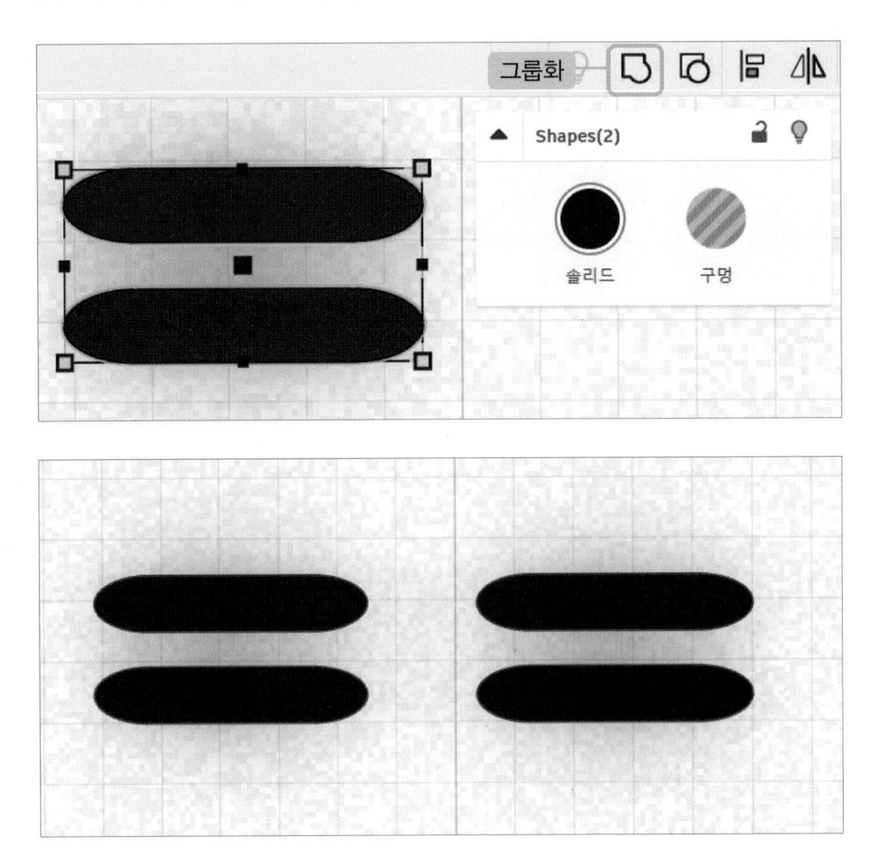

- 호랑이 줄무늬 전체를 선택한 후 **[회전 화살표]**를 드래그하여 90° 회전을 합니다.

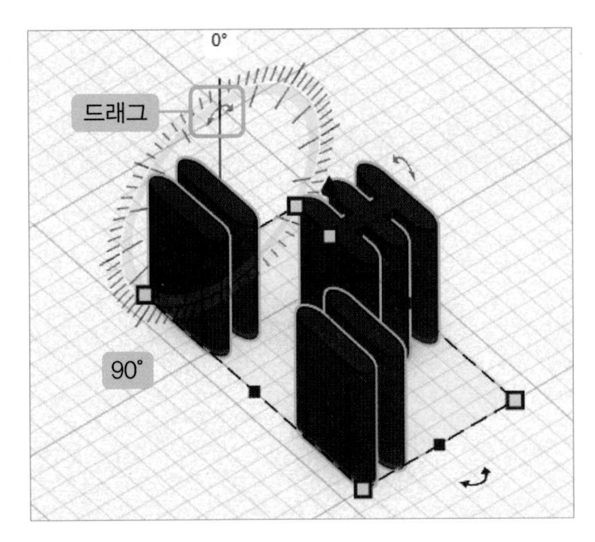

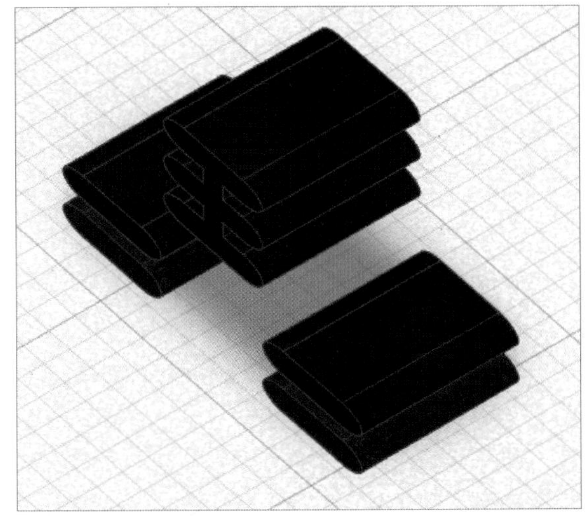

- 호랑이 줄무늬를 구에 배치합니다.
  줄무늬가 구 안으로 잘 붙도록 배치합니다.

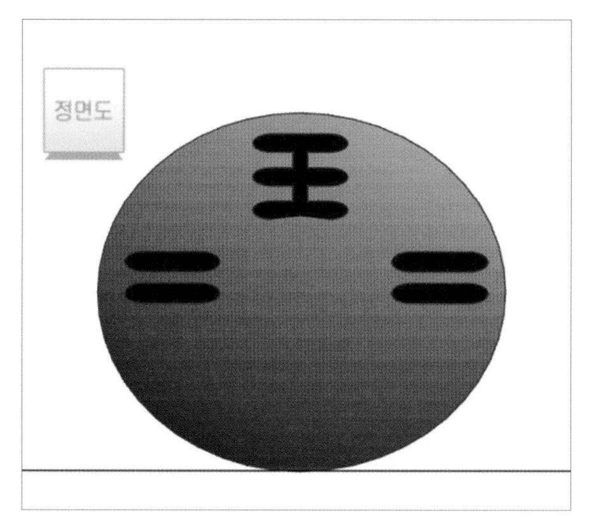

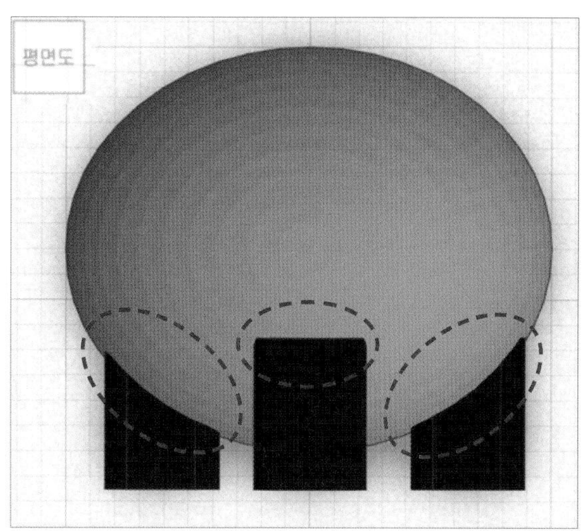

- 구를 클릭한 후 Ctrl+D를 눌러 제자리 복사를 합니다.
  복사된 쉐이프가 선택되어진 상태에서 **[선택 항목 숨기기]**를 클릭합니다.
  (복사한 쉐이프가 숨겨집니다.)

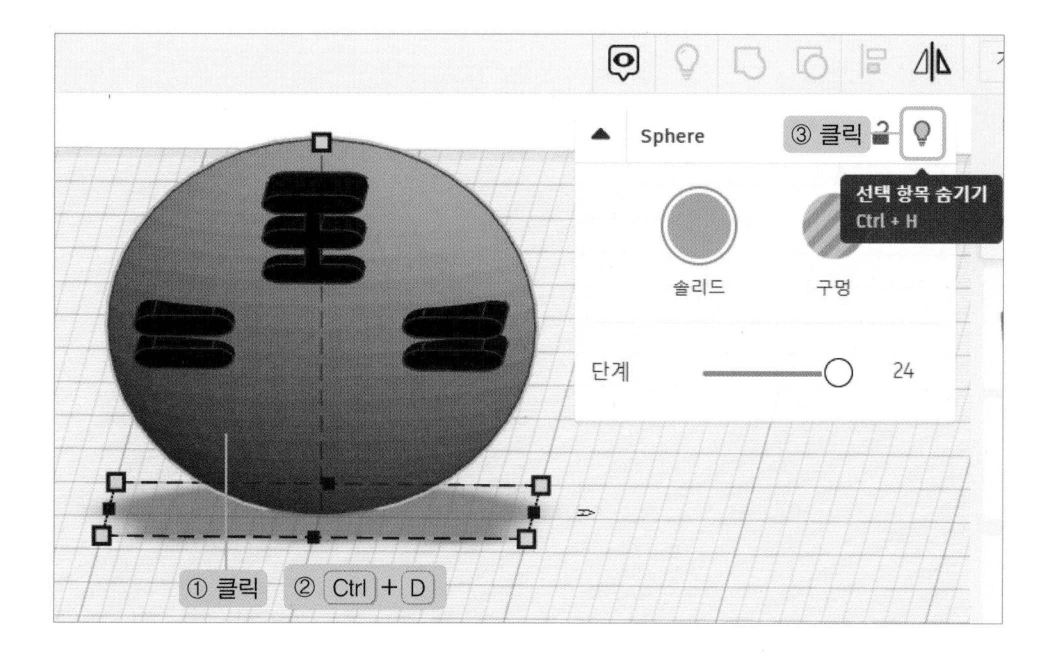

쉐이프 숨기기 / 모두 표시

쉐이프를 화면에서 숨기거나, 숨긴 쉐이프를 다시 나타나게 할 수 있어요.

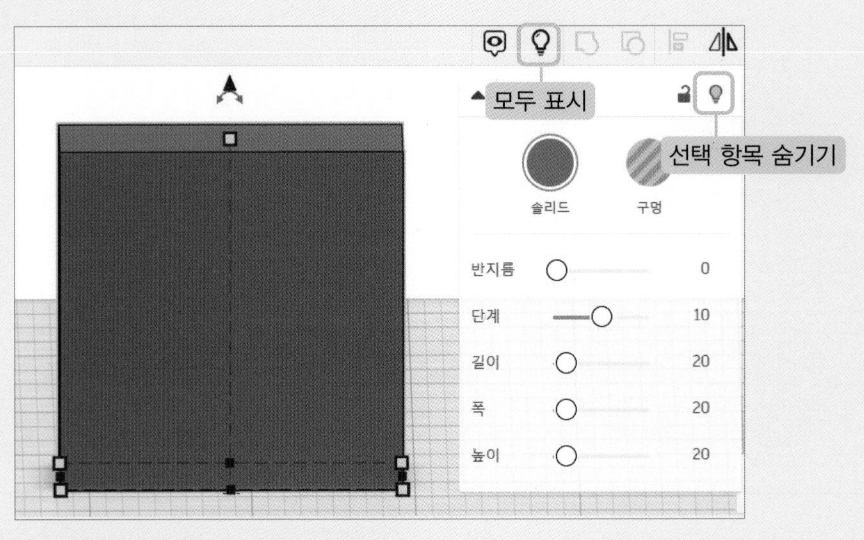

- [선택 항목 숨기기] – 쉐이프 숨기기
- [모두 표시] – 숨겨진 쉐이프 표시하기

4 호랑이 줄무늬 곡면 모양으로 만들기

- **[상자]**를 불러옵니다.

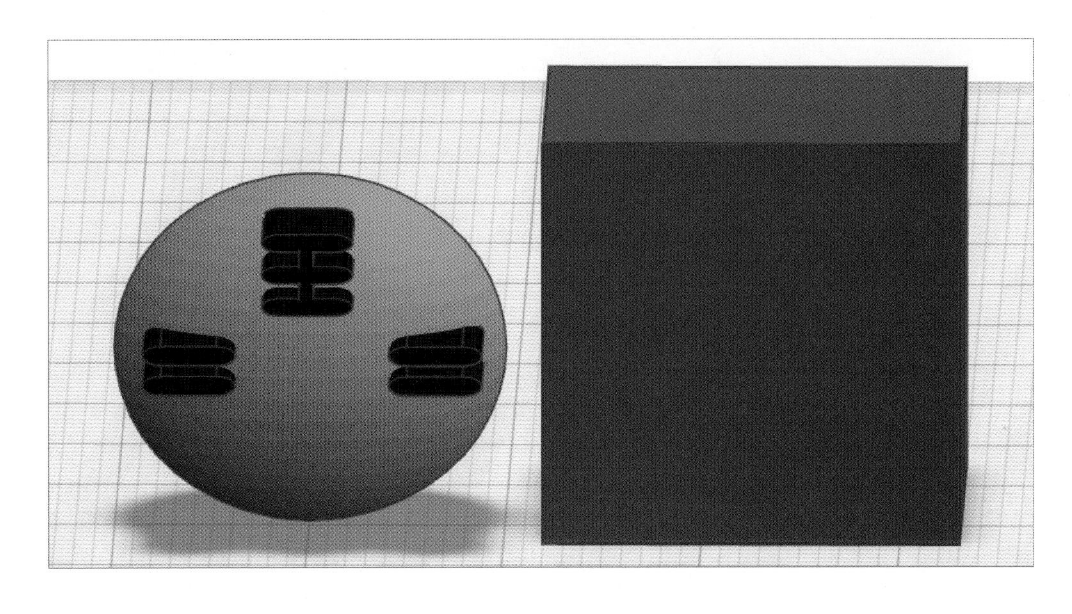

- 상자의 크기를 조절하여 호랑이 얼굴 전체를 덮고, 줄무늬는 보이도록 배치합니다.

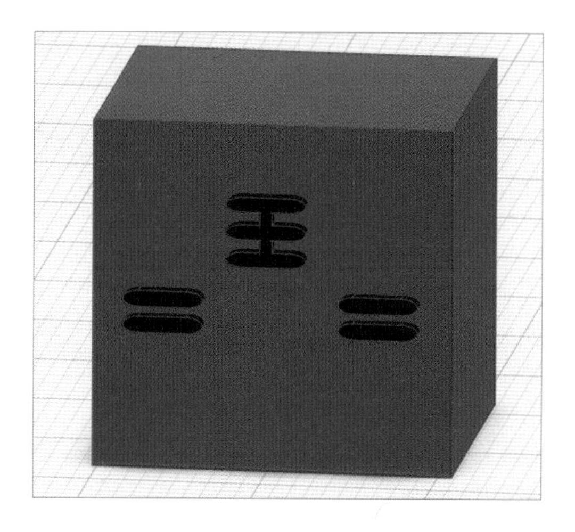

- Shift+호랑이 줄무늬를 모두 클릭한 후 **[구멍]**을 클릭합니다.
  (Shift+쉐이프=쉐이프 선택 지정)

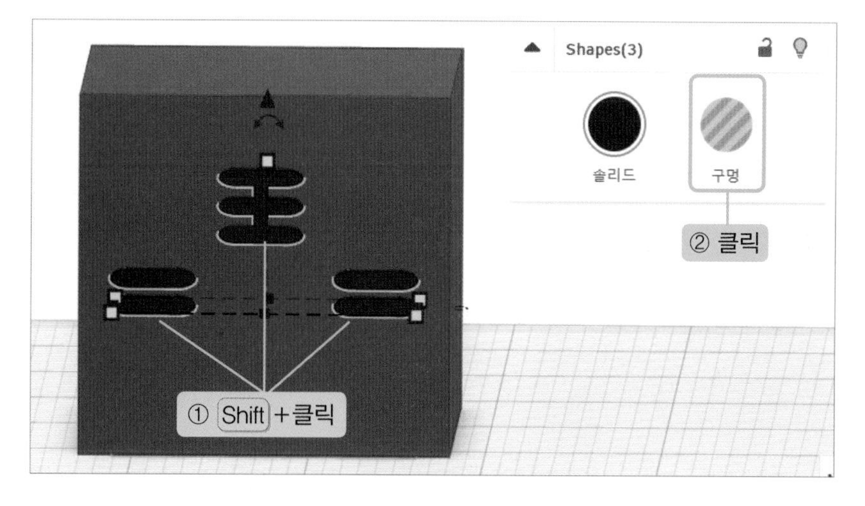

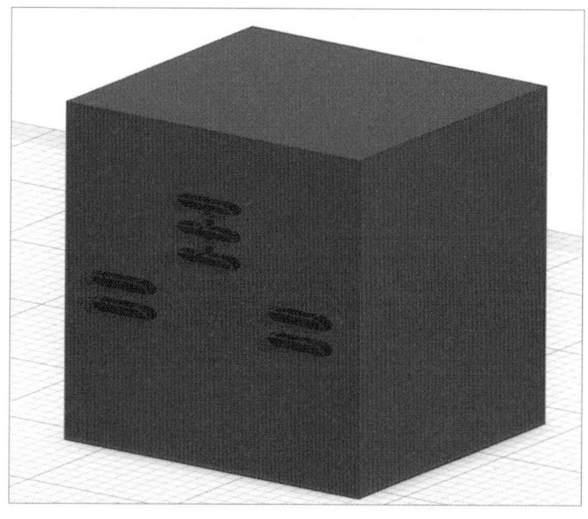

- 구멍 호랑이 줄무늬와 상자를 클릭한 후 **[그룹화]**를 클릭합니다.

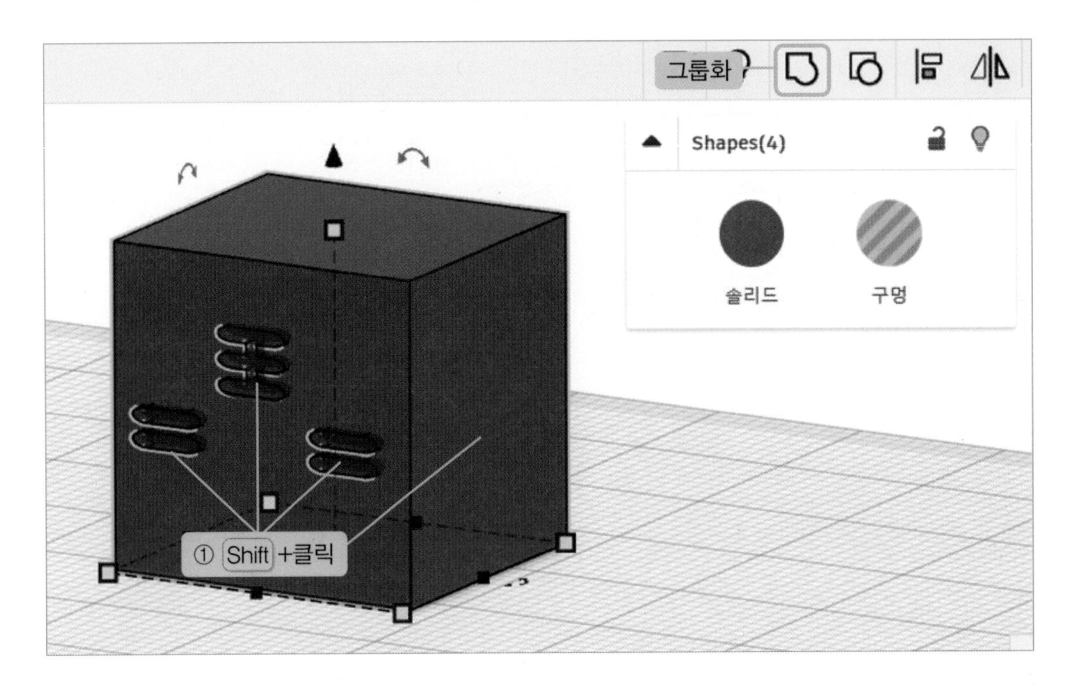

- 상자를 클릭한 후 **[구멍]**을 클릭합니다.

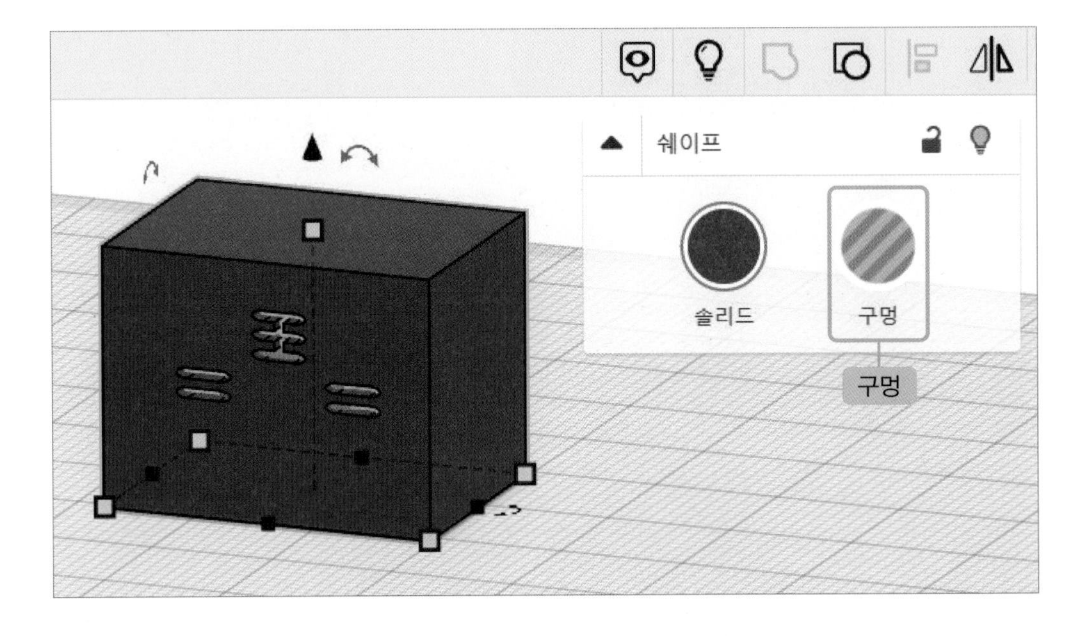

- 상자의 안에는 구가 있어요.

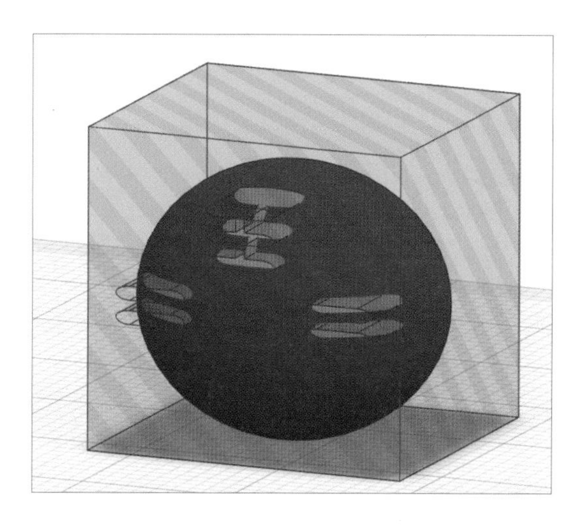

- 쉐이프를 전체 지정한 후 **[그룹화]**를 합니다.
  호랑이 줄무늬만 남겨집니다.

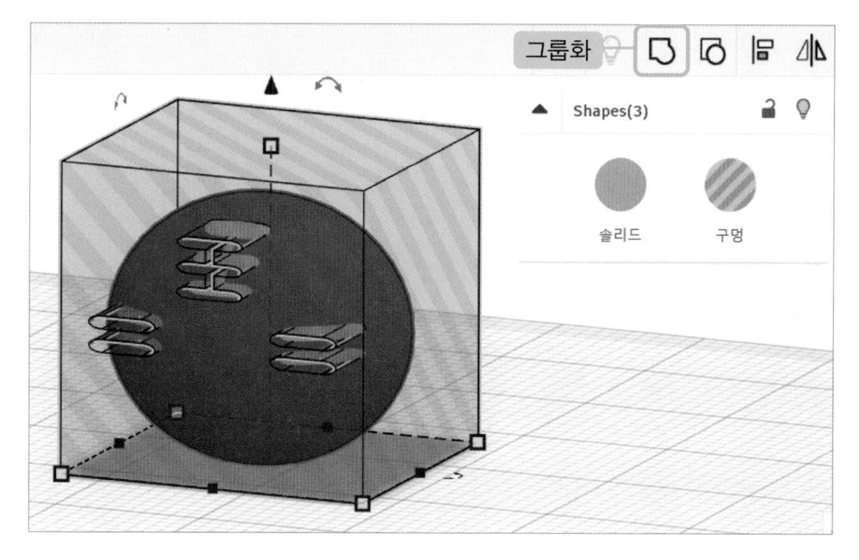

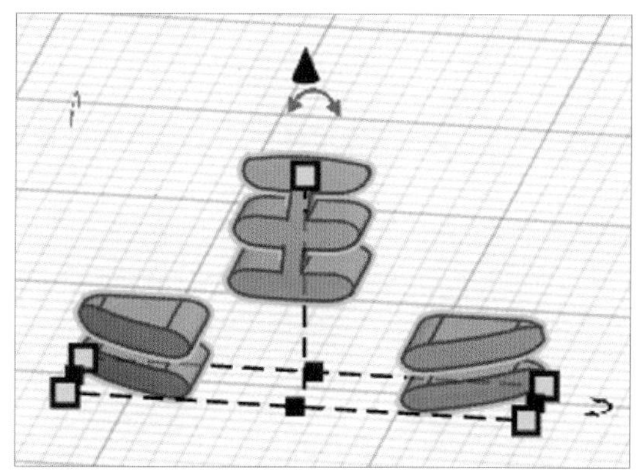

- 호랑이 줄무늬를 클릭한 후 **[솔리드]**를 클릭하여 색상을 변경합니다. (검은색)

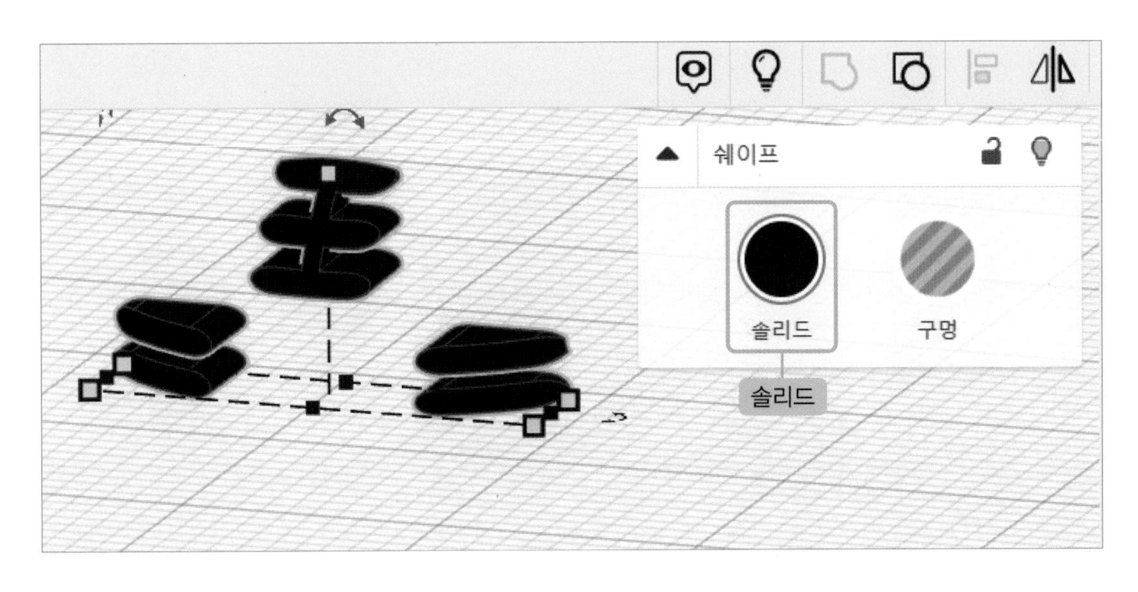

- **[모두 표시]**를 클릭합니다.

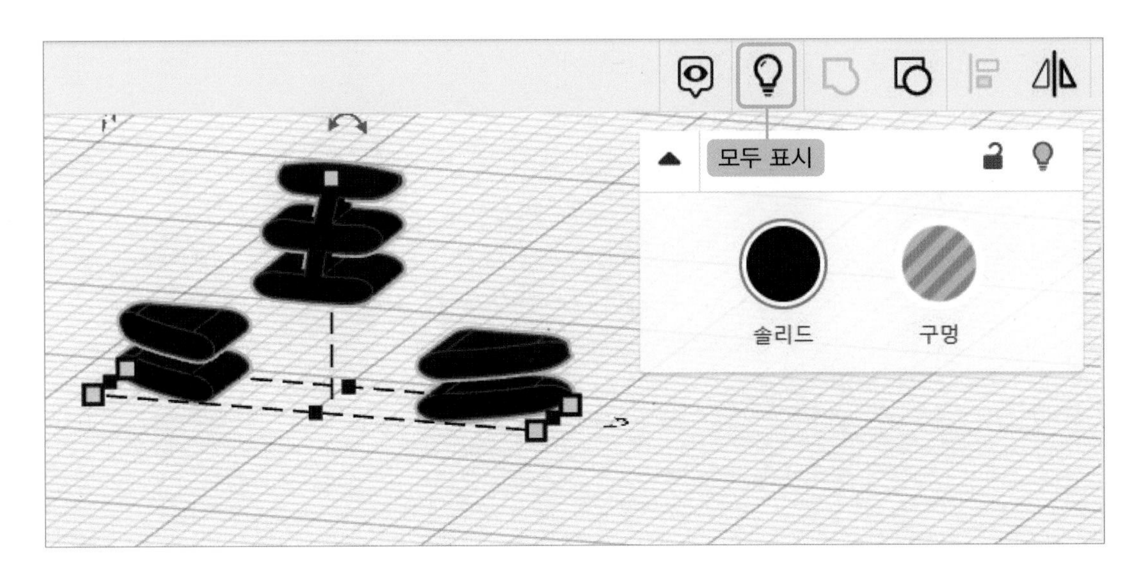

- 숨겨졌던 구가 보입니다.

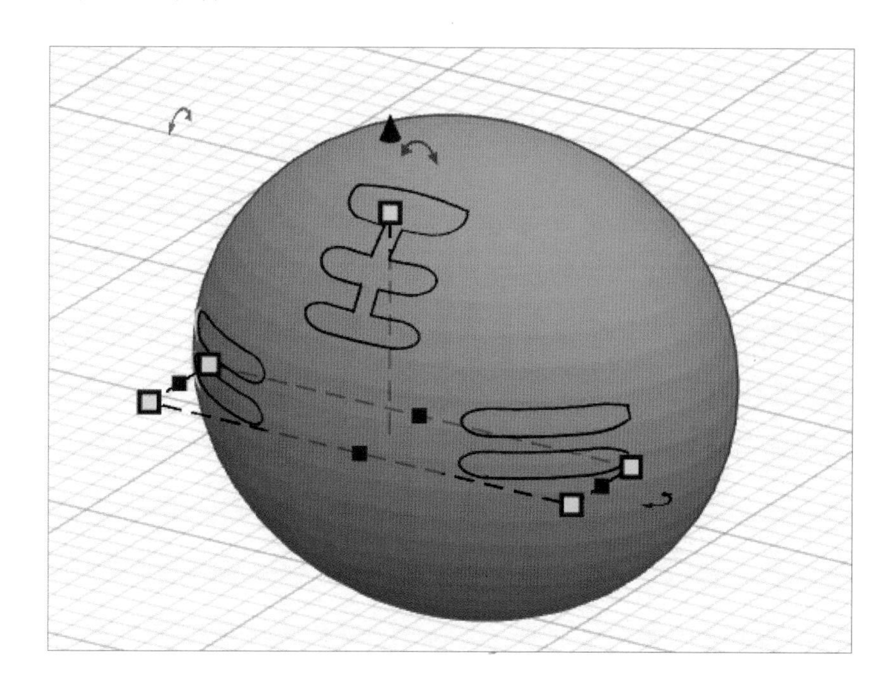

- 구를 클릭한 후 뒤로 이동합니다. (그리드 0.5, 뒤로 1번)
  전체 지정한 후 **[그룹화]**를 합니다.

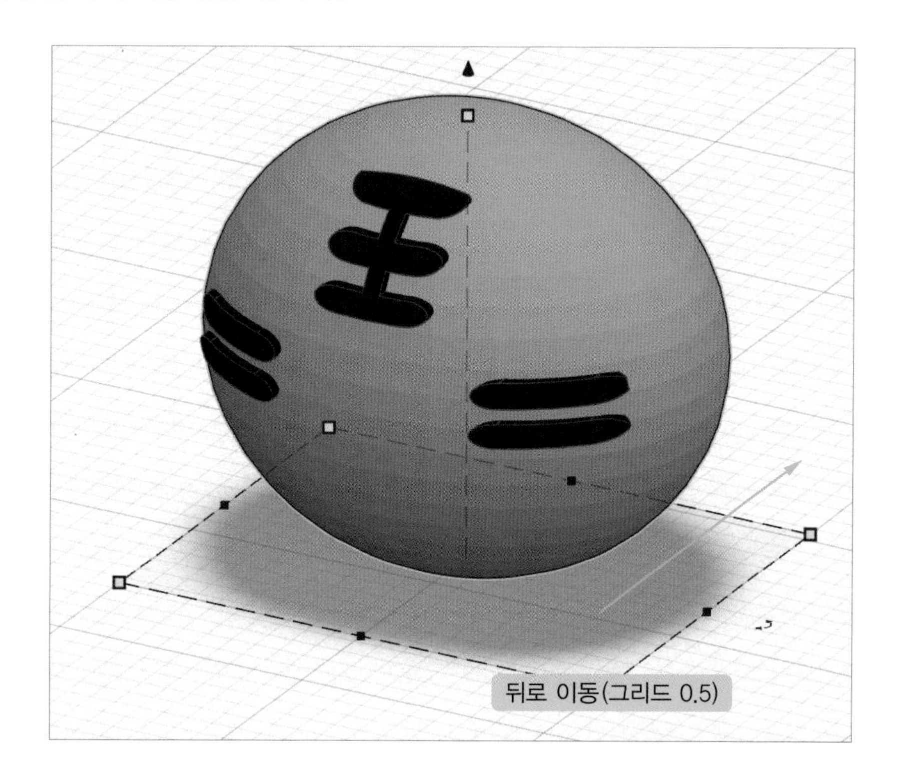

- 한 가지 색으로 변하면 **[솔리드]**를 클릭한 후 **[여러 색]**을 체크합니다.

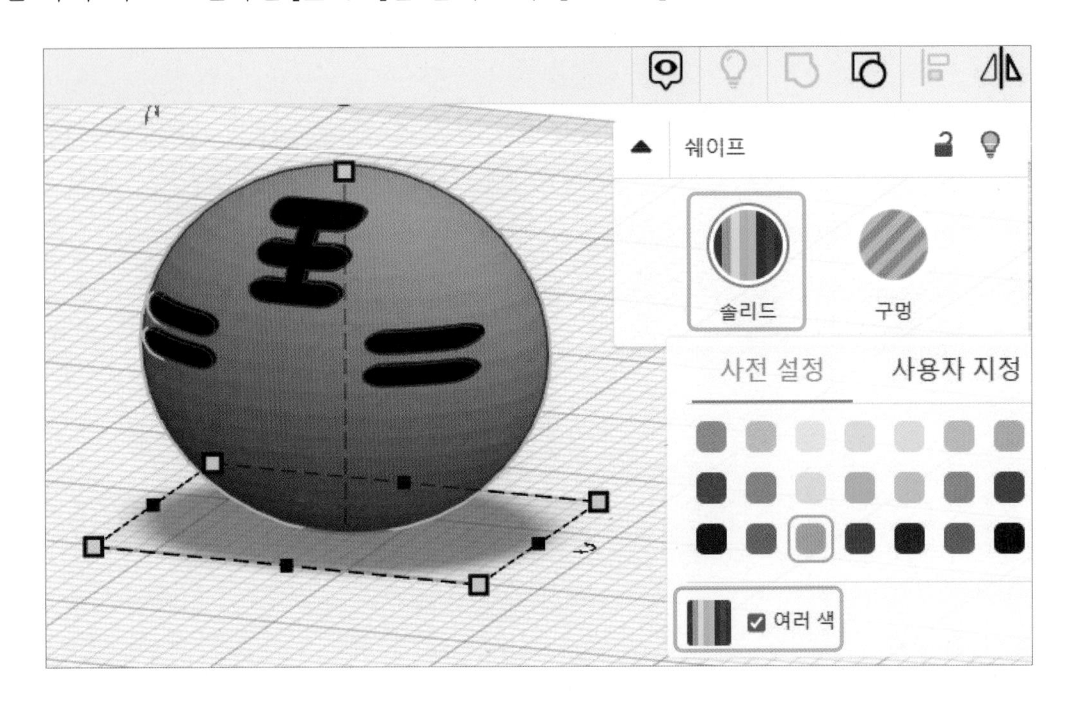

5 눈, 코, 입 만들기

- 원형 지붕을 클릭한 후 **[회전 화살표]**를 드래그하여 90° 회전을 합니다.
  크기와 색상을 조절합니다. (갈색, 가로 2.32, 세로 1.25, 높이 1)

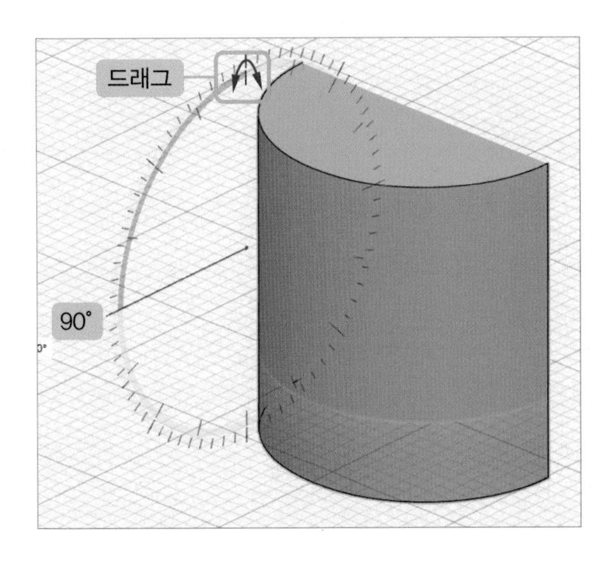

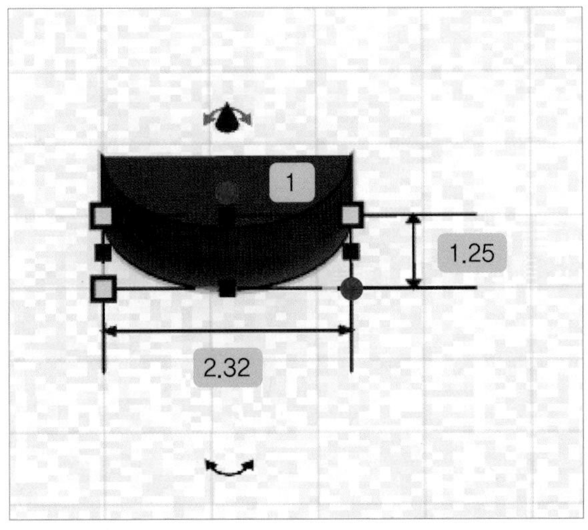

- 쉐이프를 **[복사]**하여 입 모양과 입 모양 구멍을 만듭니다.

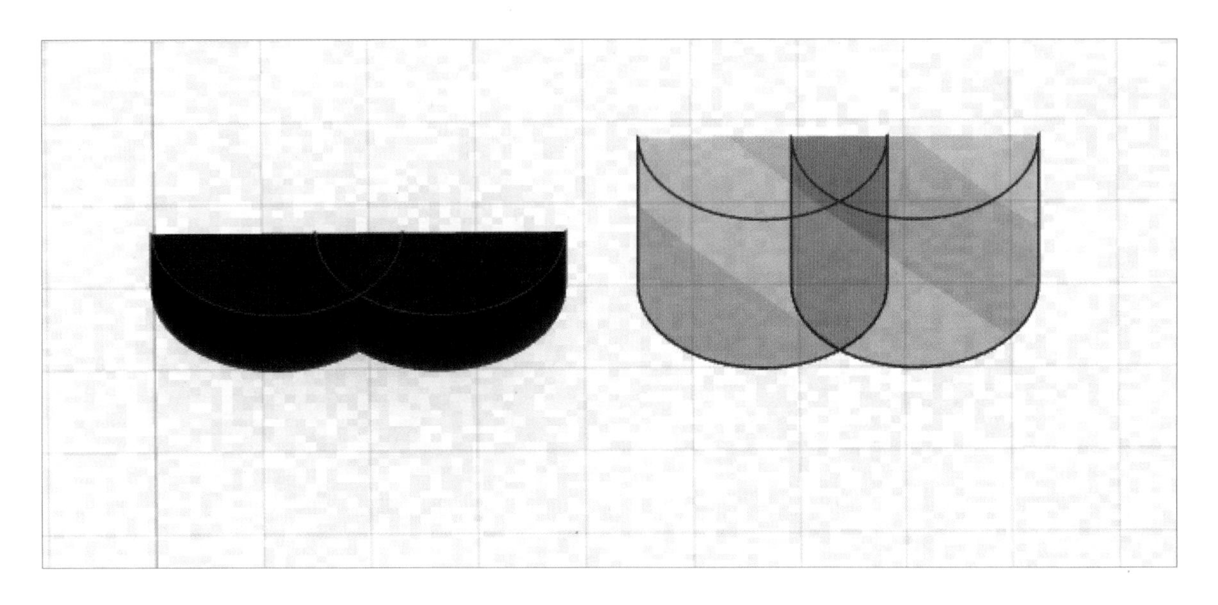

- 입 모양이 되도록 배치한 후 전체 지정 후 **[그룹화]**를 합니다.
  상자 크기를 조절하여 코를 만들어 줍니다. (가로 0.5, 세로 2.78, 높이 0.75)

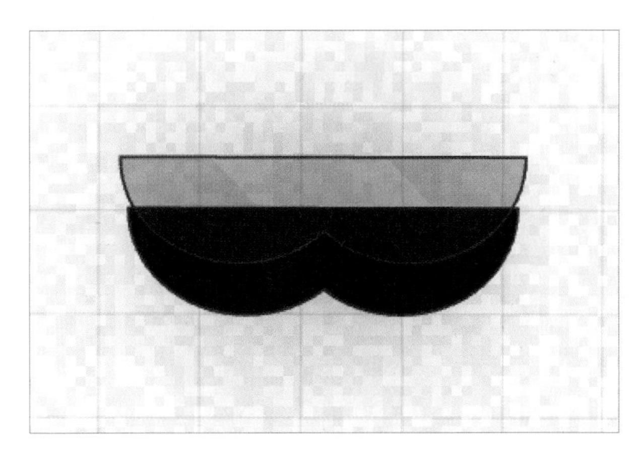

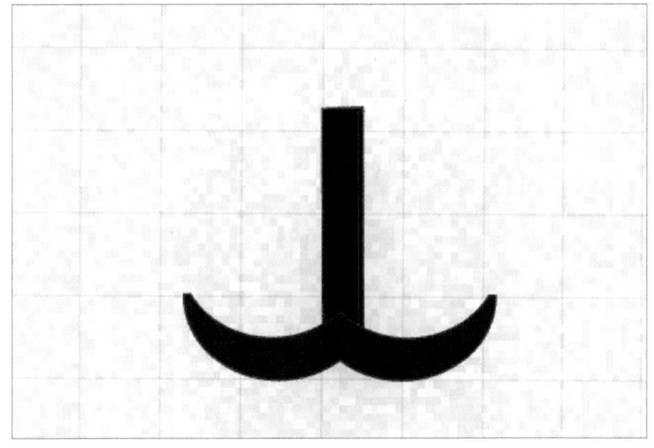

- 입과 코를 배치한 후 전체 지정하여 **[그룹화]**를 합니다.
  [솔리드]를 클릭하여 **[여러 색]**을 체크합니다.

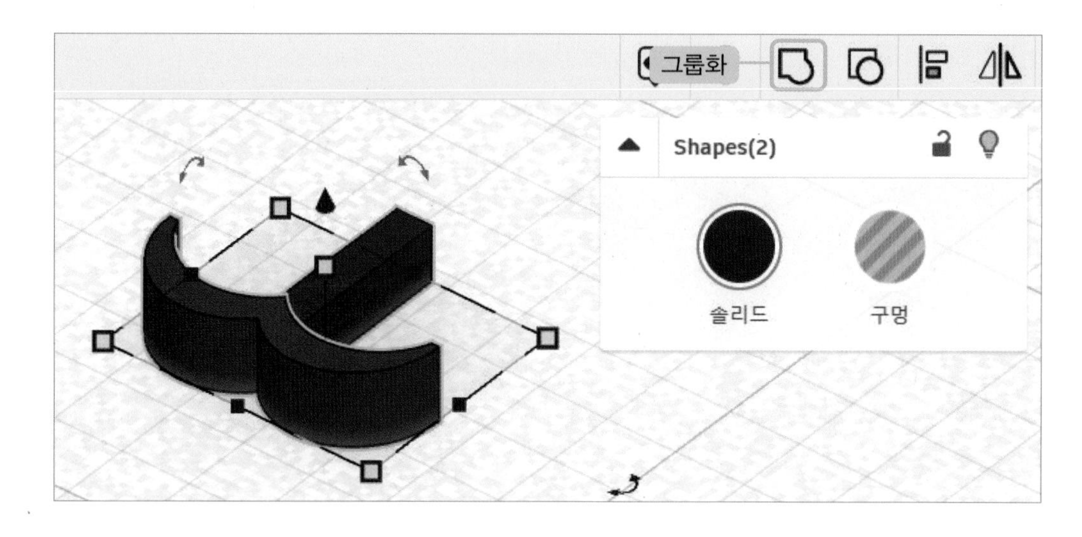

- 구를 불러와 크기와 색상을 조절합니다. (검은색, 가로 2, 세로 1.2, 높이 1.6, 단계 24)
  3개를 **[복사]**하여 눈과 코를 배치합니다.

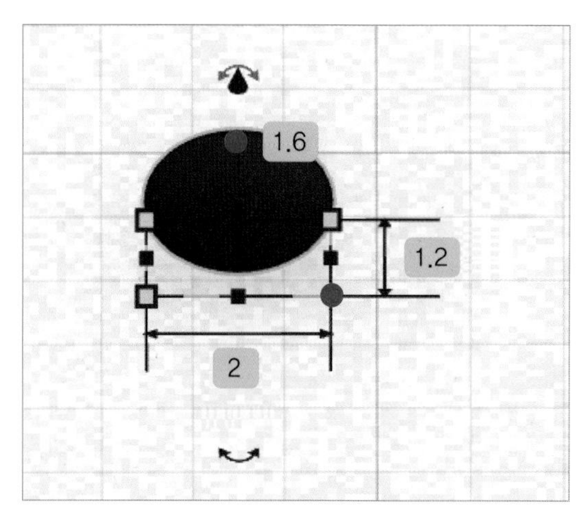

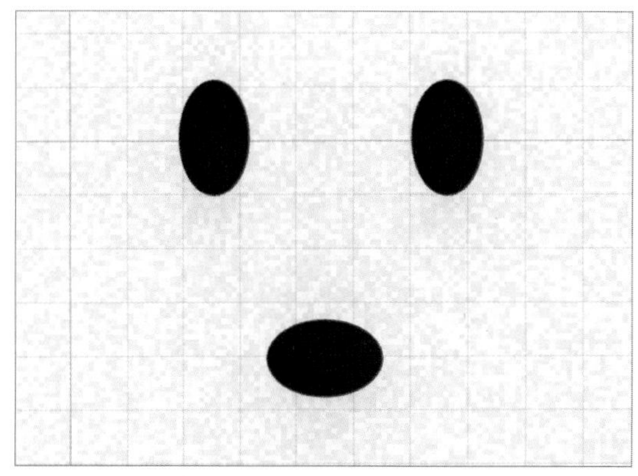

- 눈, 코, 입, 귀를 호랑이 얼굴에 배치합니다.

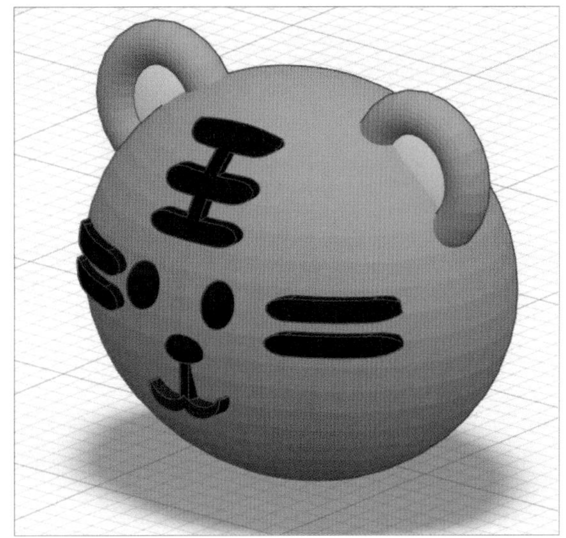

- 완성된 호랑이 얼굴을 **[복사]**하여 백호로 만들어 봅니다.

6 호랑이 몸통 만들기

- 구의 크기와 색상을 조절한 후 복사하여 몸통, 배, 팔, 다리를 만듭니다.

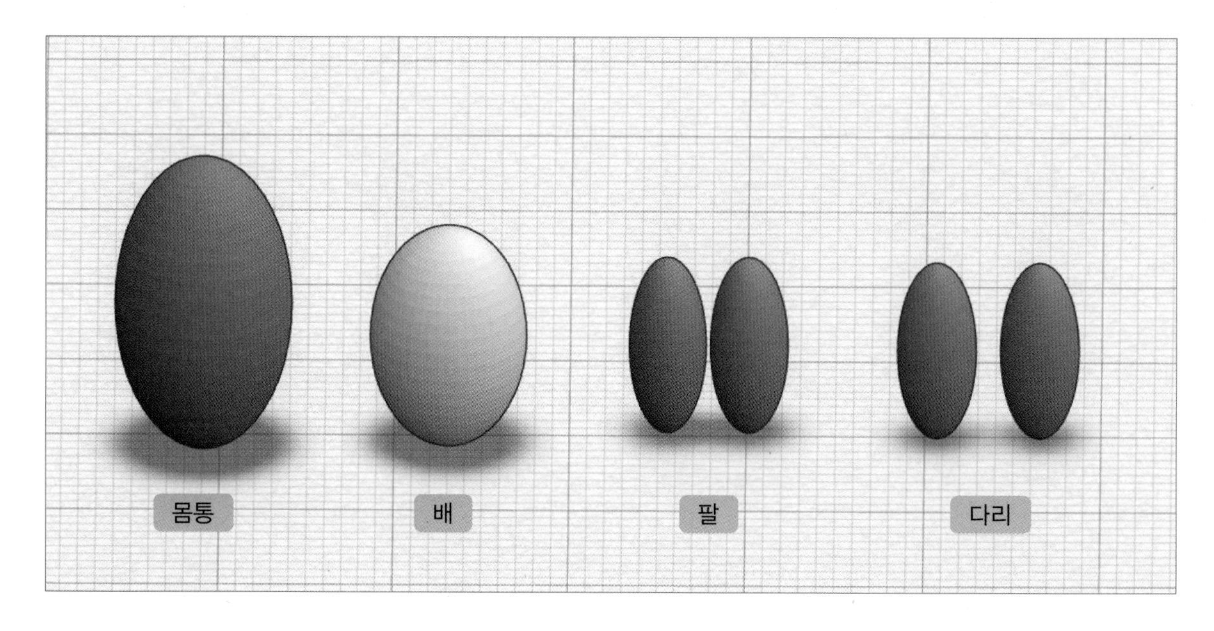

- 몸통 쉐이프를 클릭한 후 크기를 조절합니다. (가로 10, 세로 10, 높이 16.9, 단계 24)
  쉐이프를 5개 **[복사]**합니다.
  몸통 쉐이프의 **[화살표]**를 드래그하여 위쪽으로 **1.13**만큼 올려줍니다.

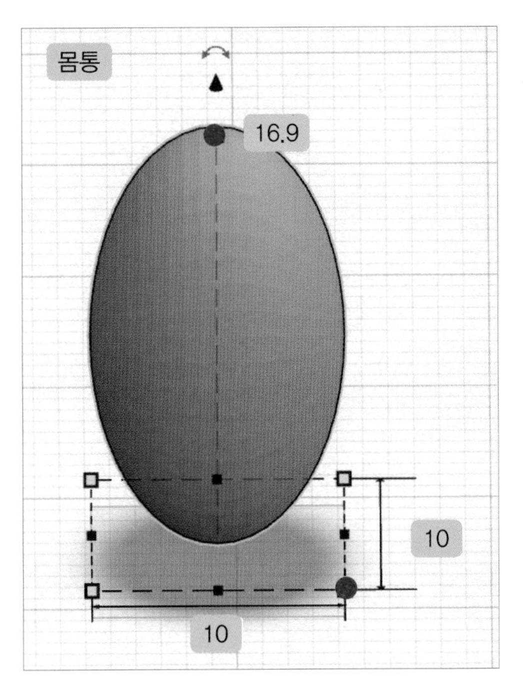

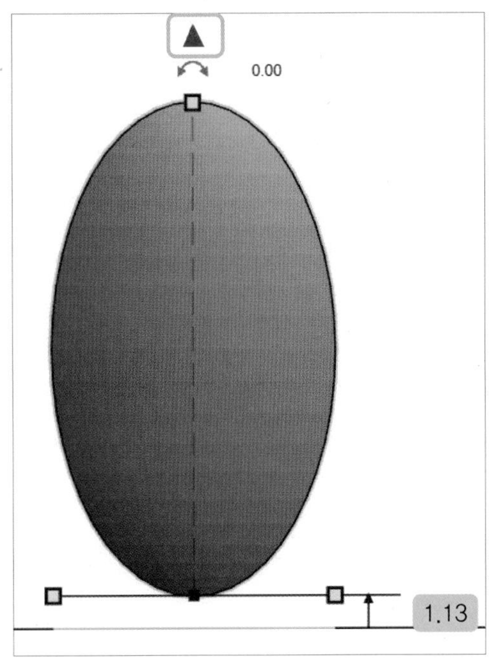

- 복사한 쉐이프의 색상과 크기를 조절합니다. (흰색, 가로 8.8, 세로 8.8, 높이 12.6)
  배 쉐이프의 **[화살표]**를 드래그하여 위쪽으로 **4.2**만큼 올려줍니다.

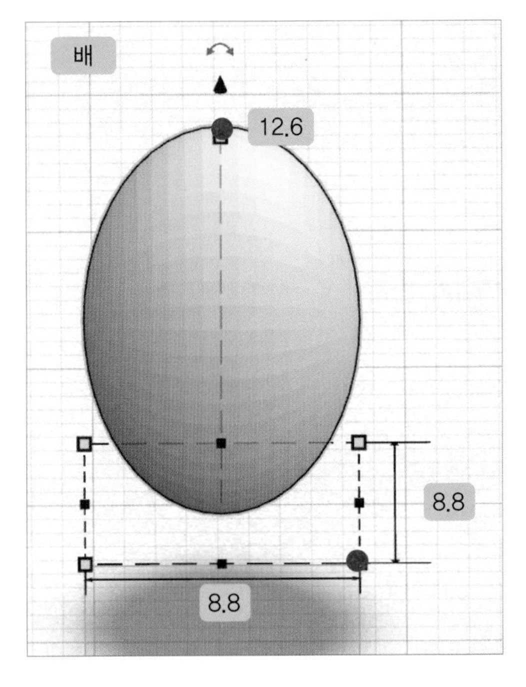

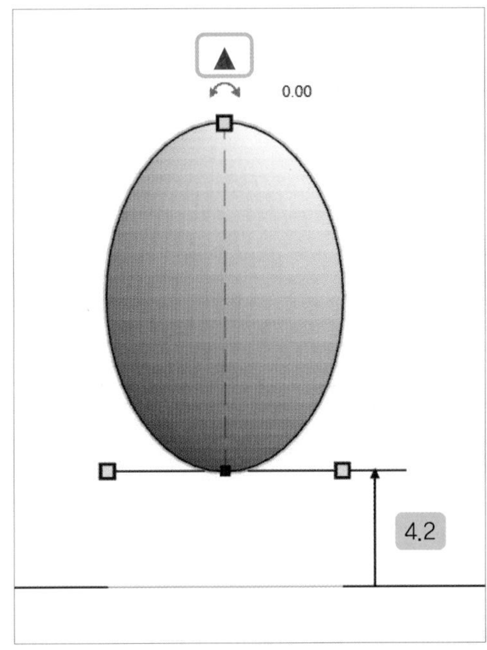

- 복사한 쉐이프의 크기를 조절합니다. (가로 4.29, 세로 5.16, 높이 10.19)

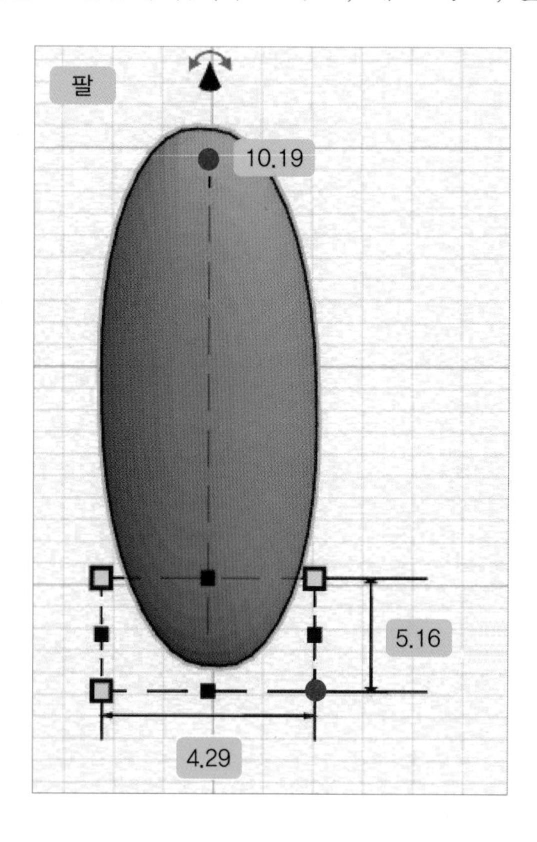

- 팔 쉐이프를 클릭한 후 제자리 복사(Ctrl+D)를 합니다.
  키보드 방향키를 눌러 배치합니다. (10번 이동, 그리드 1)

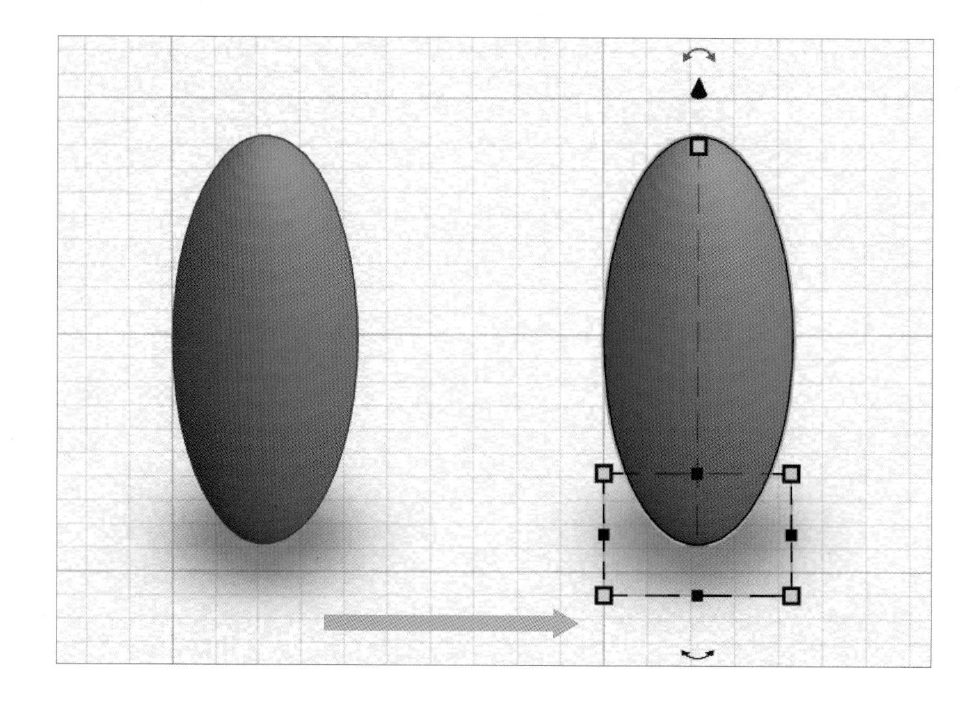

- 쉐이프를 전체 지정한 후 **[그룹화]**를 클릭합니다.
  팔 쉐이프의 **[화살표]**를 드래그하여 위쪽으로 7.1만큼 올려줍니다.

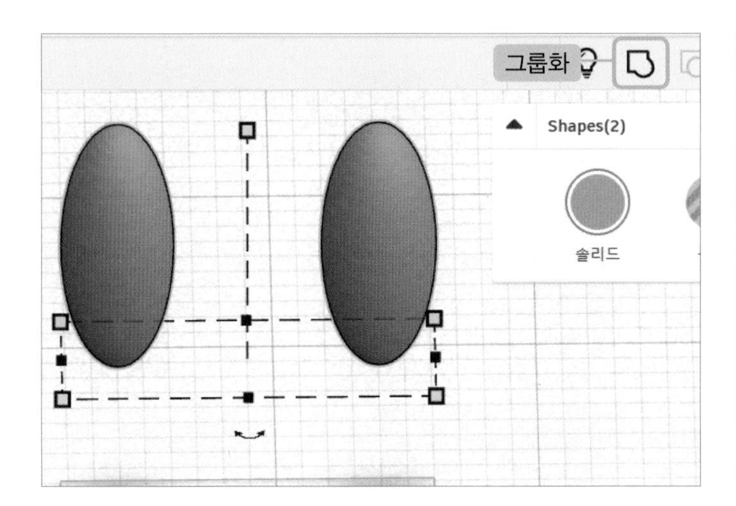

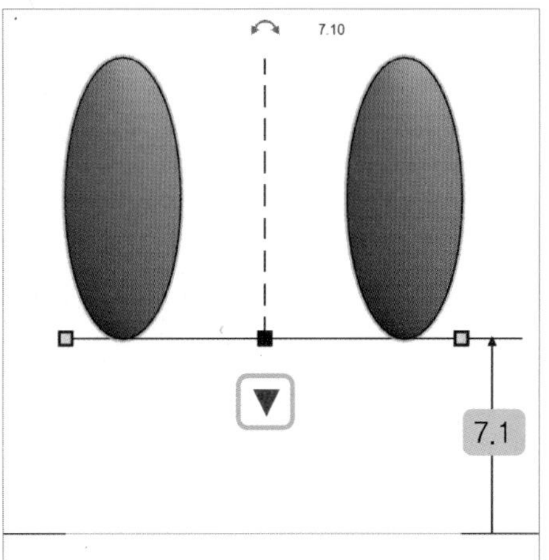

- 복사한 쉐이프의 크기를 조절합니다. (가로 4.37, 세로 4.4, 높이 10.27)

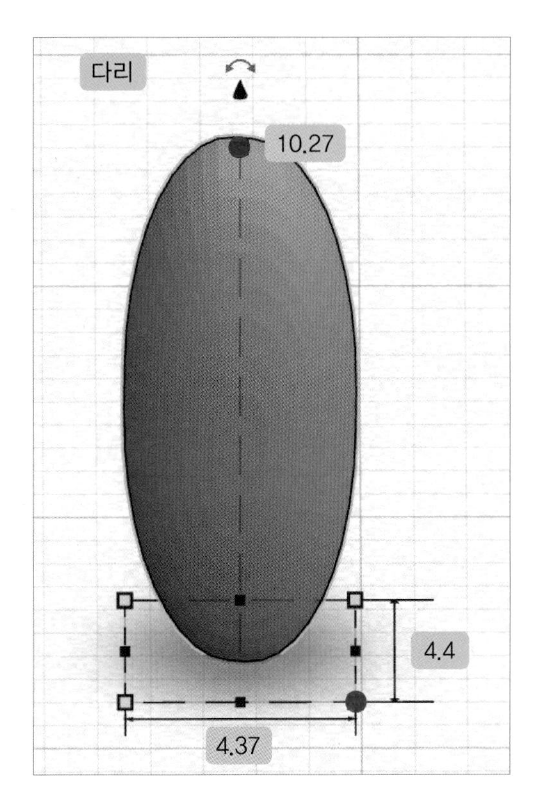

- 다리 쉐이프를 클릭한 후 제자리 복사(Ctrl+D)를 합니다.
  키보드 방향키를 눌러 배치합니다. (6번 이동, 그리드 1)

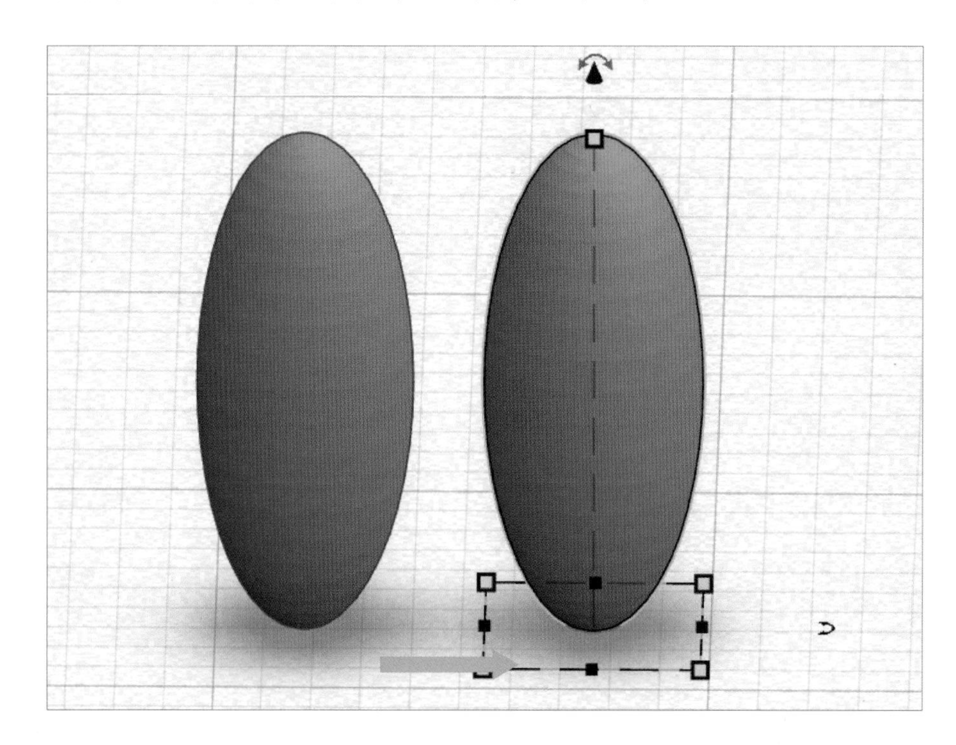

- 쉐이프를 전체 지정한 후 **[그룹화]**를 클릭합니다.

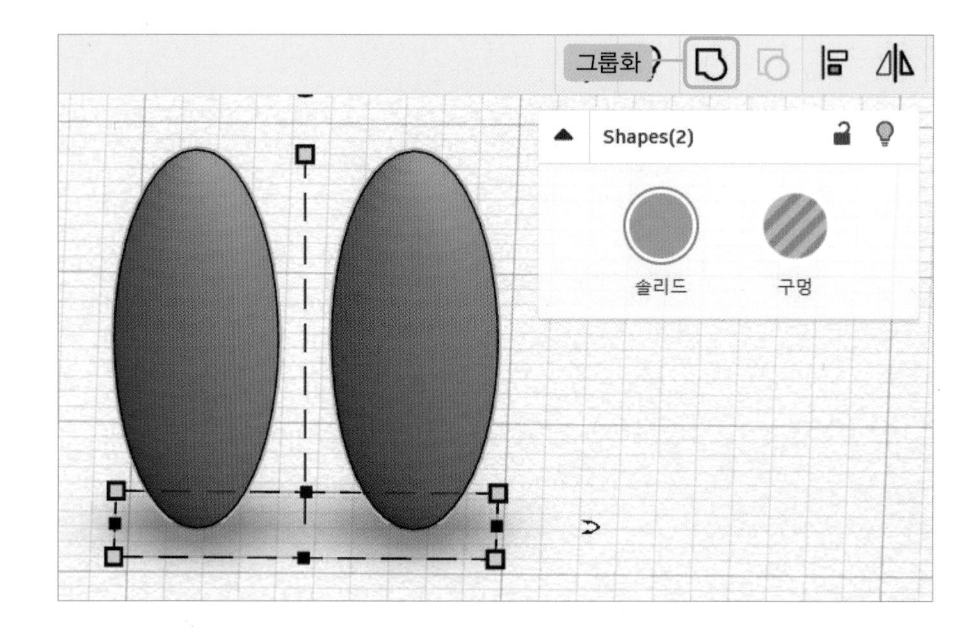

● 몸통, 팔, 다리를 전체 지정한 후 **[정렬]**을 클릭합니다.
[가로 가운뎃점], **[세로 가운뎃점]**을 클릭합니다.

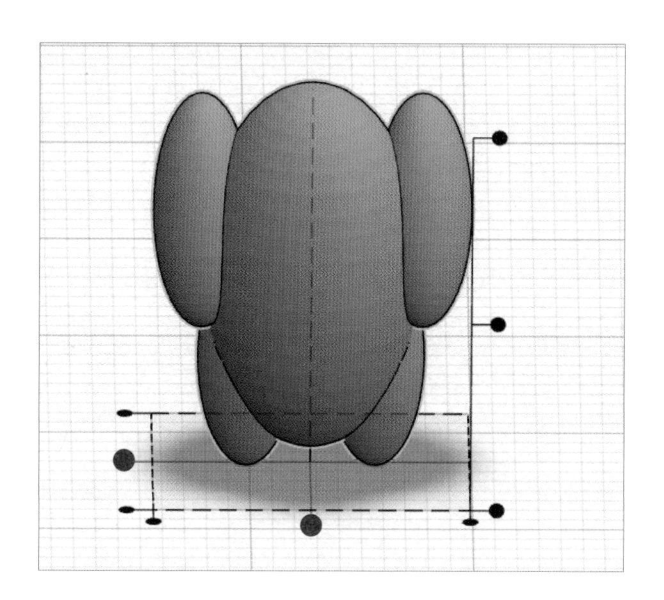

● 팔 쉐이프만 클릭한 후 **[회전 화살표]**를 드래그하여 22.5° 회전을 합니다.

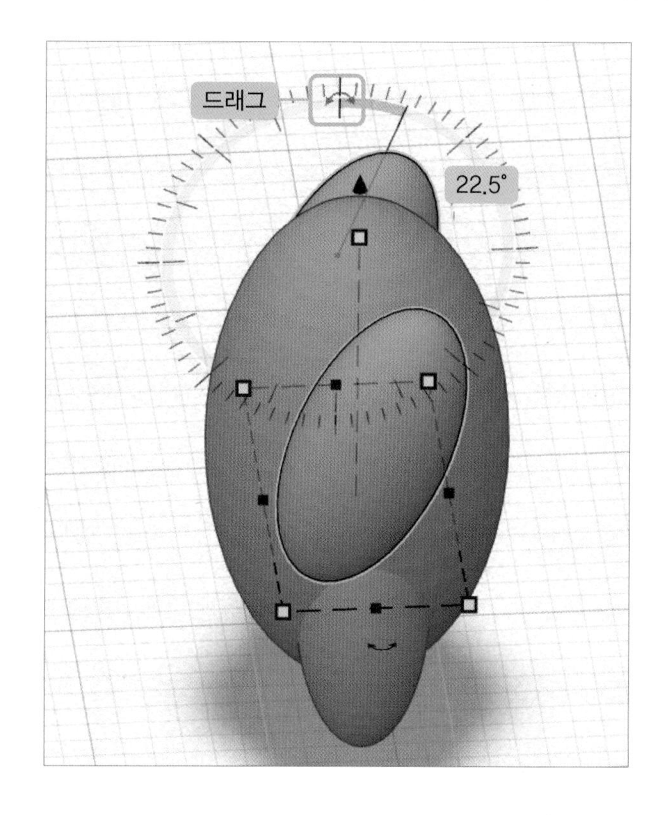

- 쉐이프를 전체 지정한 후 **[그룹화]**를 클릭합니다.

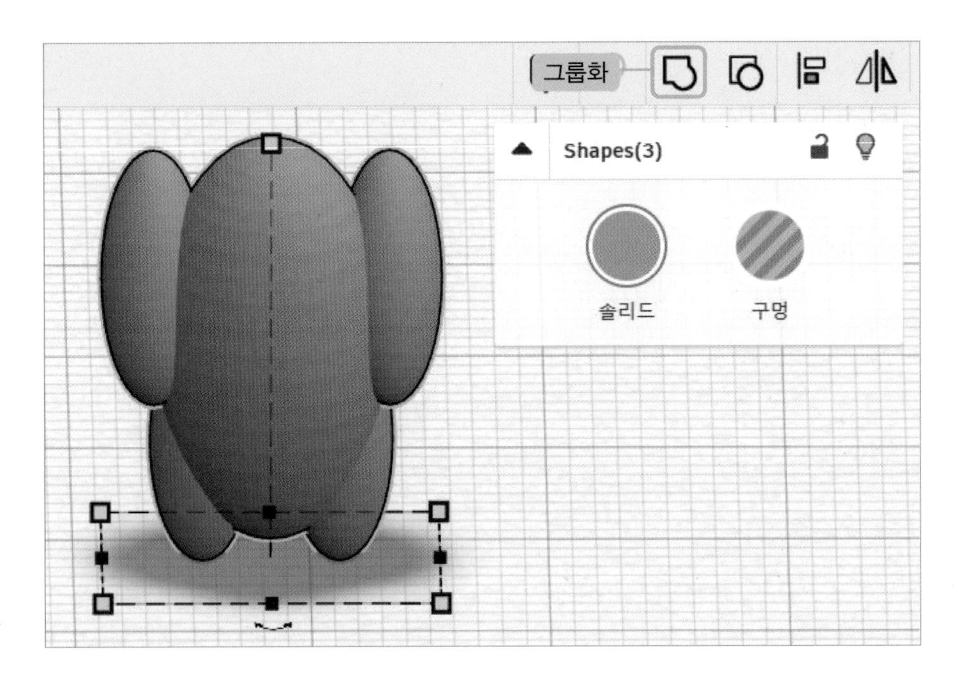

- 배 쉐이프와 전체 지정한 후 **[정렬]**을 클릭합니다.
  [가로 가운뎃점], **[세로 가운뎃점]**을 클릭합니다.

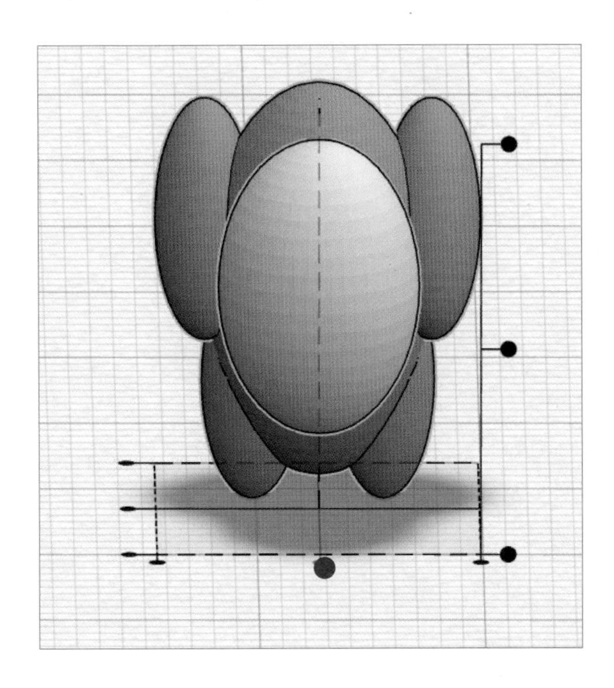

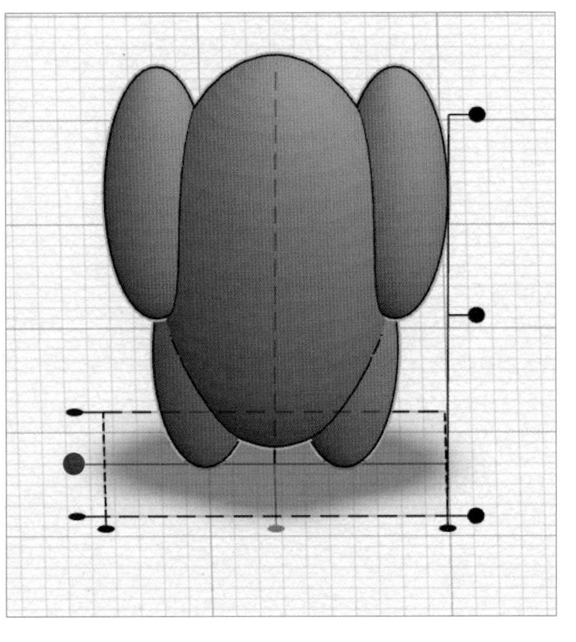

- 쉐이프를 클릭한 후 **[선택 항목 숨기기]**를 클릭합니다.
  배 쉐이프만 보입니다.

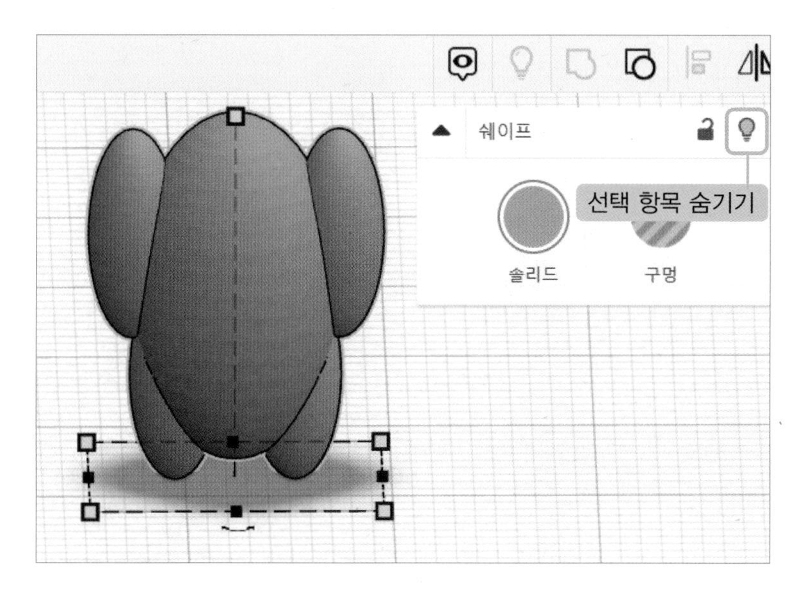

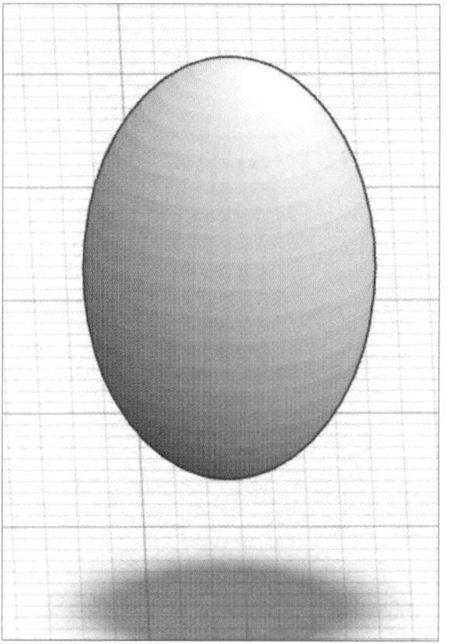

- 배 쉐이프를 키보드 방향키로 앞으로 이동(2번 이동)합니다.

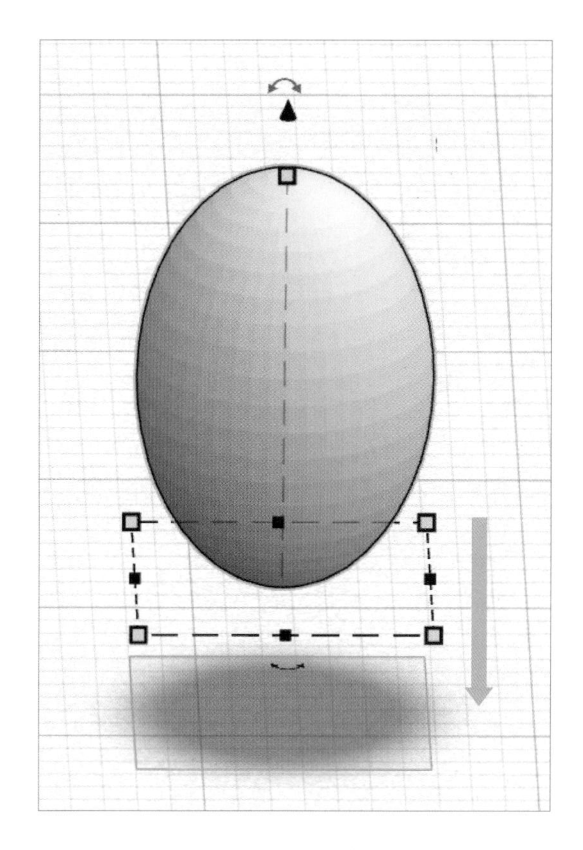

- **[모두 표시]**를 클릭합니다.
  배 쉐이프 위치를 자유롭게 배치합니다.

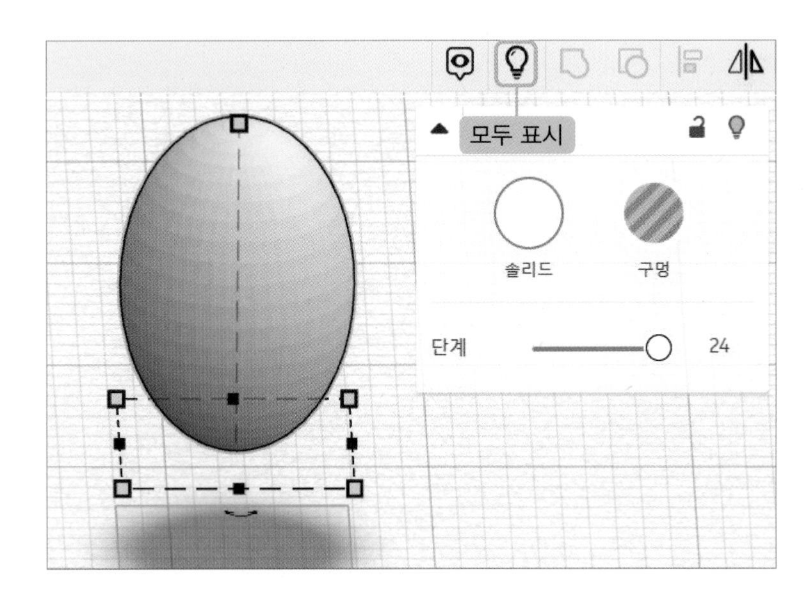

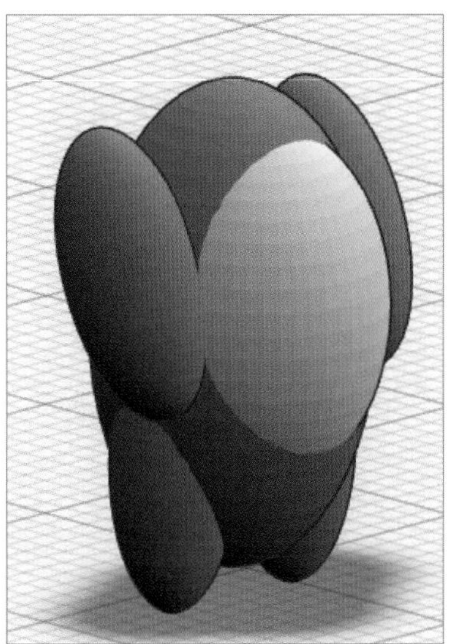

- 쉐이프를 전체 지정한 후 **[그룹화]**를 합니다.

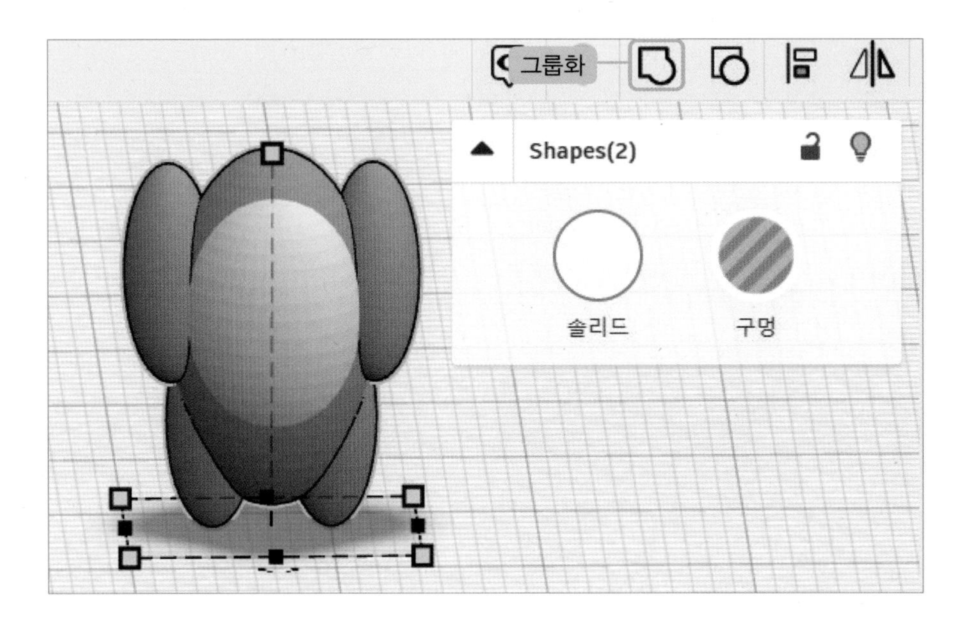

● 완성된 몸통을 복사하여 백호도 만들어 봅니다.

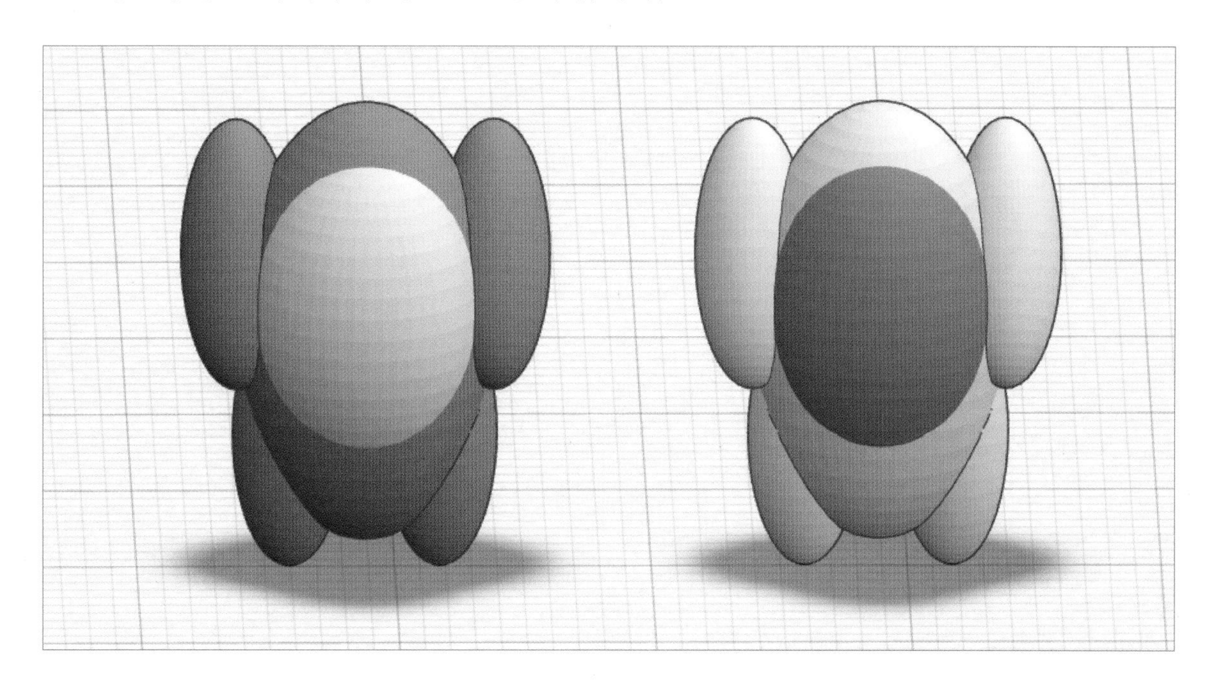

● 완성된 호랑이 얼굴을 클릭한 후 **[화살표]**를 드래그하여 위쪽으로 16.14만큼 올려줍니다. (호랑이 얼굴과 몸통을 배치하여 높이를 자유롭게 조절합니다.)

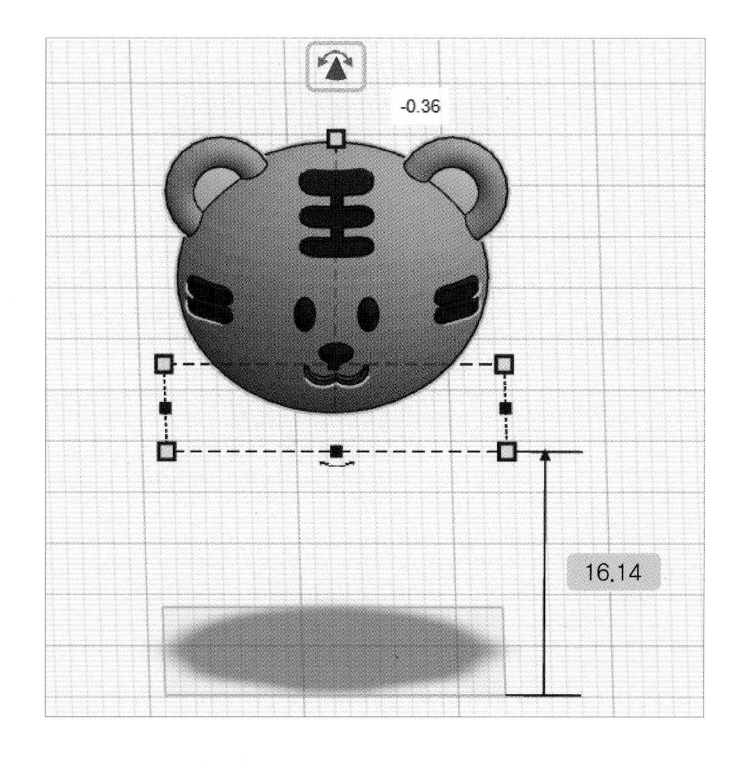

- 완성된 호랑이 얼굴과 몸통을 전체 지정한 후 **[정렬]**을 클릭합니다.
  [가로 가운뎃점], **[세로 가운뎃점]**을 클릭합니다.
  전체 지정한 후 **[그룹화]**를 합니다.

- 백호도 만들어 줍니다.
  (몸통 길이, 팔, 다리 등을 회전하여 자유롭게 만들어 보세요.)

7 호랑이 꼬리 만들기

- **[스프링]**을 클릭한 후 색상과 설정을 조절합니다. (R1 1.5, R2 7.25, 오프셋 0.97)

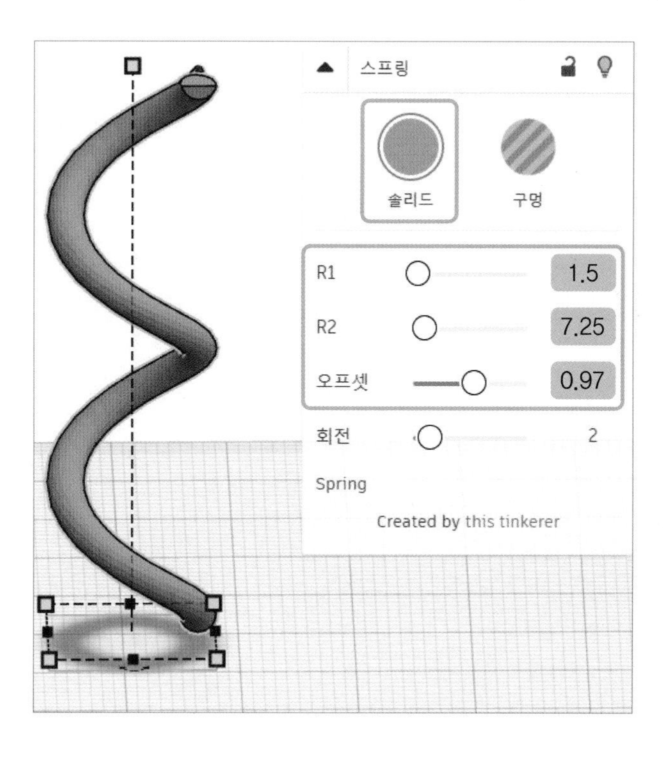

- 구멍 상자를 불러와 크기를 조절합니다. (가로 29, 세로 35, 높이 40)
  구멍 상자를 클릭한 후 **[화살표]**를 드래그하여 위쪽으로 16만큼 올려줍니다.

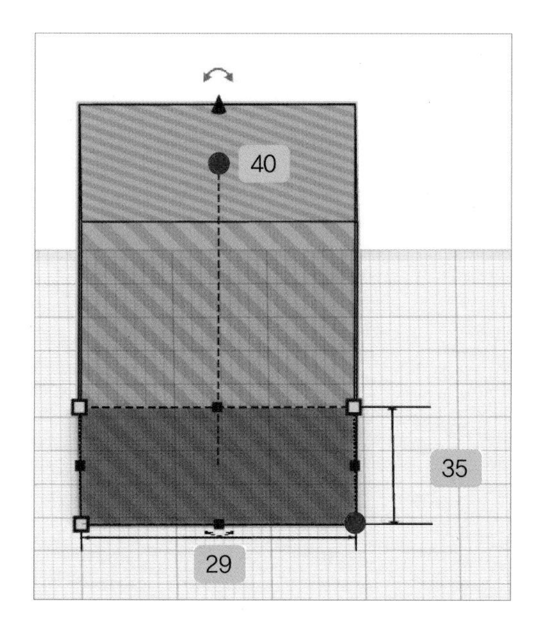

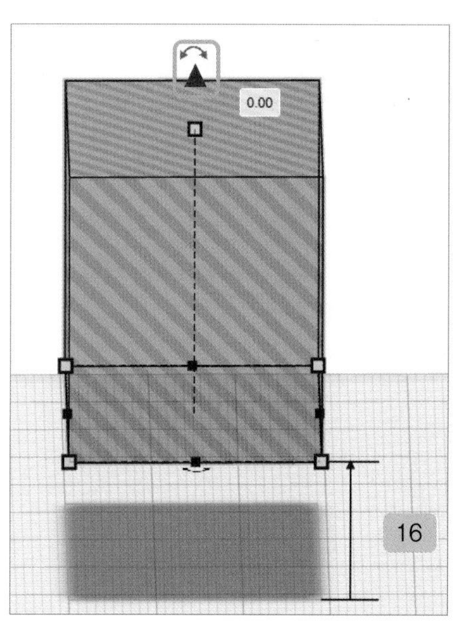

- 구멍 상자가 스프링을 감싸도록 배치합니다.
  쉐이프를 전체 지정한 후 **[그룹화]**를 합니다.

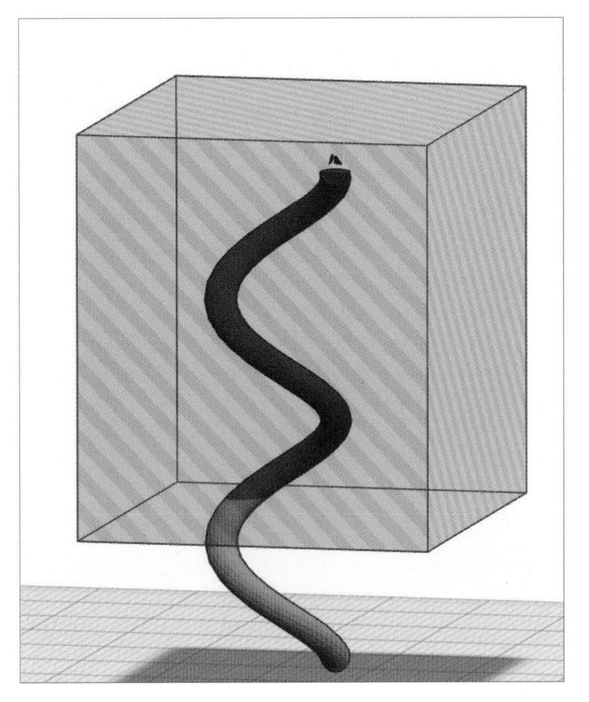

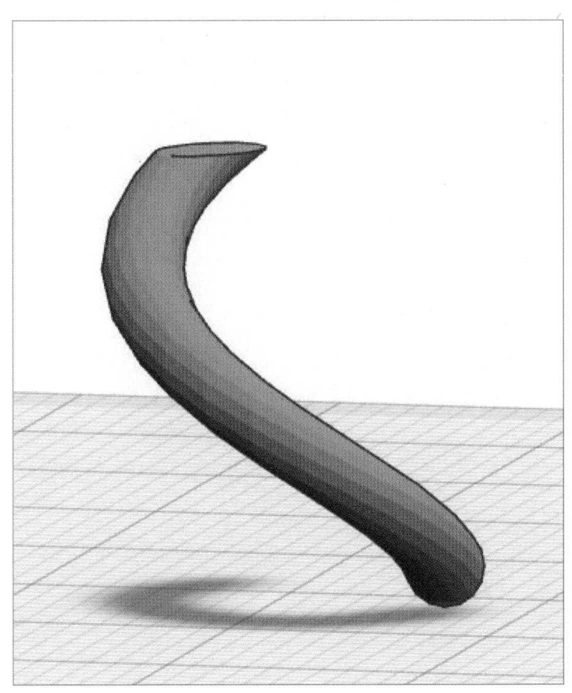

- 구멍 상자를 불러와 크기를 조절합니다. (가로 17, 세로 17, 높이 13.5)
  구멍 상자와 스프링을 **[복사]**합니다.

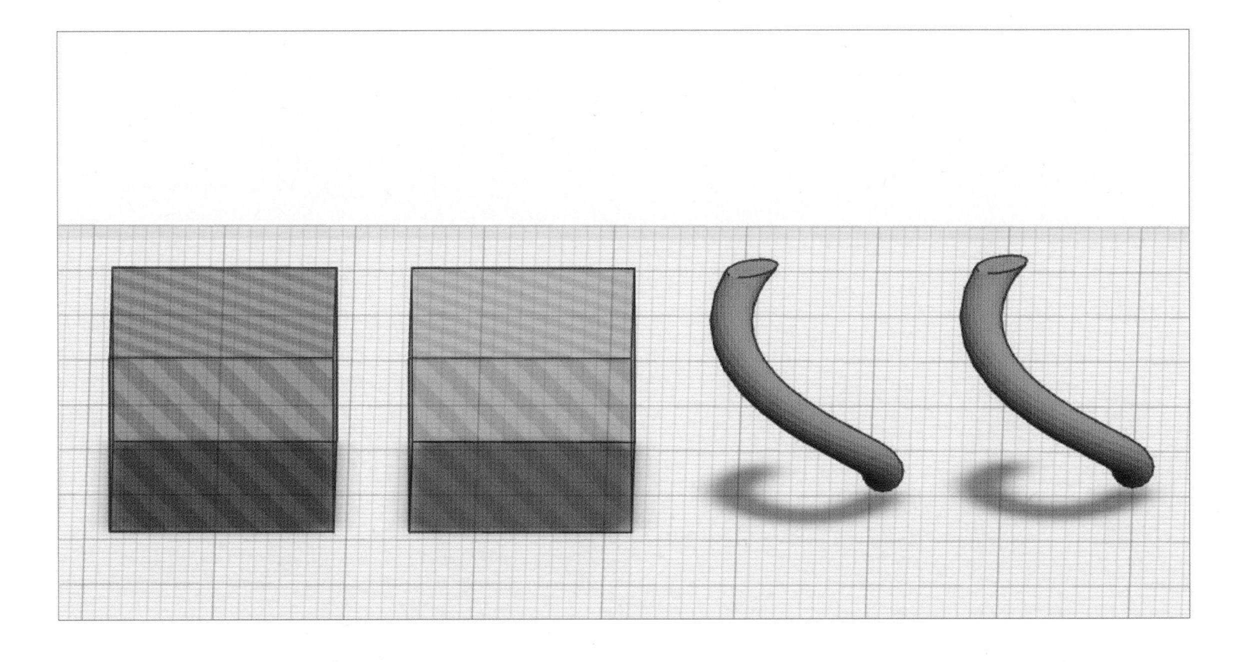

- 하나의 구멍 상자를 클릭한 후 **[화살표]**를 드래그하여 위쪽으로 13.5만큼 올려줍니다. 각각의 구멍 상자를 스프링이 감싸도록 배치합니다.

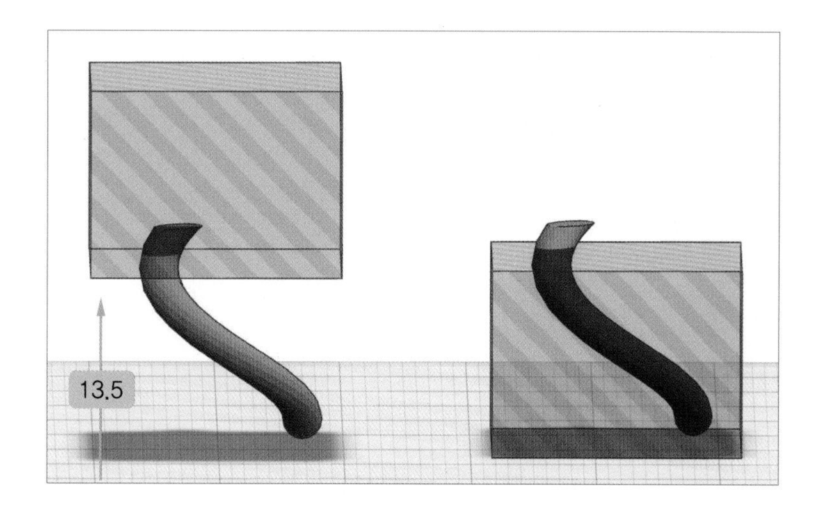

- 쉐이프를 전체 지정한 후 **[그룹화]**를 클릭합니다.

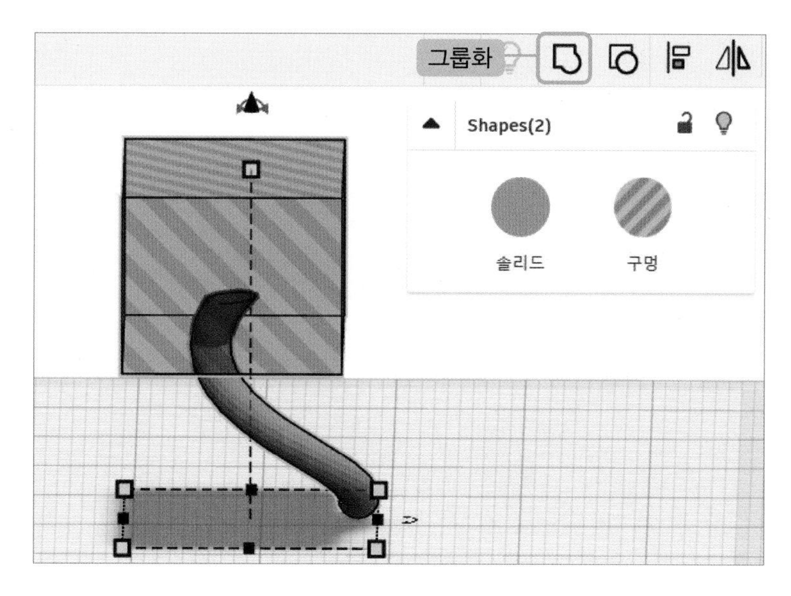

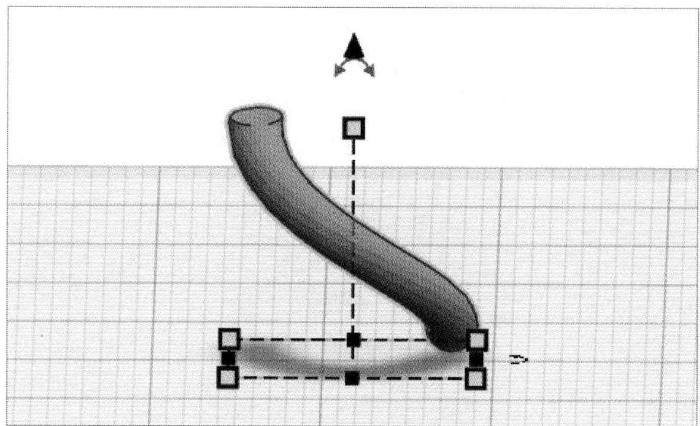

- 쉐이프를 전체 지정한 후 **[그룹화]**를 클릭합니다.

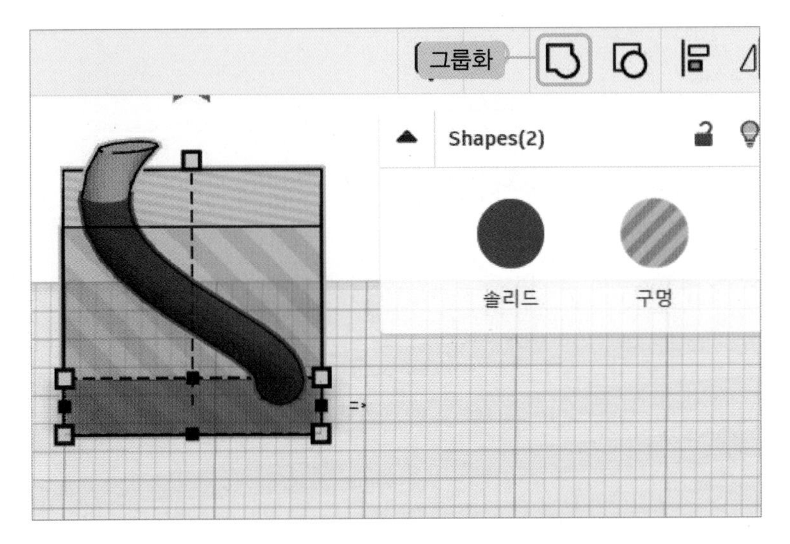

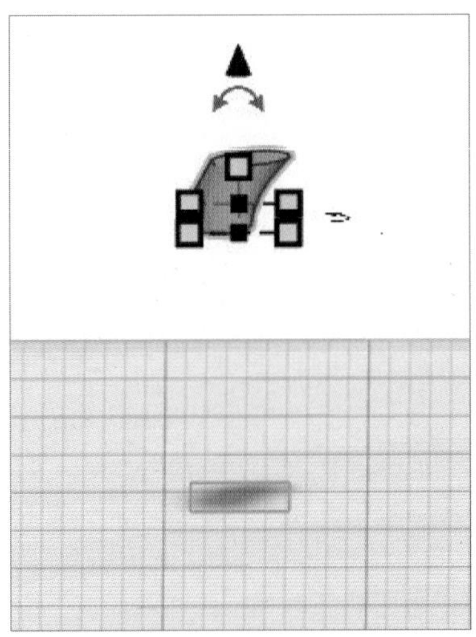

- 짧은 스프링의 색상을 검은색으로 바꿔줍니다.
  꼬리와 꼬리 끝 부분을 배치한 후 **[그룹화]**를 합니다.

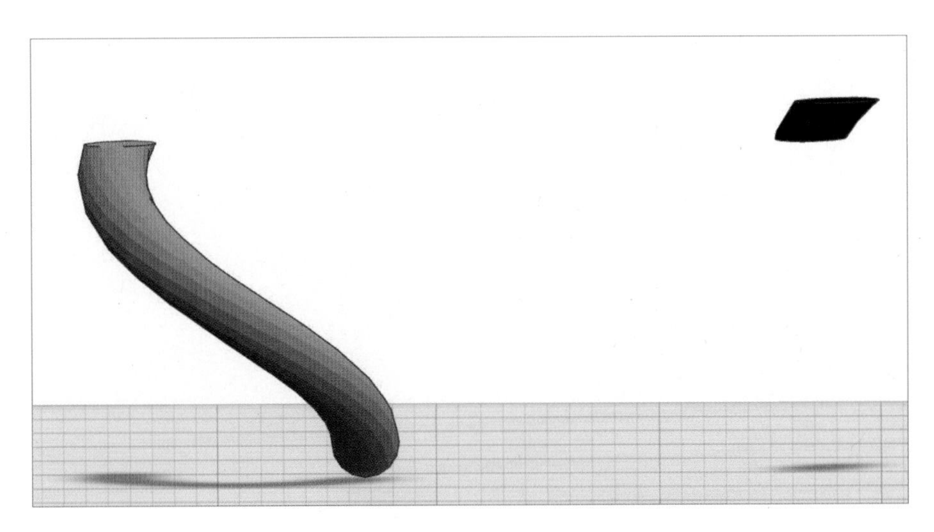

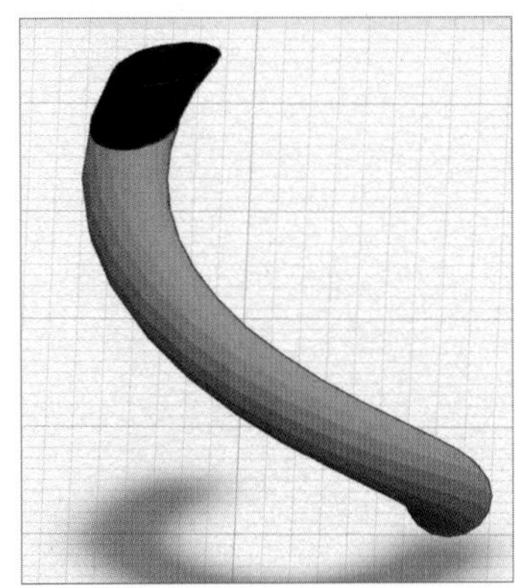

- 호랑이 꼬리를 클릭한 후 **[회전 화살표]**를 드래그하여 몸통에 잘 어울리도록 회전을 합니다.

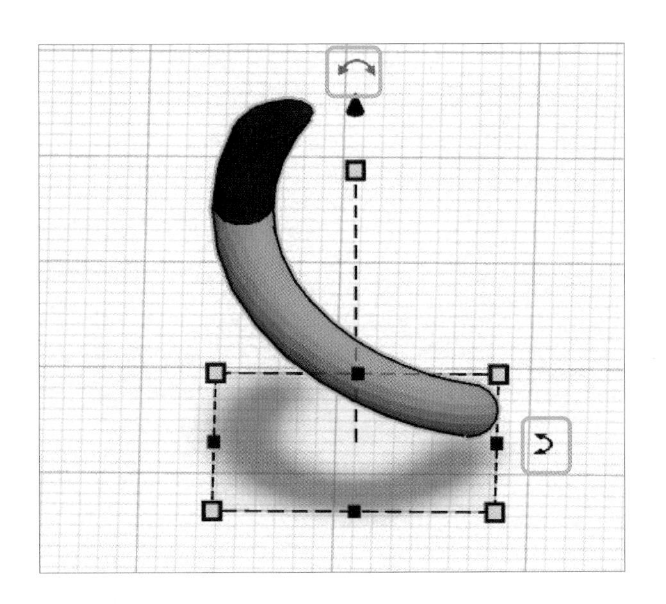

- 호랑이의 몸통에 꼬리를 배치합니다.
  쉐이프를 전체 지정한 후 **[그룹화]**를 클릭합니다.

- 완성입니다.
  완성된 캐릭터를 복사하여 다양한 캐릭터로 변형해 보세요!

13차 싱기버스 활용하기

태그 #싱기버스 #thingiverse #STL 무료

1 싱기버스 시작하기

- 싱기버스는 디자인 공유 사이트로 누구나 모델링 파일을 공유하거나 다운로드를 할 수 있는 플랫폼입니다.

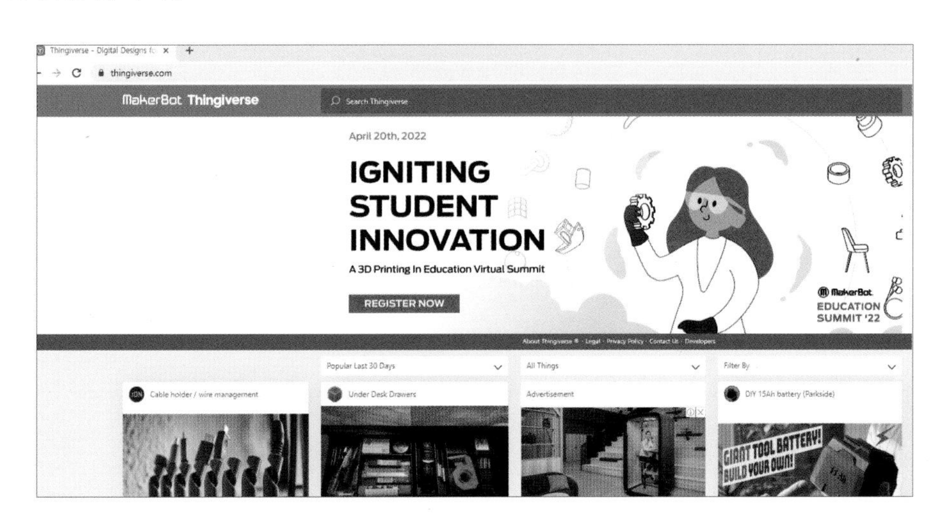

- 크롬 구글에서 싱기버스 홈페이지에 접속합니다.

홈페이지 : https://www.thingiverse.com/

구글 검색어 : 싱기버스, thingiverse

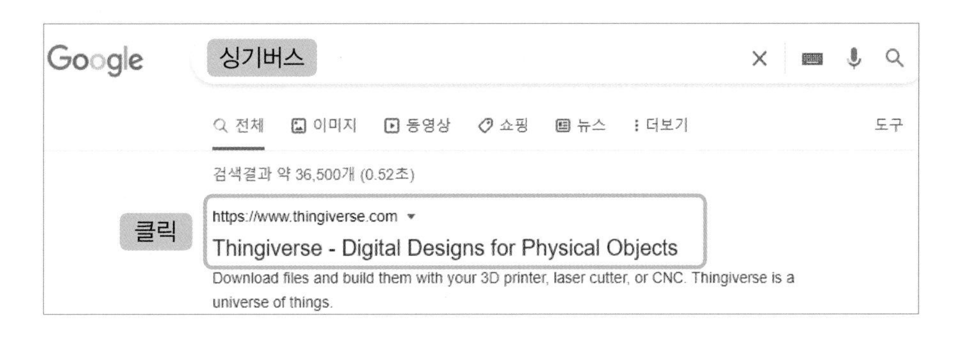

- 검색창에 출력하고 싶은 검색어를 **영어**로 입력합니다.

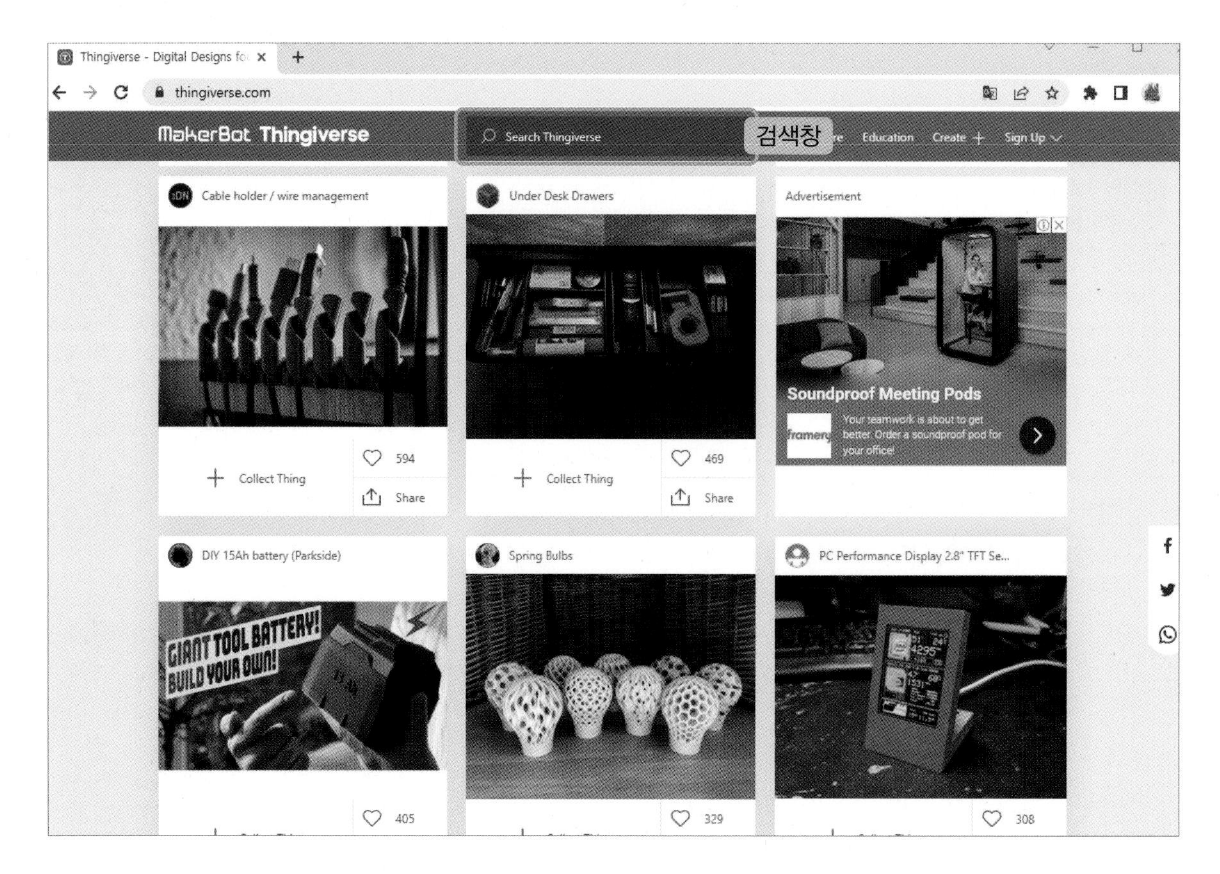

- 다운로드 받고 싶은 이미지를 클릭합니다.

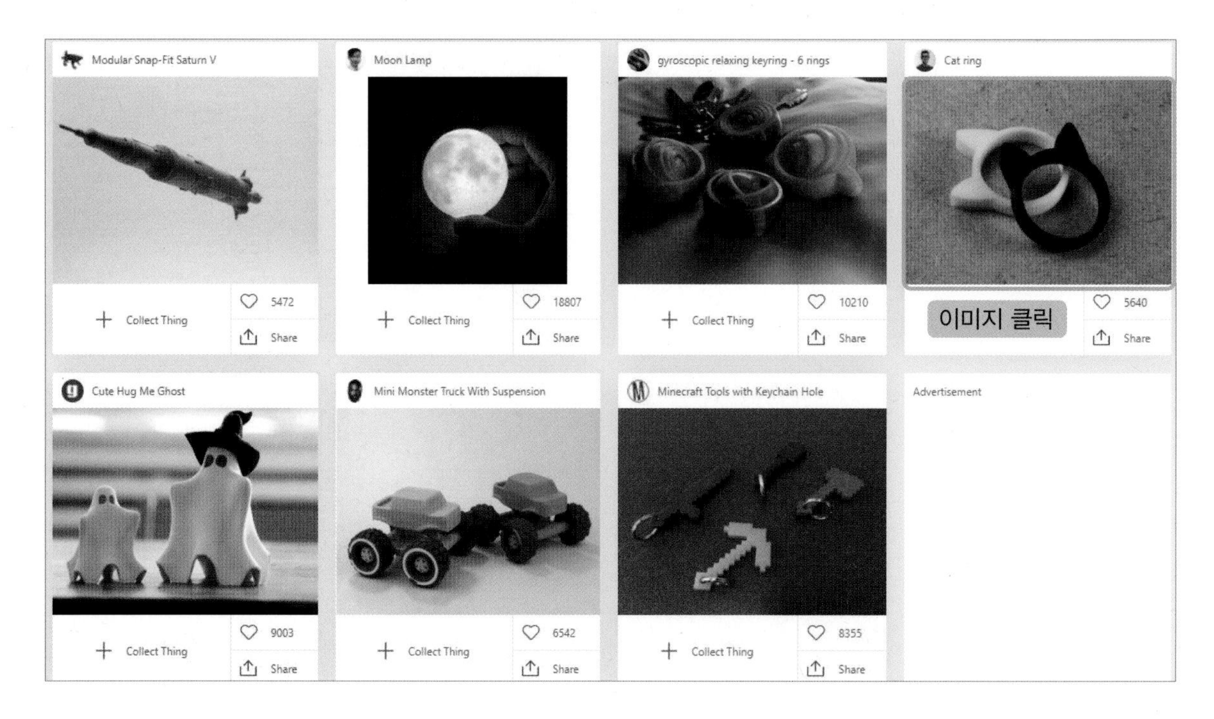

2 싱기버스에서 파일 받기

- [Download All Files] 다운로드를 클릭합니다.

  다운로드 받고 싶은 STL [Download]를 클릭합니다.

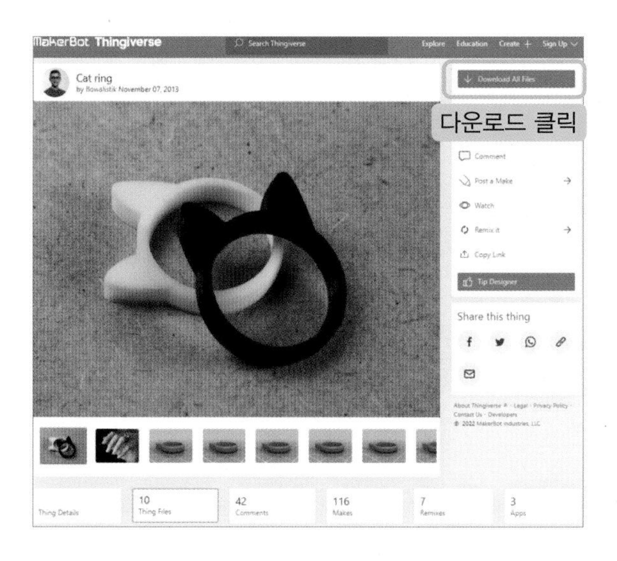

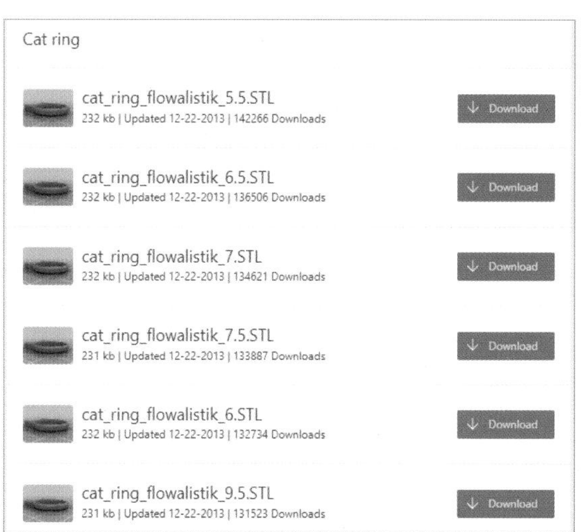

- STL 전체를 다운로드 받고 싶을 때는 주소창의 Files를 지우고 zip를 입력한 후 Enter↵를 눌러줍니다. 파일이 저장됩니다.

  화면 왼쪽 하단에 **[폴더 열기]**를 클릭합니다.

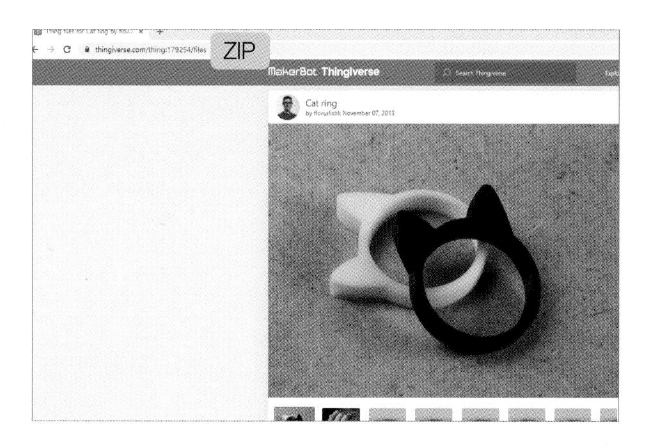

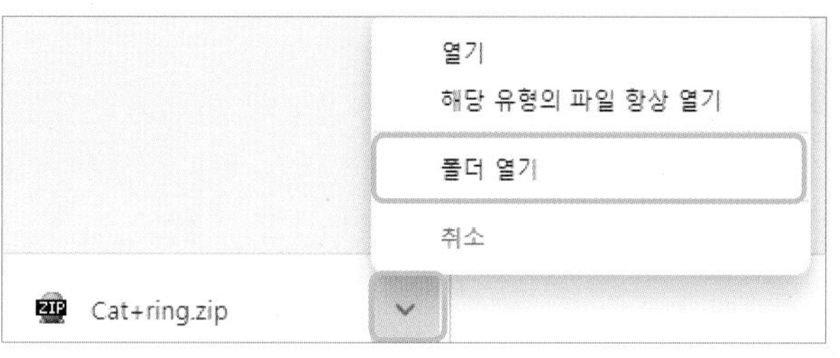

- 압축 파일을 풀어주면 파일을 볼 수 있습니다.
  [files] 폴더에는 STL 파일이 있고, [images] 폴더에는 이미지 파일이 있습니다.

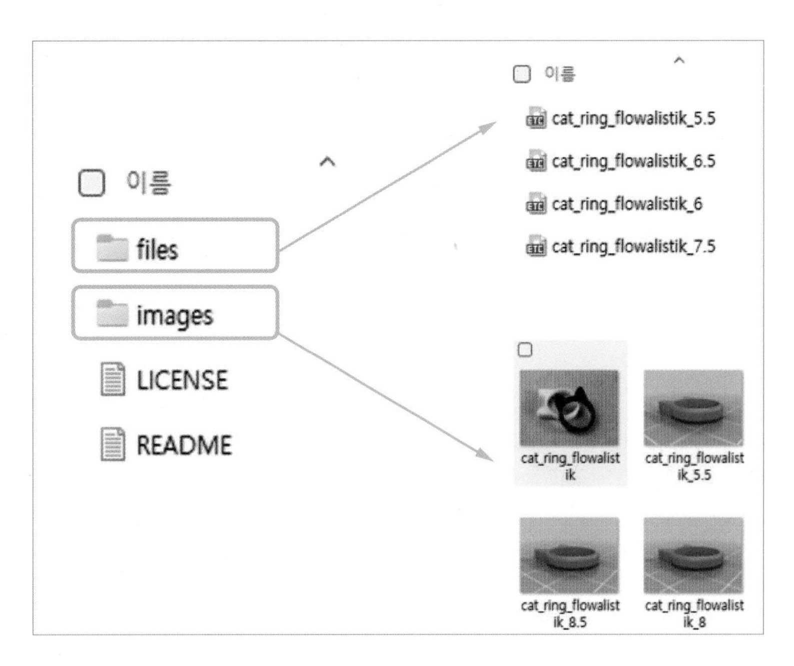

- 다양한 STL 파일을 다운로드 받아보세요!

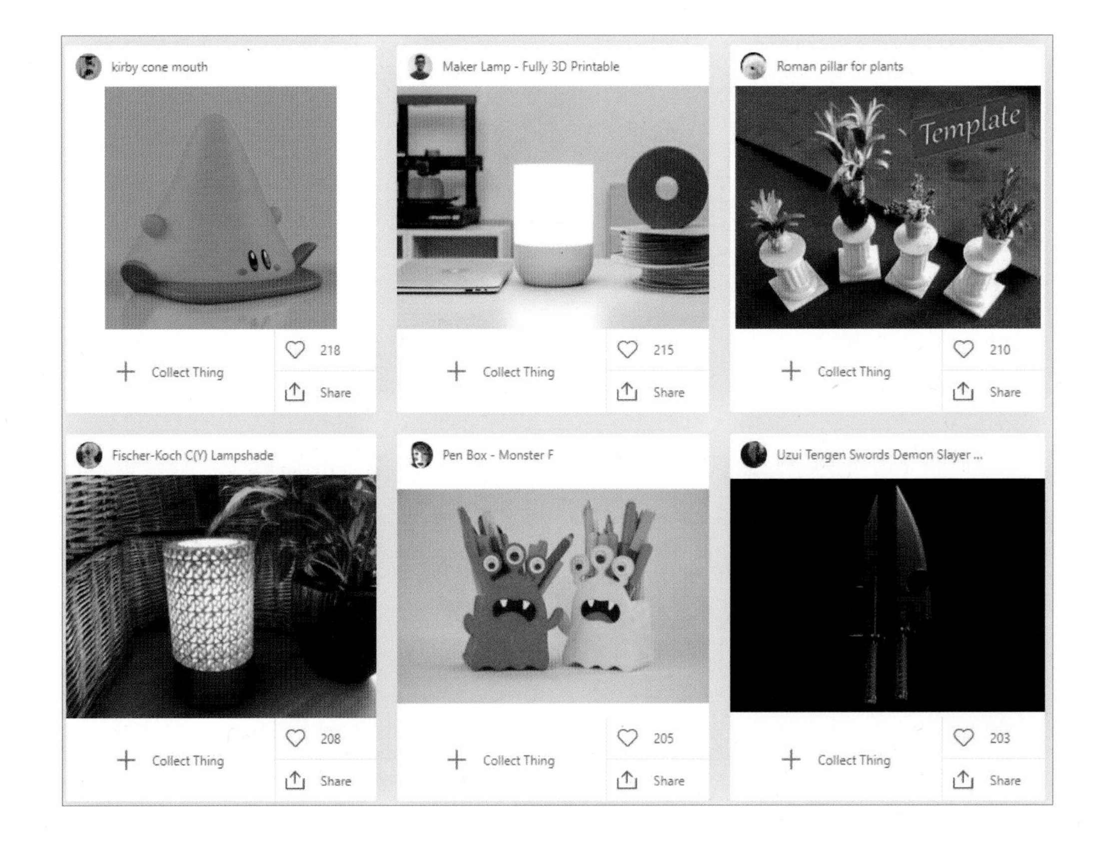

14차 슬라이싱 프로그램 사용하기

태그 #메이커봇 #makerbot #서포트 #크기 조절 #회전 #미리보기

1 메이커봇 슬라이싱 프로그램 설치하기

- 크롬 구글에서 메이커봇 홈페이지에 접속합니다.

  홈페이지 : https://www.makerbot.com/ko/

  구글 검색어 : makerbot

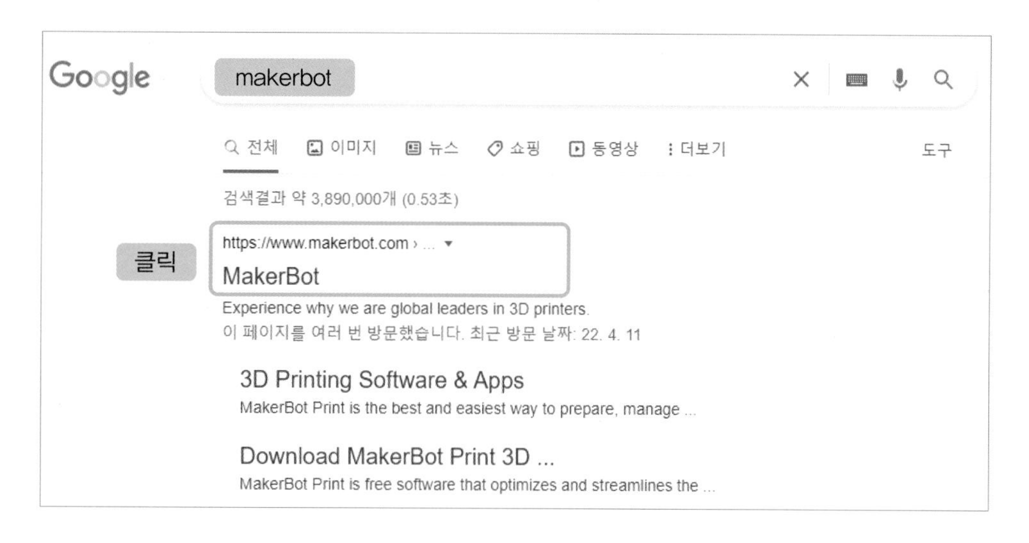

- [SUPPORT]를 클릭한 후 [Software]를 클릭합니다.

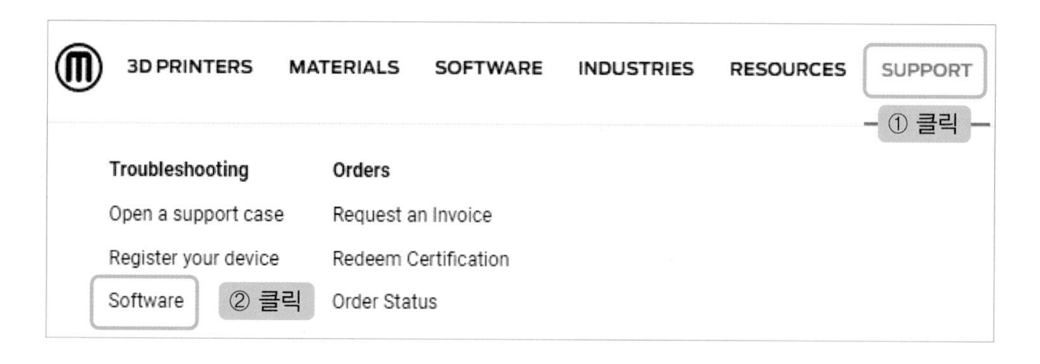

- 컴퓨터 사양을 클릭한 후 [DOWNLOAD]를 클릭합니다.
- 메이커봇 슬라이싱 프로그램을 설치합니다.
- 메이커봇 홈페이지 회원가입을 한 후 슬라이싱 프로그램 사용이 가능합니다.

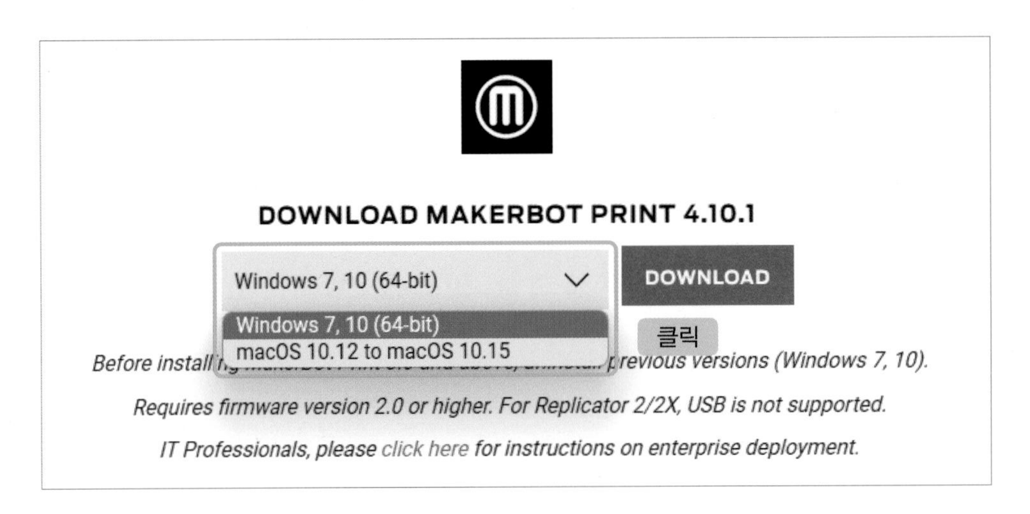

2 메이커봇 슬라이싱 프로그램 사용하기

① Makerbot Print 실행 화면

- 제작판 : 3D프린팅 출력물이 출력되는 곳
- 로그인 : 프로그램 실행 시 로그인을 하여 사용합니다.

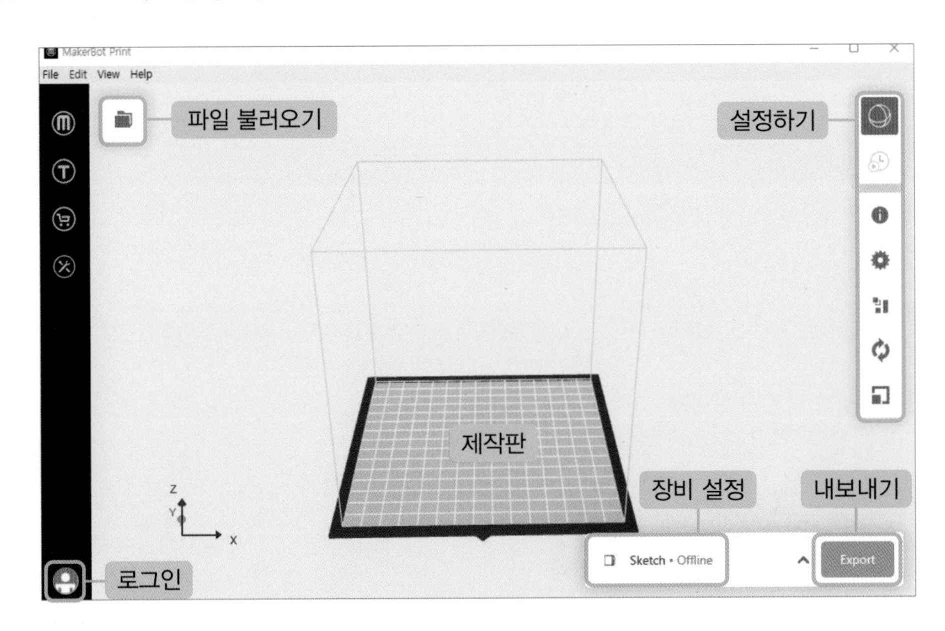

② 화면 제어

③ 3D프린터 장비 설정하기

- Makerbot Print 슬라이싱 프로그램을 실행합니다.
  3D프린터 장비를 선택합니다.
  [+] 클릭 – [Add a Printer] 클릭 – [Add an Unconnected Printer] 클릭 – [Sketch] 클릭

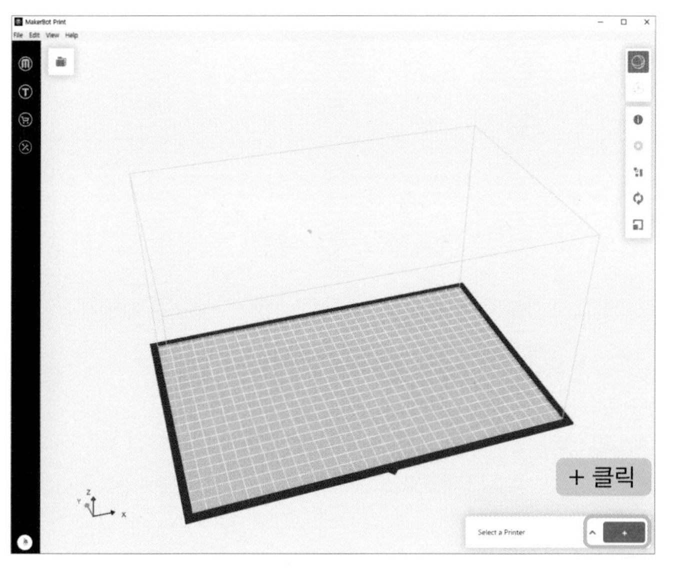

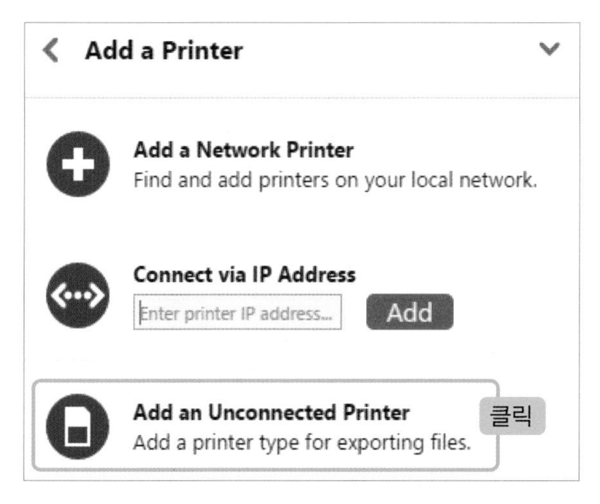

④ 틴커캐드에서 모델링한 STL 불러오기

- **[프로젝트 패널]** 클릭 – [Add Models] 클릭 – STL 파일 클릭 – **[열기]**를 클릭합니다.

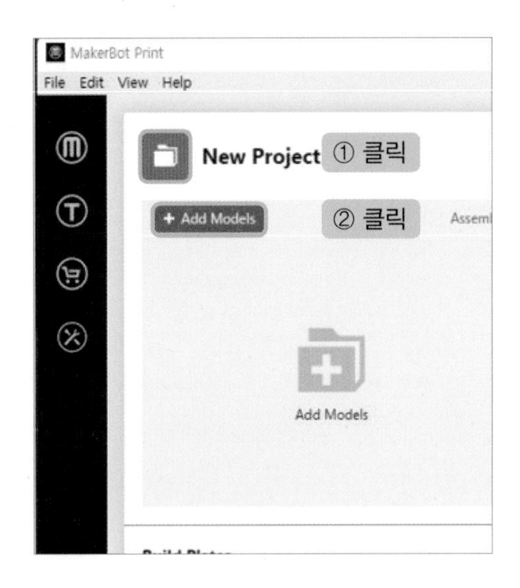

⑤ 서포트 생성하기

- 3D프린팅 출력을 안정적으로 하기 위해 Support(서포트)를 설정합니다.
  [Print Settings] 클릭 – [Support Type] 클릭 – [Breakaway Support] 클릭을 합니다.

⑥ 메이커봇 파일 저장하기

- STL 파일을 3D프린팅 할 수 있는 파일로 저장합니다.
  [Export]를 클릭합니다.
  영문 또는 숫자로 파일명을 저장하고, 확장자명은 Makerbot으로 저장이 됩니다.

3 메이커봇 슬라이싱 프로그램 설정하기

① 크기 조절하기

- [Scale] 클릭 – 원하는 크기의 숫자를 입력한 후 Enter↵를 눌러줍니다.

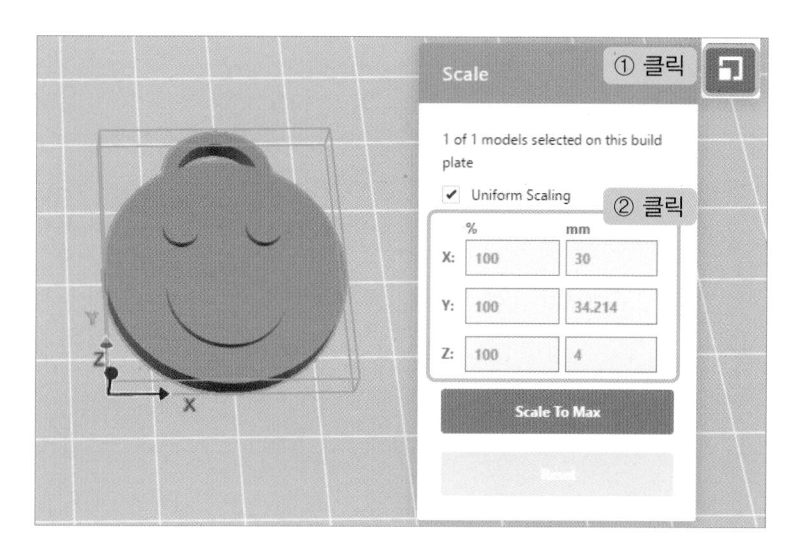

② 회전하기

- [Orient] 클릭 – 각도 버튼 또는 각도를 입력합니다.

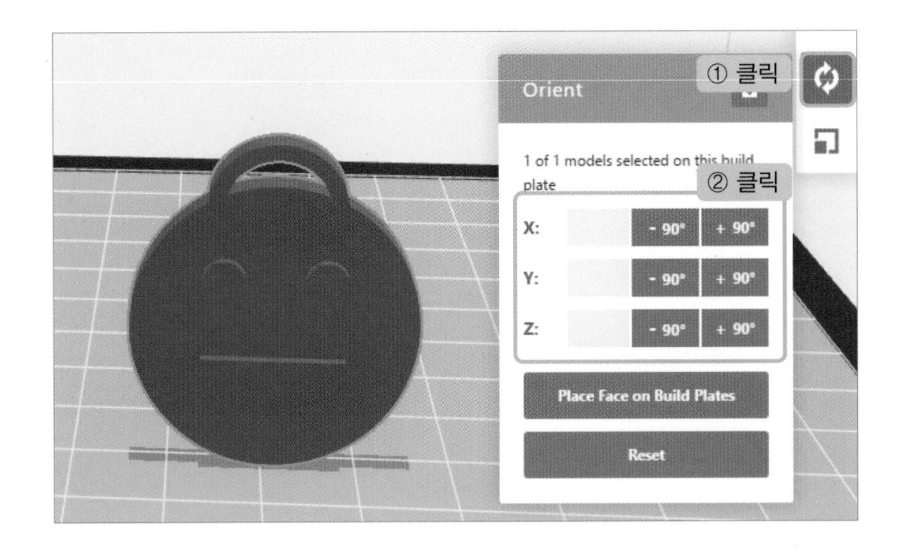

③ 미리보기

- [Preview] 클릭 – 3D프린팅 출력 미리보기, 재료 사용량, 출력 시간을 확인할 수 있습니다.

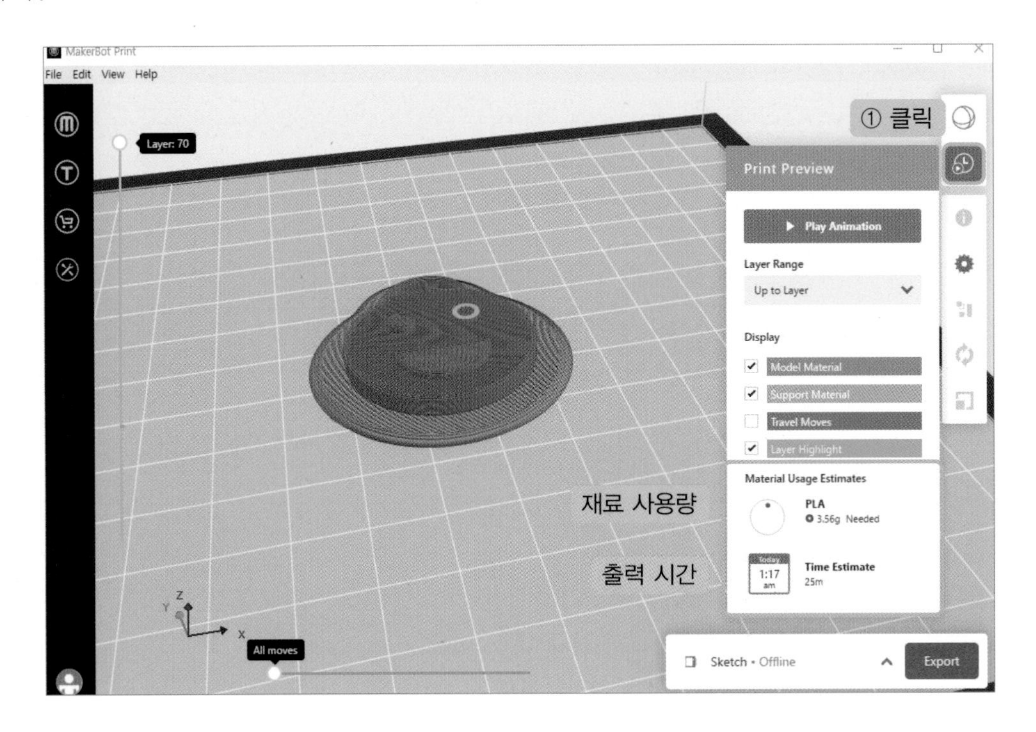

15차 3D프린터로 출력하기

태그 #스케치 3D프린터 #sketch 3D프린터 #USB #Print

1 스케치 3D프린터로 출력하기

- USB를 꽂고 [Print]를 터치합니다.
  출력 파일을 터치한 후 [Print Now]를 터치합니다.

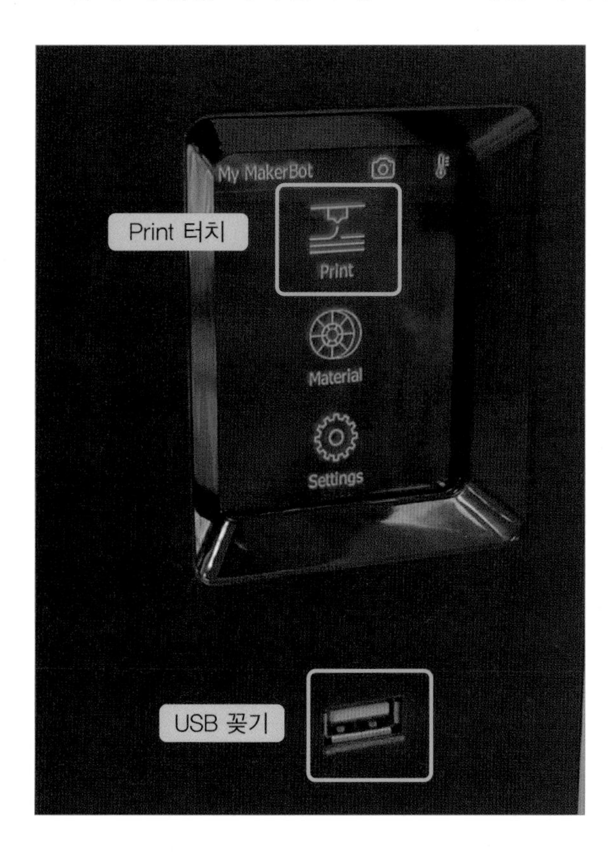

- 출력이 잘 되고 있는지 확인합니다.

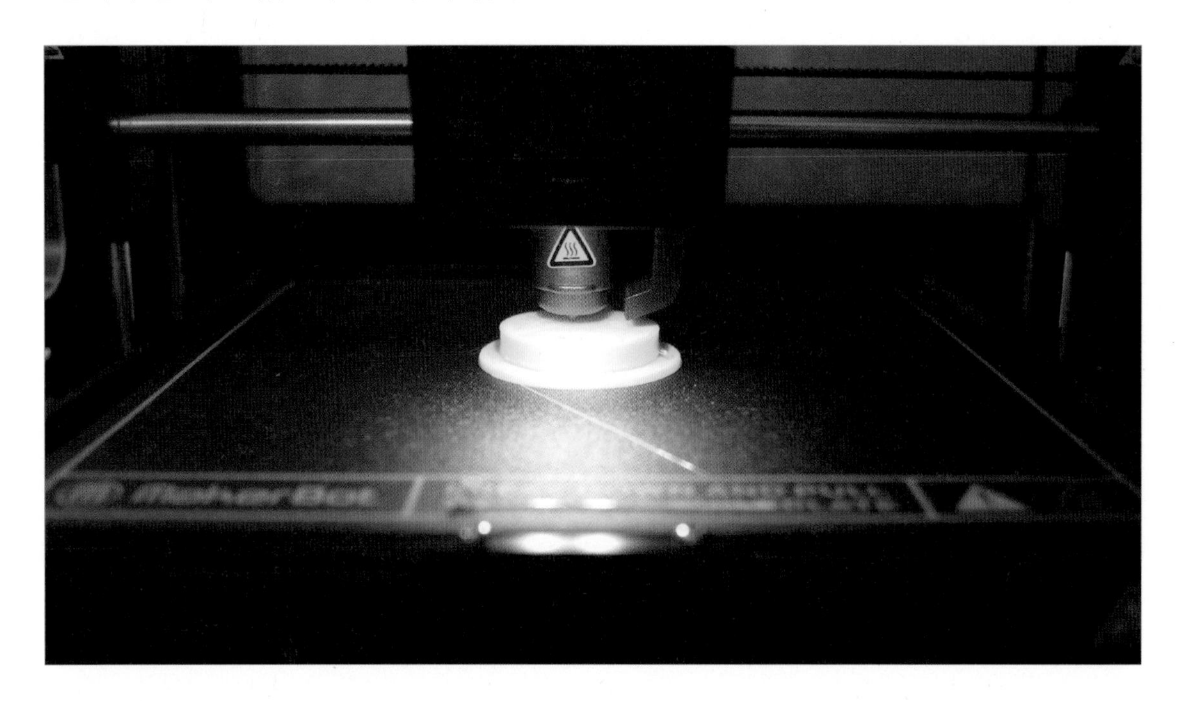

- 3D프린터 출력이 완성되었습니다.

2 틴커캐드 모델링과 3D프린팅 출력물

이모티콘 열쇠고리

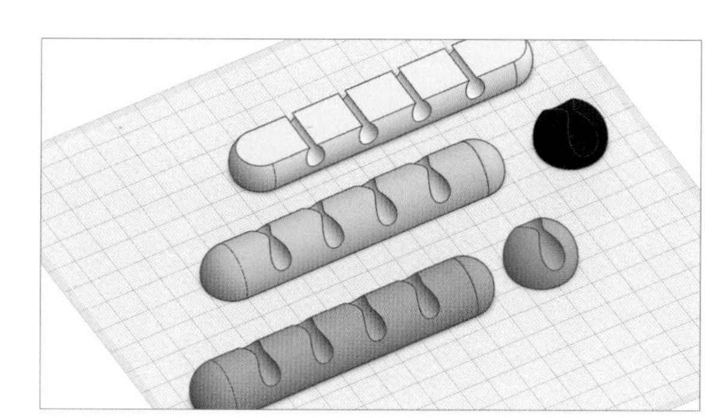

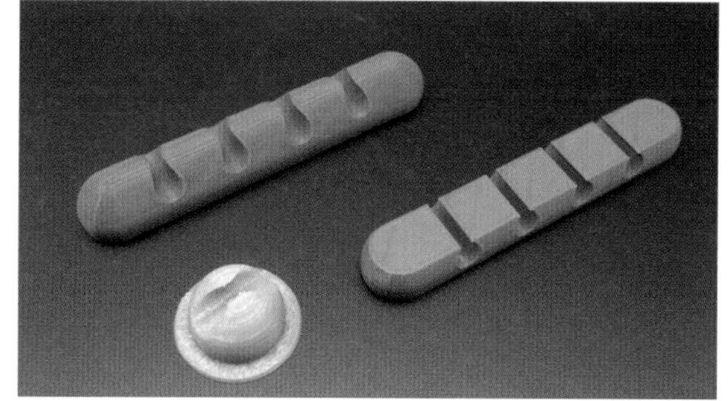

선 정리 클립

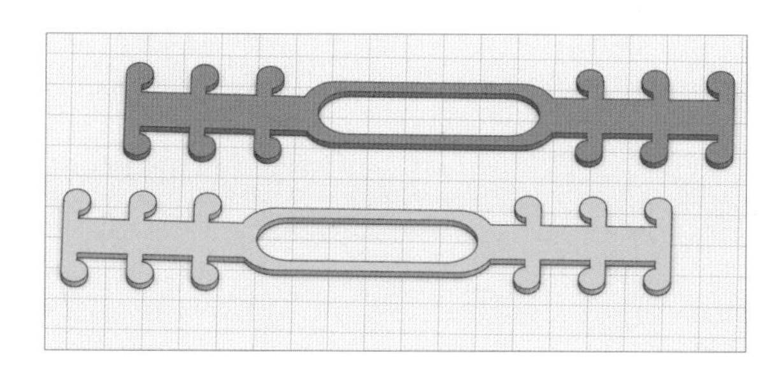

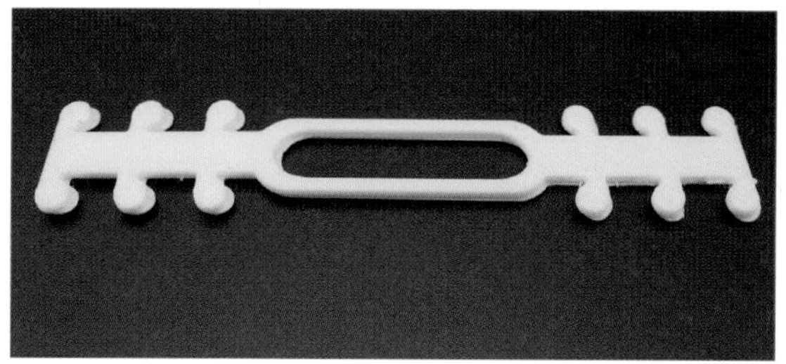

마스크 스트랩

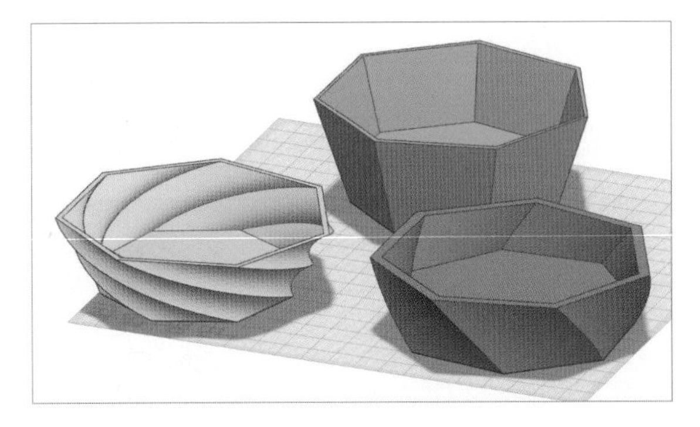

다용도 트레이

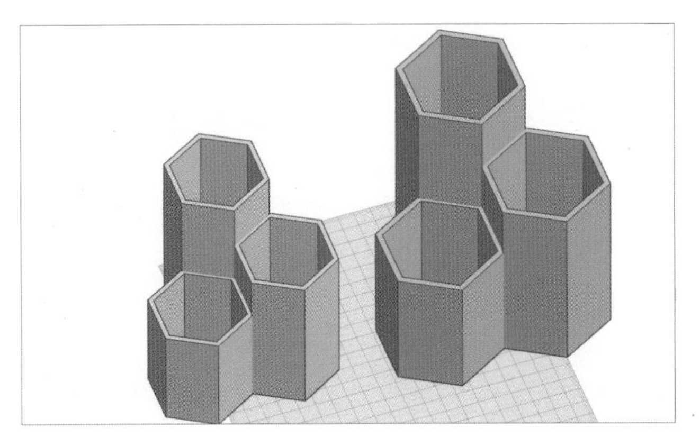

육각형 연필꽂이

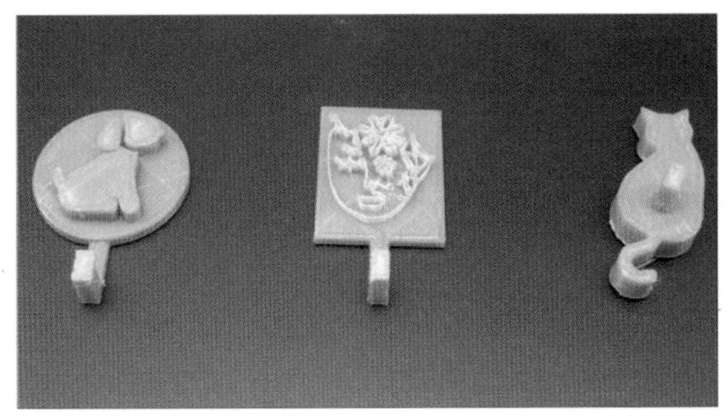

SVG를 활용하여 마스크걸이 만들기

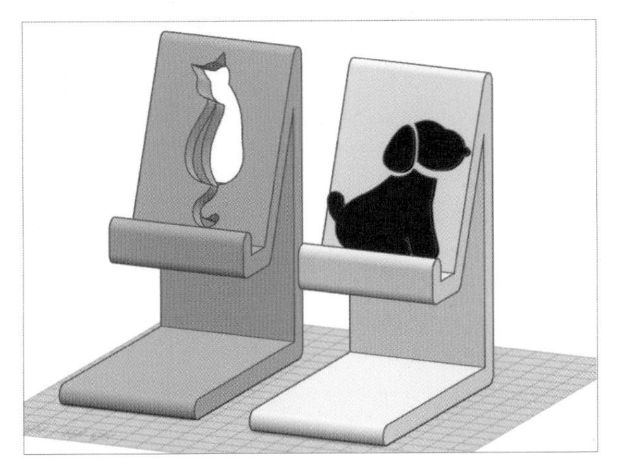
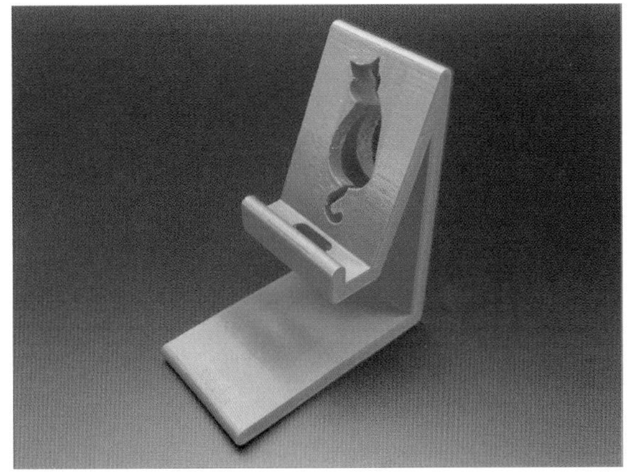

핸드폰 거치대

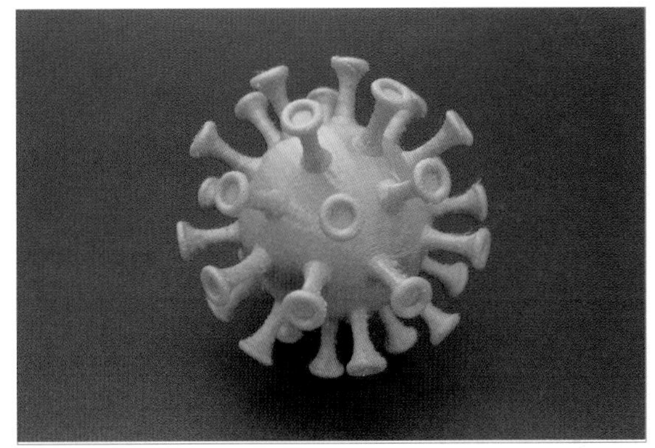

코로나 바이러스

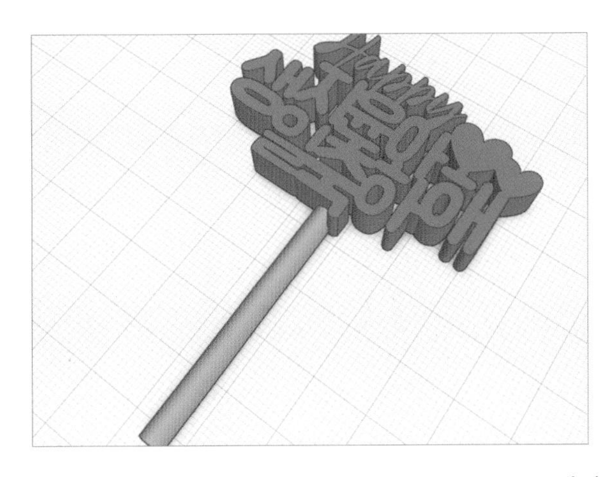
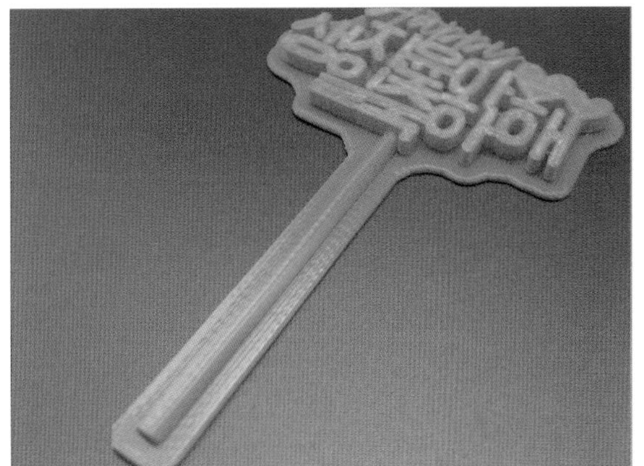

생일 토퍼

호랑이 캐릭터

캐릭터 만들기 동영상 강의
Tinkercad & 3D프린팅

2022년 6월 10일 인쇄
2022년 6월 15일 발행

저자 : 장미선
펴낸이 : 이정일

펴낸곳 : 도서출판 **일진사**
www.iljinsa.com

04317 서울시 용산구 효창원로 64길 6
대표전화 : 704-1616, 팩스 : 715-3536
등록번호 : 제1979-000009호(1979.4.2)

값 18,000원

ISBN : 978-89-429-1709-9